Der Vierfarbensatz

Der Vierfarbensatz

Geschichte, topologische Grundlagen
und Beweisidee

von
Prof. Dr. Rudolf Fritsch
Universität München
unter Mitarbeit von
Gerda Fritsch, Gräfelfing

Wissenschaftsverlag
Mannheim · Leipzig · Wien · Zürich

Die Deutsche Bibliothek – CIP-Einheitsaufnahme

Fritsch, Rudolf:
Der Vierfarbensatz: Geschichte, topologische Grundlagen und
Beweisidee / von Rudolf Fritsch. Unter Mitarb. von Gerda Fritsch. –
Mannheim; Leipzig; Wien; Zürich: BI-Wiss.-Verl., 1994
    ISBN 3-411-15141-2

Gedruckt auf säurefreiem Papier
mit neutralem pH-Wert (bibliotheksfest)

© Bibliographisches Institut & F.A. Brockhaus AG, Mannheim 1994
Druck: RK Offsetdruck GmbH, Speyer
Bindearbeit: Progressdruck GmbH, Speyer
Printed in Germany
ISBN 3-411-15141-2

Für
Dorothee
Veronika
Bernhard

Inhaltsverzeichnis

Statt eines Vorworts ...

... wie dieses Buch entstand

Durch die Hochschulreform der 70er Jahre wurde die klassische mathematisch–naturwissenschaftliche Fakultät der ehrwürdigen Ludwig–Maximilians–Universität in München in fünf kleine Fakultäten für Mathematik, Physik, Chemie und Pharmazie, Biologie und Geowissenschaften zerlegt. Um den Gedankenaustausch über die Fachgrenzen hinaus trotzdem aufrechtzuerhalten und damit die alte Idee der „universitas" nicht ganz untergehen zu lassen, lädt die Carl–Friedrich–von–Siemens–Stiftung die Professoren der ehemaligen mathematisch–naturwissenschaftlichen Fakultät in regelmäßigen Abständen zu einem gemeinsamen Mittagessen ein. Es sind Arbeitsessen, bei denen durch Kurzreferate aktuelle Entwicklungen in den verschiedenen Disziplinen erläutert werden sollen. Der Anstoß zu einem derartigen Referat kommt meistens nicht aus dem jeweiligen Fach selbst, sondern von anderen, die irgendetwas „läuten" gehört haben.

So hatte sich die Unruhe über den methodisch neuartigen Beweis des Vierfarbensatzes auch außerhalb der Mathematik verbreitet und ich wurde – als gebürtiger algebraischer Topologe – gebeten, dieses zu erklären. Natürlich war mir das Vierfarbenproblem bekannt, aber intensiv beschäftigt hatte ich mich bis dahin damit noch nicht. Ich stieg als Außenseiter in die Materie ein, nicht um dabei einen wissenschaftlichen Fortschritt zu erzielen, sondern um ein erreichtes Ziel verständlich zu machen.

Nachdem mein diesbezügliches Referat im Wintersemester 1987/88 bei den Kollegen auf Interesse gestoßen war, besann ich mich auf mein Hauptamt, den Lehrstuhl für Didaktik der Mathematik an der Universität München und überlegte, wie man Lehrern und Schülern, von denen viele das Vierfarbenproblem bereits fasziniert hatte, den mathematischen Gehalt nahebringen konnte. Dies führte zu einem Vortrag auf der 80. Hauptversammlung des Deutschen Vereins zur Förderung des mathematischen und naturwissenschaftlichen Unterrichts 1989 in Darmstadt [FRITSCH 1990], wo mich der zuhörende Leiter des B. I. – Wissenschaftsverlages anregte, meine Gedanken eines Außenseiters für andere interessierte Außenseiter genauer, das heißt, in der vorliegenden Buchform, auszuführen.[1]

---

[1] Als „Insider" sehe ich Mathematiker an, die sich der Graphentheorie und der Kombinatorik verschrieben haben.

Es geht also in diesem Buch um eine Erläuterung des Vierfarbensatzes für einen nicht darauf spezialisierten Leserkreis. Dazu gehört auch eine Darstellung der historischen Entwicklung und der handelnden Personen in ihrem Umfeld. Nachdem sich meine Bemühungen hierum sehr schwierig gestalteten, konnte ich meine Frau gewinnen sich dieses Teiles anzunehmen. Sie hat das mit großem Einsatz getan, wofür ich ihr herzlich danke.

Aus der Sicht der mathematischen Forschung wurde über den Vierfarbensatz vor, während und nach der Vollendung seines Beweises schon viel geschrieben. Es gibt ganz hervorragende Gesamtdarstellungen, in denen der interessierte und spezialisierte Mathematiker sich informieren kann. Ich nenne für die Zeit „davor" das Buch von Oysten Ore [ORE 1967], für „während" das von Thomas Saaty und Paul Kainen [SAATY und KAINEN 1977] und für „danach" das von Martin Aigner [AIGNER 1984].

Bei der mir gestellten Aufgabe ergab sich das folgende Problem: Die intuitive Vorstellung von Landkarten ist topologischer Natur, das lange Ringen um den Beweis des Vierfarbensatzes befaßte sich jedoch mit rein kombinatorischen Schwierigkeiten. Die topologische Seite wird in den meisten Darstellungen etwas vernachlässigt, vielleicht weil sie als trivial oder uninteressant angesehen wird. Manche der benötigten Sätze sind so anschaulich klar, daß man sie nicht für beweisbedürftig hält. Wir geben ein Beispiel:

In der Ebene sei ein Jordanbogen B gegeben und x sei ein Endpunkt von B. Dann kann jeder Punkt außerhalb mit x durch einen Jordanbogen verbunden werden, der B nur in x trifft.

Der Beweis dieser Aussage findet sich aber nicht einmal in dem wirklich umfassenden „Lehrbuch der Topologie" [RINOW 1975]; der Autor schreibt dazu auf Seite 409: *Da wir diesen speziellen Erreichbarkeitssatz weiterhin nicht benötigen, verzichten wir auf den Beweis, der etwas aufwendig ist.* Die heute viel diskutierte fraktale Geometrie hat nun aber den Blick gerade für solche Fragen geschärft[2] und da stellt sich heraus, daß der Übergang von der Topologie zur Kombinatorik zwar in der gewünschten Weise möglich ist, aber eben tiefliegende Resultate der modernen Topologie erfordert, die auch im Rahmen dieses Bändchens nicht vollständig, das heißt, mit allen

---

[2]Es wird sogar vorgeschlagen, die die Schwierigkeiten der mathematischen Definition von Landkarten verdeutlichenden „Monster–Kurven" im Schulunterricht zu behandeln [NEIDHARDT 1990].

Beweisen, dargestellt werden können. Es werden aber die Fakten genannt und für umfangreiche Beweise Fundstellen angegeben. Die am meisten benutzte Quelle ist [RINOW 1975]. Auch dieses Buch enthält – wie am Beispiel gezeigt – nicht alles, was nötig ist. Man muß noch spezielle Techniken heranziehen, die der *stückweis linearen* und der *geometrischen* Topologie zuzurechnen sind, die sich im wesentlichen in Moises „Geometric Topology in Dimensions 2 and 3" [MOISE 1977] finden.

Im dritten Teil dieses Buches geht es um die kombinatorischen Methoden, um das, was den eigentlichen Gehalt des Vierfarbensatzes ausmacht. Dies braucht hier nicht genauer begründet zu werden.

Für die Erweiterung unserer historischen und mathematischen Kenntnisse ist vielen Kollegen und Freunden zu danken, die in Gesprächen und Briefwechseln mit Fragen belästigt wurden. Bei der Jubiläumstagung der Deutschen Mathematiker-Vereinigung 1990 in Bremen stand Wolfgang Haken Rede und Antwort. Sehr hilfreiche Briefe kamen von Jean Mayer; überaus freundlich und geduldig auf ständige Rückfragen mit „electronic mail" antworteten Karl Dürre, Kenneth Appel und John Koch. Wir können hier nicht alle nennen, die geholfen haben; sie mögen es verzeihen.

Ein abschließender Dank gebührt Frau Bartels und Herrn Engesser vom B. I. Wissenschaftsverlag, die Sonderwünsche in Bezug auf die Ausstattung mit Faksimile und Bildern bereitwillig angenommen und sich mit der zum Teil sehr schwierigen Beschaffung große Mühe gegeben haben. Ein Freund und Kollege, der sich durch Korrekturlesen sehr um dieses Buch verdient gemacht hat, hat sich verbeten, namentlich genannt zu werden.

München, 23. Oktober 1993 $\qquad$ RUDOLF FRITSCH

Wie man dieses Buch lesen kann ...

... das richtet sich vor allem nach den persönlichen Interessen! Kapitel 1 enthält die geschichtliche Entwicklung, soweit sie ohne umfangreichere mathematische Begriffserklärungen dargestellt werden kann, also insbesondere biographische Angaben zu den Darstellern unseres Spiels. Auch in den folgenden Kapiteln gibt es immer wieder Hinweise auf die historische Entwicklung, allerdings mehr an den Begriffen und Aussagen orientiert, weniger an den Personen.

In Kapitel 2 werden die topologischen Grundlagen behandelt. Zum späteren Verständnis sind hier vor allem die Begriffe wichtig. Auch sollte man versuchen, die Sätze ihrem Inhalt nach zu verstehen. Die Beweise und die oft sehr technischen Lemmata kann man beim ersten Lesen auslassen.

Wer sehr schnell die Problematik des Vierfarbensatzes erkennen will, kann versuchen, die Lektüre mit Kapitel 3 zu beginnen. Dort findet er eine präzise Formulierung des Vierfarbensatzes in der topologischen Version und einige Eingrenzungen des Problems. Zum Verständnis der Beweise sind aber die in Kapitel 2 definierten Begriffe nachzuschlagen.

Für einen Leser, der mit der Eulerschen Polyderformel vertraut ist und über Grundkenntnisse in der Graphentheorie verfügt, ist auch ein Einstieg bei Abschnitt 4.6 möglich. Er enthält die ganz grundlegenden und wichtigen arithmetischen Formeln, auf denen der Beweis des Vierfarbensatzes aufbaut. Die Abschnitte 4.7 und 4.8 könnten übersprungen werden. Wer einen Eindruck von der Beweistechnik des Vierfarbensatzes gewinnen will, sollte die Kapitel 5, 6 und 7 genau lesen.

Kapitel 1

Geschichte

Nur wenige Mathematiker werden den gelernten Juristen und anerkannten Hobbybotaniker **Francis Guthrie** kennen, dem zu Ehren es in der südafrikanischen Flora *Guthria Capensis* und *Erica Guthriei* gibt. Aber jeder Mathematiker kennt den Vierfarbensatz als ein höchst interessantes und, wie manche meinen, immer noch ungelöstes mathematisches Problem, um das sich eine Reihe der besten Köpfe dieser Wissenschaft bemüht haben. Was hat das eine mit dem anderen zu tun?

Mathematische Fragestellungen haben normalerweise einen „Erfinder", das heißt, einer hat irgendwann diese Frage konkret zum ersten Mal als mathematisches Problem formuliert. Und mathematische Fragestellungen entstehen selten deshalb, weil von ihrer Beantwortung die direkte Lösung irgendwelcher ganz praktischer Probleme abhinge. Folgerichtig gibt es auch nur wenige für den Mathematiker interessante Fragen, die in einer auch einem Laien verständlichen Aussage formuliert werden können.

Das Vierfarbenproblem ist eine solche Ausnahme. Sein Erfinder ist - um die Mitte des vorigen Jahrhunderts - Francis Guthrie, der nicht nur Jurist und Botaniker, sondern im Hauptberuf Mathematiker war.

Als er eines Tages eine Karte von England färbt, glaubt er zu entdecken, daß man beim Färben einer beliebigen Landkarte immer mit vier Farben auskommt, auch wenn man verlangt, daß Länder mit gemeinsamer Grenzlinie verschieden gefärbt sein sollen.

Guthrie, Francis: * *London 22.1.1831,* † *Claremont (Südafrika) 19.10.1899.*
Er studiert zunächst am University College[1] in London Mathematik, wo er
1850 den akademischen Grad eines Bachelor of Arts (B.A.) erwirbt. An-
schließend wendet er sich dem Jurastudium zu, das er 1852 mit dem Bachelor
of Law (LL.B.) abschließt. Guthrie legt beide Examina mit Auszeichnung ab
und wird 1856 Fellow[2] des University College, was er bis zu seinem Tode bleibt.
Zuvor tritt er in die Inn of Court „Middle Temple" ein und wird 1857 zum
Barrister berufen[3]. Anschließend ist er einige Jahre als Beratender Barrister

---

[1]Das als liberal geltende University College wurde am 1. Oktober 1828, das mehr konservativ geprägte King's College ein Jahr später eröffnet. Beide Anstalten waren von Anfang an im Gegensatz zu den alten Universitäten in Oxford und Cambridge für Studenten aller Konfessionen offen. 1837 schuf man eine beiden Colleges übergeordnete Prüfungsbehörde, die den Namen „University of London" erhielt. 1878 wurden alle akademischen Grade, Auszeichnungen und Preise auch den Frauen zugänglich gemacht, 1898 wurde aus der nur prüfenden Universität auch eine lehrende.

[2]Fellows sind im englischen Universitätssystem des vorigen Jahrhunderts die höchstberechtigten Mitglieder einer gelehrten Körperschaft, z. B. eines College. Es gab mehrere Arten von Fellowships. Sie waren eine Art Pfründe mit unterschiedlichen oder auch gar keinen Verpflichtungen der Inhaber gegenüber ihrem College.

[3]Barrister ist die Berufsbezeichnung für einen englischen Juristen, dem es erlaubt ist als Anwalt bei den höheren Gerichtshöfen zu plädieren. Zum Barrister wurde man nach minde-

im Bereich der Freiwilligen Gerichtsbarkeit tätig.

Im April 1861 folgt Guthrie einem Ruf auf die Professur für Mathematik am neugegründeten Graaff-Reinet College in der Kap-Kolonie (Südafrika). Als akademischer Lehrer steht er im Ruf sehr hart zu arbeiten, wird dabei aber als warmherzig, humorvoll, geduldig und bescheiden charakterisiert. Die persönliche Betreuung von Studenten, die ernsthaft an der Mathematik interessiert sind, ist ihm über seine Vorlesungen hinaus sehr wichtig. Durch sein ausgleichendes Wesen trägt er viel zu einer guten Atmosphäre am College bei.

Er hält auch sehr erfolgreiche öffentliche Vorlesungen über Botanik, für die ihn in seiner Londoner Studienzeit der berühmte John Lindley begeistert hat.

Außerdem engagiert er sich für die neue Eisenbahn, die von Port Elizabeth am Indischen Ozean hinter das Gebirge nach Graaff-Reinet führen soll. Er besteigt mit Freunden die Berge der Umgebung, um den besten Paß für die Streckenführung ausfindig zu machen, und nach ihren Vorschlägen wird die Eisenbahnlinie auch gebaut.

1875 gibt er den Lehrstuhl in Graaff-Reinet auf und zieht nach Kapstadt. Zusammen mit seinem Freund, dem Geschäftsmann und Botaniker Harry Bolus, reist Guthrie 1876 für kurze Zeit nach England, wo die beiden in den berühmten Kew Gardens botanische Studien über Pflanzen der Kap-Flora betreiben.

1877 ist Guthrie einer der Gründer der South African Philosophical Society, der späteren Royal Society of South Africa, vor der er am 28. November des gleichen Jahres einen Vortrag hält über ein bis heute aktuelles Thema unter dem Titel: „The Heat of the Sun in South Africa". Er spricht in der Einleitung davon, daß es möglich sein müßte Sonnenenergie in mechanische Kraft umzuwandeln und äußert sich zuversichtlich, daß die technischen Schwierigkeiten, die einer ökonomischen Ausnutzung des fast ununterbrochenen Sonnenscheins in Südafrika noch entgegenstehen, in einigen Jahren überwunden sein würden. Die anschließenden physikalischen Ausführungen sind heute nur noch von historischem Interesse.

---

stens dreijähriger Zugehörigkeit zu einer der vier Londoner Inns of Court, den eigentlichen Ausbildungsstätten für englische Juristen bis zur Mitte des vorigen Jahrhunderts, von deren Vorständen, den *benchers*, berufen (*called to the bar*).

Guthrie scheint auch an der Entwicklung des Fliegens sehr interessiert zu sein; in verschiedenen südafrikanischen Quellen wird er als Erfinder einer Flugmaschine erwähnt. Es ist darüber jedoch nichts Genaueres in der Literatur zu finden.

Im November 1878 übernimmt Guthrie einen Lehrstuhl für Mathematik am South African College in Kapstadt, den er bis zu seiner aus Krankheitsgründen erfolgten Emeritierung im Januar 1899 innehat.

Er ist Mitglied der Cape metereological commission und 1878/79 Generalsekretär der South African Philosophical Society.

Seine mathematischen Schriften sind nicht bedeutend, sowohl vom Inhalt wie von der Anzahl her, die uns bekannten befassen sich mit Fragen der elementaren Algebra und mit technisch-physikalischen Problemen.

Außer durch den Vierfarbensatz hat er sich aber einen bleibenden Namen erworben durch seine botanischen Forschungen über die Kap-Flora und die Bestimmung der Heidepflanzen. Er hat Bolus ermutigt sich der Botanik zuzuwenden und dieser ehrt ihn, indem er Guthries Namen zweimal für botanische Benennungen verwendet: Guthriea Capensis *ist eine von Bolus 1873 in den Gnadouw - Sneuwbergen neu entdeckte Art aus der Familie Achariaceae und* Erica Guthriei *ist eine am Piquetberg von Guthrie selbst neu entdeckte Spezies aus der Familie Ericaceae. 1967 erscheint eine Monographie „Ericas in Southern Africa", die dem Andenken an Francis Guthrie und Harry Bolus, „Pioneers in the Study of Ericas in Southern Africa", gewidmet ist* [BAKER *und* OLIVER *1967].*

Guthrie stirbt bereits ein dreiviertel Jahr nach seiner Emeritierung und wird auf dem Friedhof der anglikanischen St. Thomas Kirche in Rondebosch begraben; sein Grab ist noch erhalten. Sein Herbarium, das die Witwe dem South African College schenkt, bildet heute den Kern des Guthrie Herbariums der Universität von Kapstadt.

Francis Guthrie hat einen jüngeren Bruder, **Frederick Guthrie**, der noch am University College studiert. Dieser unterbreitet die Beobachtung von Francis (*With my brother's permission ...*) am 23. Oktober 1852 seinem Lehrer **Augustus de Morgan** als mathematische Fragestellung.

De Morgan ist von dem Vierfarbenproblem fasziniert und schreibt am selben Tag an **Sir William Rowan Hamilton** einen Brief, in dem er den Vorgang schildert und das mathematische Problem erläutert. Dieser Brief ist erhalten und wird heute im Trinity College in Dublin aufbewahrt [DE MORGAN 1852]. Er ist die erste schriftliche Notiz, die es zum Vierfarbenproblem gibt. Auf den folgenden beiden Seiten ist ein Faksimile der entsprechenden Textstellen abgedruckt und gegenüber eine Transskription.

Hamilton findet die Fragestellung im Gegensatz zu de Morgan wohl nicht so interessant, denn er antwortet, wie sich aus seinem ebenfalls erhaltenen Brief ergibt, bereits vier Tage später, daß er kaum bald dazukomme de Morgans „quaternion of colours" in Angriff zu nehmen.

Die Vierfarbenvermutung als mathematisches Problem wurde durch de Morgan in der folgenden Zeit weiter verbreitet, sodaß er bei vielen auch als ihr eigentlicher Urheber galt. Erst als Frederick Guthrie 1880 in den „Proceedings of the Royal Society of Edinburgh" die „Note on the Colouring of Maps" [GUTHRIE 1880] veröffentlicht, erfährt die mathematische Fachwelt vom tatsächlichen Ursprung des Vierfarbenproblems. Frederick Guthrie selbst stellt in dieser Notiz fest, de Morgan habe immer anerkannt, woher er von dem Problem erfahren hat.

Guthrie, Frederick: * *London 15.10.1833,* † *London 21.10.1886. Der jüngere Bruder von Francis Guthrie geht nach seinen Londoner Studientagen zunächst nach Heidelberg, wo er bei Robert Bunsen hört und anschließend nach Marburg, wo er 1854 zum Dr. phil. promoviert wird. Nach seiner Rückkehr nach England erwirbt er 1855 den Bachelor of Arts am University College in London. Sein weiterer akademischer Weg führt ihn über Manchester und Edinburgh 1861 als Professor der Chemie an das Royal College auf Mauritius, 1869 als Professor der Physik an die Royal School of Mines und 1881 an die School of Sciences in London. Er ist der Begründer der Physikalischen Gesellschaft von London, deren Präsident er 1884 wird. Seit 1860 ist er Fellow der Royal Society of Edinburgh, 1873 wird er Fellow der Royal Society of London. Er veröffentlicht mehrere Gedichte unter dem Pseudonym Frederick Cerny.*

My dear Hamilton

A student of mine asked me to day to give him a reason for a fact which I did not know was a fact — and do not yet. He says that if a figure be any how divided and the compartments differently coloured so that figures with any portion of common boundary line are differently coloured — four colours may be wanted but not more — The following is his case in which four are wanted.

A B C &c are names of colours

Query cannot a necessity for five or more be invented. As far as I see at this moment, if four, ultimate compartments have each boundary line in common with one of the others, three of them include the fourth, and prevent any fifth from connexion with it. If this be true, four colours will colour any possible map without any necessity for colour meeting colour except at a point.

Now it does seem that drawing three compartments with common boundary A D C two and two — you cannot

make a fourth take boundary from all, except by enclosing one — But it is tricky work and I am not sure of all convolutions — What do you say? And has it, if true been noticed? My pupil says he guessed it in colouring a map of England.

B is inclosed

The more I think of it the more evident it seems. If you retort with some very simple case which makes me out a stupid animal, I think I must do as the Sphynx did. If this rule be true the following proposition of logic follows

If A B C D be four names of which any two might be confounded by breaking down some wall of definition, then some one of the names must be a species of some name which includes nothing external to the other three

Yours truly
A De Morgan

7 C⁴ ∂
Oct 23/52.

Auszug aus dem Originalbrief von De Morgan an Hamilton;
abgedruckt mit freundlicher Genehmigung von:
The Board of Trinity College Dublin.

My dear Hamilton
:

A student of mine asked me to day to give him a reason for a fact which I did not know was a fact, and do not yet. He says, that if a figure be any how divided and the compartments differently coloured so that figures with any portion of common boundary <u>line</u> are differently coloured – four colours may be wanted but not more. The following is his care in which four <u>are</u> wanted.

A B C D are names of colours

Query cannot a necessity for five or more be invented. As far as I see at this moment, if four <u>ultimate</u> compartments have each boundary line in common with one of the others, three of them inclose the fourth, and prevent any fifth from connexion with it. If this be true, four colours will colour any possible map without any necessity for colour meeting colour except at a point.

Now, it does seem that drawing three compartments with common boundary A B C two and two – you cannot make a fourth take boundary from all, except inclosing one – But it is tricky work and I am not sure of all convolutions – What do you say? And has it, if true been noticed? My pupil says he guessed it in colouring a map of England. The more I think of it, the more evident it seems. If you retort with some very simple case which makes me out a stupid animal, I think I must do as the Sphynx[b] did. If this rule be true the following proposition of logic follows:–

If A B C D be four names of which any two might be confounded by breaking down some wall of definition, then some one of the names must be a species of some name which includes nothing external to the other three.

Yours truly

A De Morgan

Oct 23/52

Transskription

[b] Die Sphinx der alten Griechen, die sich in den Tod stürzte, als Ödipus die von ihr für zu schwierig gehaltene Aufgabe löste.

de Morgan, Augustus: ∗ *Madura (Indien) 27.6.1806,* † *London 18.3.1871.*
Er studiert in Cambridge Mathematik und macht 1827 das Bachelorexamen
als „fourth wrangler"[4]. *Um seinen Lebensunterhalt zu sichern, entschließt er*
sich danach zum Studium der Rechte und tritt in Lincoln's Inn[5] *ein. Aber*
bereits 1828 wird er erster Professor für Mathematik am neugegründeten Uni-
versity College in London. Er gibt 1831 seinen Lehrstuhl jedoch zurück, weil
er nach der Entlassung eines Kollegen durch die Verwaltung des College die
Unabhängigkeit der Professoren nicht mehr gewahrt sieht. 1836 kehrt er ans
College zurück. 1866 geht er in den Ruhestand, weil er dem University Col-
lege vorwirft einen ausgezeichnet qualifizierten Bewerber seines unitarischen
Glaubens wegen nicht berufen zu wollen.
De Morgan ist Mitbegründer der London Mathematical Society und wird deren

---

[4]Wrangler wurde in Cambridge genannt, wer die mathematische Ehrenprüfung, den Tripos, bestand und dabei zur ersten Hälfte der Kandidaten gehörte. (Das Wort wrangler, zu
deutsch Zänker, erinnert an die bis 1839 in Cambridge üblichen Disputationsübungen). Der
Beste hieß senior wrangler, danach kam der second, third etc. wrangler.
[5]Eine weitere Inn of Court, siehe Fußnote 3.

erster Präsident. Er gilt als hervorragender Lehrer, dessen Vorlesungen von seiner wissenschaftlichen Originalität, seinem Humor und seinem didaktischen Können zeugen. Seine allgemein liberale Haltung läßt ihn in seinen späteren Lebensjahren zunehmend auch dem Frauenstudium positiv gegenüberstehen.

De Morgans wissenschaftliche Leistungen finden sich in Monographien, unzähligen Zeitschriftenaufsätzen und etwa 650 Beiträgen für ein Konversationslexikon. Seine mathematischen Arbeiten sind hauptsächlich der Analysis und der Logik zuzuordnen, wozu vor allem die nach ihm benannten „de Morganschen Regeln" gehören. Mit George Boole, dem Begründer der formalen Logik, unterhält de Morgan einen umfangreichen, uns erhaltenen Briefwechsel[6].

Hamilton, Sir William Rowan: * *Dublin 4.8.1805,* † *Dunsink 2.9.1865. Er gilt als Wunderknabe mit außergewöhnlicher Sprachbegabung, der mit vierzehn Jahren mehr als ein Dutzend Sprachen (einschließlich etlicher orientalischer und asiatischer) beherrscht. Er besucht keine Schule, bis er sich mit achtzehn Jahren am Trinity College in Dublin einschreibt und dort überragende Leistungen sowohl in den klassischen Fächern als auch in der Mathematik erreicht.*

1827, also mit 22 Jahren und bevor er irgendein Abschlußexamen gemacht hat, wird er Andrews Professor für Astronomie an der Universität Dublin und königlicher Astronom von Irland. Sein privates Leben gestaltet sich unter ungeordneten häuslichen Verhältnissen wenig glücklich, weshalb er sich in späteren Jahren zunehmend in den Alkohol flüchtet.

Die Entdeckung der Quaternionen ist sein aufsehenerregendstes mathematisches Resultat. Die Quaternionen bilden zwar nicht, wie man gegen Ende des vorigen Jahrhunderts glaubte, die alleinige Grundlage der Mathematik, sie geben aber wesentliche Einblicke in die Struktur des Zahlenraums.

Hamilton ist Mitglied zahlreicher europäischer wissenschaftlicher Gesellschaften. Die amerikanische Akademie der Wissenschaften beruft ihn kurz vor seinem Tode zu ihrem ersten ausländischen Mitglied. Er gilt als der größte Naturwissenschaftler, den Irland jemals hervorgebracht hat.

---

[6]Eine etwas ausführlichere Biographie von Augustus de Morgan findet sich in [FRITSCH 1991].

Die nächsten überlieferten Quellen zum Vierfarbenproblem stammen aus den beiden folgenden Jahren. Sie sind in zwei Briefen enthalten, die de Morgan am 9. Dezember 1853 an seinen Freund und ehemaligen Lehrer **William Whewell** und am 24. Juni 1854 an dessen späteren Schwager **Robert Leslie Ellis** schreibt und die im Trinity College in Cambridge aufbewahrt werden [DE MORGAN 1853, 1854]. In beiden Briefen diskutiert de Morgan die Vierfarbenvermutung. Es bewegt ihn dabei vor allem die Frage, ob man beweisen könne, daß im Falle von vier Ländern, die paarweise eine Grenzlinie gemeinsam haben, eins von den drei anderen eingeschlossen wird.

Am 14. April 1860 erscheint in der Zeitschrift „Athenæum" die Besprechung eines Buches von William Whewell „ The Philosophy of Discovery" [DE MORGAN 1860]. Darin äußert sich der - wie es beim Athenæum üblich war - anonyme Referent zum Vierfarbenproblem genau in der oben skizzierten Weise. Den Beweis dafür, daß wirklich de Morgan der Autor der Besprechung ist, liefert ein Brief vom 3. März 1860 [7], in dem sich de Morgan bei beim Autor Whewell für die direkte Zusendung eines Buchexemplars bedankt. Er erwähnt, daß er auch vom Athenæum ein Exemplar erhalten habe. Dieses habe er jedoch unaufgeschnitten zurückgesandt. Künftige Generationen von Redakteuren würden sich deshalb sicher wundern, wie die Besprechungen entstanden seien, wenn die Referenten die Bücher nicht einmal gelesen hätten.

Auf Grund dieser Buchbesprechung (*Now, it must have been always known to map-colourers that* four *different colours are enough.*) ist im vorigen Jahrhundert wahrscheinlich auch eine andere unbegründete Behauptung entstanden, nämlich die These, daß Kartographen die Fragestellung des Vierfarbenproblems aus ihrer Berufspraxis bekannt sei. Dafür gibt es jedoch keinerlei wissenschaftliche Belege.

Heutige Kartographen wie Manfred Buchroitner in Wien und Hans-Günther Gierloff-Emden in München erwähnen zwar das Vierfarbenproblem in ihren Vorlesungen, jedoch nicht als wissenschaftlich-kartographische Fragestellung,

---

[7]Er ist abgedruckt in dem Buch „Memoir of Augustus de Morgan", das Sophia Elizabeth de Morgan, die Frau von Augustus de Morgan, verfaßt hat und das 1872 erscheint [DE MORGAN S.E. 1872].

sondern mehr als historisch-kuriose Anmerkung. Kenneth O. May, der sich in den sechziger Jahren intensiv mit der Geschichte des Vierfarbenproblems beschäftigte, hat beim Durchsehen der riesigen Atlantensammlungen der Library of Congress in Washington keinerlei Belege für eine Farbenminimierung beim Herstellen von Landkarten gefunden. Die Vorstellung, daß irgendwelche Kartographen jemals über dem Vierfarbenproblem gebrütet hätten, ist abwegig, denn eine Beschränkung auf nur vier Farben war in der Kartographie nie eine Notwendigkeit.

Whewell, William: * *Lancaster 24.5.1794, † Cambridge 5.3.1866. Er beginnt 1812 mit dem Studium am Trinity College in Cambridge, dem er sein ganzes Leben verbunden bleibt: 1828 erhält er die Professur für Mineralogie, die er 1833 zurückgibt, 1838 bis 1855 ist er Professor für Moralphilosophie, 1841 bis 1866 College Master, das heißt, Vorstand des Trinity College, 1842 und 1855 Vizekanzler der Universität.*

Seine Schriften umfassen - wohl typisch für viele Gelehrte des 19. Jahrhunderts - ein weites Feld: Mechanik und Gezeitenphänomene, eine gründliche Auseinandersetzung mit Kant, Übersetzungen deutscher Literatur, Geschichte und Fragen der Bildung und Erziehung. Seine ersten Arbeiten betreffen mathematische Gegenstände und helfen mit, daß eine durchgreifende Reform des mathematischen Lehrsystems an der Universität Cambridge erfolgt.

Whewells Handbücher der Statik und Dynamik erleben mehrere Auflagen. Seine bekanntesten Werke sind die 1837 erscheinende „History of the inductive sciences" und die zweibändige „Philosophy of the inductive sciences" von 1840.

Ellis, Robert Leslie: * *Bath 25.8.1817, † Anstey Hall, Trumpington 12.5.1859. Er kommt im Oktober 1836 ans Trinity College in Cambridge, in seinem letzten Semester wird er ein Schüler von William Hopkins. Im Januar 1840 legt er die Bachelorprüfung als „senior wrangler" ab, im Oktober des gleichen Jahres wird er zum Fellow des Trinity College gewählt.*

Ellis ist äußerst interessiert am Zivilrecht, braucht jedoch wegen einer Erbschaft nicht als Jurist zu arbeiten. Nach dem Tode von Duncan Farquharson Gregory, dem Begründer des „Cambridge Mathematical Journal" gibt Ellis Teile des dritten und den vierten Band dieser mathematischen Zeitschrift heraus,

*die der Vorläufer des „Quarterly Journal of Pure and Applied Mathematics"
ist.*

*Ellis Name bleibt außerdem mit der Gesamtedition der Werke von Francis
Bacon verbunden.*

Nach 1860 scheint das Interesse der Mathematiker am Vierfarbenproblem für
fast zwanzig Jahre erloschen, denn in der mathematischen Literatur dieser Zeit
taucht es nirgends auf. Es ist aber offensichtlich trotzdem nicht in Vergessen-
heit geraten, wie eine Anfrage von **Arthur Cayley** vom 13. Juli 1878 bei der
mathematischen Sektion der Royal Society zeigt [LONDON MATHEMATICAL
SOCIETY 1878]. Cayley will wissen, ob schon jemand eine Lösung der Vierfarbenvermutung vorgelegt habe. Damit ist das Problem wieder in die mathematische Öffentlichkeit zurückgeholt. Cayley selbst veröffentlicht kurz darauf
eine gründliche mathematische Analyse des Problems in den „Proceedings of
the Royal Geographical Society" [CAYLEY 1879].

Cayley, Arthur: ∗ *Richmond, Surrey (heute nach London eingemeindet)
16.8.1821,* † *Cambridge 26.1.1895. Cayley beginnt 1838 am Trinity College*

in Cambridge zu studieren. Er gilt als überragend begabter Student und geht 1842 erwartungsgemäß als „senior wrangler" und „Smith's Prizeman"[8] aus den Prüfungen zum mathematischen Tripos[9] hervor. Wegen einer fehlenden mathematischen Stellung tritt er 1846 in Lincoln's Inn ein und erhält 1849 seine Zulassung als Barrister. Cayley ist ein glänzender Jurist, der gut verdient. Er beschränkt aber den Umfang seiner rechtlichen Tätigkeiten auf ein Maß, das es ihm erlaubt, weiterhin seinen mathematischen Interessen nachgehen zu können. Das schlägt sich in der Veröffentlichung von ungefähr dreihundert mathematischen Abhandlungen nieder, die während seiner vierzehnjährigen Rechtsanwaltszeit erscheinen.

1863 erhält Cayley den neu eingerichteten Sadlerian - Lehrstuhl an der Universität Cambridge. Er lehrt dort bis zu seiner Emeritierung im Jahre 1892, lediglich unterbrochen von einer Vorlesungsreise an die Johns Hopkins University in Baltimore im Wintersemester 1881/82.

Cayley werden ungezählte Auszeichnungen und akademische Ehrungen in aller Welt zuteil. Von der Universität und den wissenschaftlichen Gesellschaften wird häufig sein Rat in Rechtsangelegenheiten gesucht. Er wird als bescheiden und äußerst zurückhaltend geschildert[10].

Cayley gilt zusammen mit Sylvester als der Erfinder der Invariantentheorie, die anfangs dieses Jahrhunderts als überholt galt, in neuester Zeit jedoch ein ungeheures „Comeback" erlebt. Ihre Grundzüge entstehen, während die beiden Juristen in den Verhandlungspausen bei Gericht gemeinsam um das Justizgebäude spazieren und dabei mathematische Probleme erörtern. Cayley entwickelt außerdem den Matrizenkalkül und liefert bedeutende Beiträge zur algebraischen Geometrie, wo viele Begriffe seinen Namen tragen.

Ziemlich genau ein Jahr nach Cayleys Aufsatz zum Vierfarbenproblem wird

---

[8]Die angesehenen Smith's prizes in Höhe von £25 wurden an der Universität Cambridge zweimal jährlich für besonders gute Leistungen in Mathematik und Naturwissenschaften vergeben.

[9]Siehe Fußnote 4.

[10]Einige seiner Interessen muten aus heutiger Sicht sehr modern an: Er liebt das Reisen, besonders um Werke der Malerei und Architektur dabei kennenzulernen, und fährt schon als junger Mann häufiger auf den Kontinent; er ist ein begeisterter Bergsteiger und wird frühzeitig Mitglied des Alpenvereins und er setzt sich für eine bessere Ausbildung der Frauen ein.

in der Zeitschrift „Nature" mitgeteilt, daß „die Lösung eines Problems, das kürzlich einige Berühmtheit erlangt hat" von **Alfred Bray Kempe** gefunden worden sei und der ausführliche Beweis demnächst im „American Journal of Mathematics" erscheinen werde.

Gründer und Chefherausgeber dieser erst seit 1878 bestehenden Zeitschrift ist **James Joseph Sylvester**, Jurist und Mathematiker wie sein Freund Cayley und seit 1876 Professor an der Johns Hopkins University in Baltimore. Der engen Beziehung zwischen Cayley und Sylvester ist es wohl auch zuzuschreiben, daß Kempe seine damals als bedeutend und wichtig eingeschätzte Arbeit - „on the request of the editor-in-chief" - beim „American Journal of Mathematics Pure and Applied", einem vergleichsweise noch unbedeutenden amerikanischen Fachblatt, einreicht.

Mit Kempe betritt ein weiterer Jurist die Bühne des Vierfarbenproblems.

Dem Abdruck [KEMPE 1879a] fügt der Mitherausgeber des American Journal, **William Edward Story**, einige Erweiterungen für nicht vom Autor betrachtete Fälle an [STORY 1879]. In dieser Form trägt Story dann das ganze Papier in der Sitzung vom 5. November 1879 bei der Wissenschaftlichen Gesellschaft der Johns Hopkins University vor.

Der bedeutende amerikanische Philosoph, Logiker und Mathematiker **Charles (Santiago) Sanders Peirce**, der 1879 ebenfalls in Baltimore lehrt, fügt einige Bemerkungen hinzu und erläutert in der nächsten Sitzung der Gesellschaft am 3. Dezember wie sich seiner Meinung nach der Kempesche Beweis durch Anwendung von logischen Schlußregeln noch verbessern läßt [SCIENTIFIC ASSSOCIATION 1880].[11]

Das Vierfarbenproblem gilt damit im Jahre 1879 als gelöst.

---

[11]In einem unveröffentlichten Manuskript, das in der Houghton Library der Harvard University aufbewahrt wird, gibt Peirce an, er habe in den 60er Jahren des 19. Jahrhunderts, wohl angeregt durch de Morgans Buchbesprechung im Athenæum, einer mathematischen Gesellschaft der Universität einen Beweisversuch vorgetragen. Peirce bleibt sein Leben lang am Vierfarbensatz interessiert [EISELE 1976]. Er ist in der Geschichte dieses Problems der einzige Mathematiker, der sich auch mit Kartographie befaßt hat. Seine Arbeitsergebnisse werden heute noch zur Darstellung internationaler Flugrouten verwandt.

Kempe, Sir Alfred Bray: ∗ *Kensington (heute ebenfalls ein Stadtteil von London) 6.7.1849, † London 21.4.1922. Er studiert am Trinity College in Cambridge, wo er auch bei Cayley hört, und beendet 1872 sein Studium mit dem B.A. als „22nd wrangler". 1873 erfolgt durch den Inner Temple [12] seine Berufung zum Barrister. Danach schließt er sich dem „Western Circuit" an.*

Die Circuits, von denen es in England und Wales insgesamt acht gab, waren Einrichtungen der Rechtspflege, die bis ins 12. Jahrhundert zurückgingen. Je zwei Richter des höchsten Gerichtshofs (High Court of Justice) begaben sich dreimal im Jahr mit einem Tross von Barristern und einigen angesehenen Männern der jeweiligen Grafschaft auf eine Rundreise, um in einem bestimmten Landesteil bei Geschworenengerichten Recht zu sprechen.

Kempe stellt seine juristischen Fähigkeiten dann in den Dienst der anglikanischen Staatskirche. Unter anderem ist er Sekretär der Königlichen Kommission für Kirchliche Gerichtsbarkeit (1881 bis 1883) und Kanzler der Diözesen von

---

[12]Die dritte Inn of Court, siehe Fußnote 3.

2*

Southwell und Newcastle (beides 1887), St. Albans (1891) und London(1912).
Der Jurist Kempe macht sich aber auch einen Namen in der Mathematik und
wird auf Grund einer Arbeit über Gelenksysteme 1881 als Fellow in die Roy-
al Society berufen. Weitere mathematische Schriften, die zur damaligen Zeit
durchaus von Bedeutung waren, befassen sich in der Hauptsache mit Knoten
und Geweben, aber auch mit der mathematischen Logik.

Kempe engagiert sich neben seiner Tätigkeit für die Kirche über viele Jah-
re ehrenamtlich in wissenschaftlichen Vereinigungen: er ist Schatzmeister der
London Mathematical Society und 1893/94 deren Präsident, er gehört von 1899
bis 1919 dem Vorstand der Royal Society an und wird zeitweise in das Amt des
Schatzmeisters und des Vizepräsidenten gewählt; außerdem ist er Schatzmei-
ster des National Physical Laboratory und Geschäftsführer der Royal Institu-
tion of Great Britain, einer Vereinigung zur Pflege und Verbreitung naturwis-
senschaftlicher Kenntnisse. Auch seine juristischen Fähigkeiten finden weitere
Anerkennung: 1909 erfolgt seine Wahl zum Bencher des Inner Temple[13].

1912 wird Kempe geadelt. In einem zeitgenössischen Lexikon findet sich der
Hinweis, daß er zur Entspannung Mathematik und Musik betreibt.

Sylvester, James Joseph: * *London 3.9.1814,* † *London 15.3.1897. Er*
schließt 1837 sein Studium in Cambridge als „second wrangler" ab, erhält
aber keinen akademischen Grad, weil er wegen seines jüdischen Glaubens die
39 Verfassungsartikel der Anglikanischen Kirche nicht unterschreiben kann[14].
Sylvesters beruflicher Weg gestaltet sich ungewöhnlich und vielseitig. Unter-
schiedlich lange wird er Professor in London, Virginia, Woolwich, Baltimore
und Oxford.

Zwischen den Professuren liegen mehrere unfreiwillige Pausen, in denen Syl-
vester als Aktuar (Versicherungsmathematiker) arbeitet, am Inner Temple mit
dem Studium der Rechtswissenschaften beginnt und 1850 zum Barrister zuge-
lassen wird.

Während er an der Johns Hopkins University in Baltimore lehrt, begründet

---

[13]Siehe Fußnote 3.
[14]Sylvester erwirbt jedoch 1841 den B.A. und den M.A. in Dublin, und bekommt nach
der Test Act von 1872 beide Grade *honoris causa* doch noch von Cambridge verliehen.

Sylvester 1878 zusammen mit Story als verantwortlichem Mitherausgeber das „American Journal of Mathematics".

Trotz der engen Freundschaft mit Cayley[15] ist Sylvester von völlig gegensätzlichem Charakter: temperamentvoll bis unbeherrscht, oft sprunghaft in seinen mathematischen Gedanken, konzentriert nur auf das, was ihn augenblicklich fesselt, völlig uninteressiert an mathematischen Gedanken anderer Leute. Er gilt als einer der ganz großen Mathematiker des 19. Jahrhunderts. Charles Sanders Peirce sagt von ihm: „He was perhaps the mind most exuberant in ideas of pure mathematics of any since Gauss."

Story, William Edward: * *Boston 29.4.1850,* † *Worcester (Massachusetts) 10.4.1930. Er studiert an der Harvard Universität Mathematik und Physik und macht dort 1871 sein Abschlußexamen. Danach geht er zum weiteren Studium nach Berlin, wo er unter anderem bei Karl Weierstraß und Ernst Kummer hört und nach Leipzig, wo er 1875 bei Carl Gottfried Neumann promoviert. 1876 wird die Johns Hopkins University in Baltimore eröffnet und Story erhält dort eine Assistentenstelle und wird später außerordentlicher Professor.*

Als Sylvester zwei Jahre später das „American Journal of Mathematics" gründet, wird Story verantwortlicher Mitherausgeber der Zeitschrift.

Von 1889 bis zu seiner Emeritierung im Jahre 1921 ist er Professor an der Clark University in Worcester. Er wird als Mitglied in die Amerikanische Akademie für Kunst und Wissenschaften und in die Nationale Akademie der Wissenschaften gewählt.

Eine familiengeschichtliche Anmerkung: Sein Urgroßvater Elisha Story ist einer der als Indianer verkleideten Bürger, die am 16.12.1773 bei der sogenannten „Boston Tea Party" eine Ladung Tee der Ostindischen Handelskompanie im Hafen von Boston vernichten.

Peirce, Charles (Santiago) Sanders: * *Cambridge (Massachusetts) 10.9.1839,* † *Milford (Pennsylvania) 19.4.1914. Nach dem Studium der Mathematik an der Harvard University geht Peirce, Sohn des dort lehrenden berühm-*

---

[15] Beide haben sehr viele neue mathematische Begriffe geprägt, die sie aus dem Griechischen oder Lateinischen ableiteten. Das Wort „Graph" ist solch eine Erfindung von Sylvester, die er zum ersten Mal in [SYLVESTER 1878, Seite 284] verwendet. Sylvester selbst bezeichnete sich wegen seiner zahllosen mathematischen Wortschöpfungen gerne als „Mathematical Adam".

ten Mathematikers Benjamin Peirce, 1861 als wissenschaftlicher Berater zur Küstenvermessung der Vereinigten Staaten, wo er die nächsten dreißig Jahre arbeitet.

Peirce schafft es nicht in eine akademische Karriere einzusteigen. Er lehrt insgesamt nur für acht Jahre an der Johns Hopkins University, in Harvard und am Lowell - Institute in Boston. Seine Vorlesungen sind schwer verständlich und wenden sich nur an hochbegabte Studenten, denen er oft unbeherrscht und eitel gegenübertritt. Er lebt die letzten zwei Jahrzehnte seines Lebens in völliger Zurückgezogenheit unter teilweise so schlechten wirtschaftlichen Verhältnissen, daß er auf die finanzielle Unterstützung ihm wohlgesonnener Freunde angewiesen ist.

Peirce wird als Begründer des Pragmatismus zu den Hauptdenkern der amerikanischen Philosophie gerechnet. Seine größte Bedeutung liegt jedoch auf dem Gebiet der Logik, wo er unter anderem den Relationenkalkül entwickelt.

Seine zahlreichen Schriften, von denen viele nur als Manuskripte vorliegen, werden einem breiteren Leserkreis erst zu Beginn unseres Jahrhunderts erschlossen, als sich die Logik als Fach an den Universitäten zu etablieren beginnt.

1880 veröffentlicht der Physiker **Peter Guthrie Tait** in den „Proceedings of the Royal Society of Edinburgh" einen seiner Meinung nach neuen Beweis für das Vierfarbenproblem [Tait 1880]. Tait hat jedoch lediglich einige interessante Umformungen gefunden und es bleibt dabei, daß der Jurist Kempe den Vierfarbensatz bewiesen habe.

Tait, Guthrie Peter: ∗ *Dalkeith (Schottland) 28.4.1831, † Edinburgh 4.7.1901. Er studiert zunächst an der Universität Edinburgh, geht aber schon nach einem Jahr, 1848, ans Peterhouse College in Cambridge, wo er 1852 als „senior wrangler" und „first Smith's Prizeman"*[16] *sein Studium abschließt. 1854 verläßt Tait, Felllow seines College, Cambridge und wird Mathematik-Professor am Queen's College in Belfast. Mit seinem Kollegen Thomas Andrews, einem bedeutenden irischen Chemiker, verbindet ihn dort eine frucht-*

---

[16]Siehe Fußnote 8.

bare Zusammenarbeit auf dem Gebiet der Ozonforschung und der Thermoelektrizität. 1860 erhält Tait einen Lehrstuhl für Naturphilosophie in Edinburgh, den er bis kurz vor seinem Tod innehat.

In Edinburgh entsteht in Zusammenarbeit mit Sir William Thomson (später Lord Kelvin) sein berühmtestes Werk: „Treatise on Natural Philosophy", bekanntgeworden als „T and T' ". Es erscheint 1867 in Oxford und ist ein klassisches Lehrbuch der mathematischen Physik, in dem der Energieerhaltungssatz bis auf Isaac Newton zurückgeführt wird.

Taits wissenschaftliche Leistungen liegen hauptsächlich auf dem Gebiet der Experimentalphysik, mit Schwerpunkten in der Thermodynamik, der Thermoelektrizität und der kinetischen Gastheorie. Er hat aber auch Bedeutung für die Entwicklung der Mathematik. Einerseits ist er ein Vorkämpfer für den Hamiltonschen Quaternionenkalkül, auf dem er die Vektoranalysis aufbauen wollte, andererseits entwickelt er interessante Vermutungen zur Knotentheorie, deren letzte einer Ankündigung zufolge 1991 bewiesen wurde [MENASCO und THISTLETHWAITE 1991].

Die Lösung des Vierfarbenproblems durch einen Außenseiter läßt wahrscheinlich manchen vermuten, daß es sich trotz des ursprünglich darum gemachten Aufhebens um keine sehr tiefsinnige Angelegenheit handeln könne. Vielleicht verführt dies auch Felix Klein dazu, ein Märchen in die Welt zu setzen, das bis heute immer wieder erzählt wird. Es besagt, daß der Vierfarbensatz, in leicht veränderter Form, schon um 1840 von August Ferdinand Möbius in seinen Vorlesungen behandelt wurde.

Die Geschichte hat folgenden Hintergrund: Der Geometer Richard Baltzer berichtet in der Sitzung der Mathematisch-Physischen Klasse der Leipziger Gesellschaft der Wissenschaften vom 12. Januar 1885 in Anwesenheit von Felix Klein über eine Vorlesungsbemerkung und einen dazu passenden Fund im Nachlaß von Möbius:

> In einer Vorlesung, in der geometrische Aufgaben behandelt wurden, sagte Möbius 1840 uns, seinen Zuhörern: Es war einmal ein König in Indien, der hatte ein großes Reich und fünf Söhne. Der letzte Wille des Königs bestimmte, die Söhne sollten nach dem Tode des Königs

das Reich unter sich auf solche Weise theilen, daß das Gebiet eines
jeden mit den vier übrigen Gebieten eine Grenzlinie (nicht bloß einen
Punct) gemein hätte. Wie war das Reich zu theilen? – Als wir in der
nächsten Vorlesung bekannten, wir hätten uns vergeblich bemüht eine
solche Theilung zu finden, lächelte Möbius und bemerkte, es thue ihm
leid, dass wir uns abgemüht hätten, denn die geforderte Theilung sei
unmöglich [BALTZER 1885].

Bei der Durchsicht des schriftlichen Nachlasses fand Baltzer heraus, daß Möbius seine Weisheit von seinem Freund, dem Philologen Benjamin Gotthold Weiske, hatte. Baltzer fügt nun der publizierten Form des Vortrags [BALTZER 1885]
wohl eine Diskussionsbemerkung an:

Herr College Klein hat die Güte gehabt, mich auf eine den oben erwähnten Gegenstand berührende Arbeit des Herrn Kempe in London aufmerksam zu machen. Nach dem oben mitgetheilten kleinen Satze ist die
zur Discussion gestellte Thatsache [der Vierfarbensatz] sofort verständlich. . . . Wie würde sich Möbius gefreut haben, wenn er die merkwürdige
ökonomische Bedeutung des von Freund Weiske ihm mitgetheilten Satzes erfahren hätte.

Hier irrt sich Baltzer. Der Satz von Weiske ermöglicht zwar einen einfachen
Beweis des *Fünf*farbensatzes, für den Beweis des Vierfarbensatzes bringt er
jedoch fast überhaupt nichts.

Trotzdem verbreitet sich die Möbius–Weiske Mär weiter, wofür unter anderen
in Deutschland Friedrich Dingeldey sorgt [DINGELDEY 1890]. Eine vielgelesene
Notiz von Isabel Maddison bringt das Märchen dann auch in Nordamerika
unter die Leute [MADDISON 1897]. Erst 1959 klärt H. S. M. Coxeter den Irrtum
auf [COXETER 1959].

Nach der Veröffentlichung von Kempes Beweis ist es, abgesehen von Taits
Beweisversuch, still um das Vierfarbenproblem geworden.

Diese Stille zerreißt 1890 jäh, als **Percy John Heawood** zeigt, daß der Kempesche Beweis einen Trugschluß enthält!

Heawood erklärt dazu bedauernd, daß er keinen Beweis des Vierfarbensatzes
habe und daß sein Artikel daher leider eher destruktiv sei, weil er nur einen

Fehler im bisher anerkannten Beweis gefunden habe [HEAWOOD 1890].

Heawood, Percy John: * *Newport, Shropshire 8.9.1861,* † *Durham 24.1.1955. Er studiert in Oxford, Exeter College, wo er 1883 seinen B.A., 1887 seinen M.A. ablegt. Außerdem studiert er auch erfolgreich die klassischen Sprachen, die er sein ganzes Leben lang mit Vergnügen im Original liest. 1887 wird er Lecturer für Mathematik am Durham College, der späteren Universität Durham. Er erhält dort 1911 einen Lehrstuhl für Mathematik und wird erst 1939 mit 78 Jahren emeritiert. In den Jahren 1926 bis 1928 ist er Vizekanzler der Universität, nachdem er schon vorher verschiedene andere Verwaltungsposten innehatte.*

Zahlreiche Arbeiten in der „Mathematical Gazette", einer Zeitschrift zum Mathematikunterricht an Schulen, belegen, daß Heawood an guten Beziehungen zwischen Schule und Hochschule sehr interessiert ist; er ist auch der erste Vorsitzende des University of Durham Schools Examination Board. Die sogenannten Examination Boards sind Prüfungsbehörden, die in der zweiten Hälfte des vorigen Jahrhunderts an mehreren englischen Universitäten eingerichtet werden, um Schulabgängern zu einem Abschlußzeugnis zu verhelfen.

Seine Treue zur Anglikanischen Kirche zeigt sich sichtbar in zahlreichen Ämtern, die er als Laie Zeit seines Lebens bekleidet.

Zwei wichtige Auszeichnungen erhält er nicht für seine mathematischen Verdienste, sondern für seinen unermüdlichen, einmaligen Einsatz zur Rettung des Schlosses von Durham. Dieses - ein historisch äußerst wertvolles Bauwerk, das im 10. Jahrhundert begonnen wurde und als Wahrzeichen hoch über der Stadt steht - droht in den sechziger Jahren des vorigen Jahrhunderts über die Klippen abzurutschen. Die Universität tut ihr Möglichstes zu seiner Rettung, gibt aber angesichts der benötigten horrenden Summen auf. Heawood kämpft als Sekretär des Restaurierungsfonds praktisch alleine Jahr um Jahr, bis das Schloß gerettet werden kann. Dafür wird ihm 1931 der Ehrendoktor der Universität Durham und 1939 der „Order of the British Empire" verliehen.

Heawood ist eine ungewöhnliche Erscheinung; schon zu seinen Lebzeiten gibt es unzählige Anekdoten über ihn. Er bleibt in Durham, bis er dort fast 94-jährig stirbt.

Es ist nicht bekannt, wie Heawood auf das Vierfarbenproblem aufmerksam wurde; darauf konzentriert sich aber sein mathematisches Lebenswerk. Nach der ersten Arbeit aus dem Jahr 1890 publiziert er noch sechs weitere zu diesem Thema, die letzte 1949, im Alter von 88 Jahren.

Es ist übertrieben, wenn sein Biograph Gabor Dirac feststellt: „... his discoveries are more substantial than all later ones by all others put together". Denn im Nachhinein ist anzumerken, daß der endgültige Beweis des Vierfarbensatzes durch Appel, Haken und Koch relativ wenig von Heawoods Überlegungen benutzt. Trotzdem bleibt Heawood eine zentrale Figur in der Geschichte des Vierfarbenproblems.

Als positives Ergebnis enthält die Arbeit von Heawood, in der er Kempes Beweis widerlegt, den Beweis des oben erwähnten Fünffarbensatzes.

Außerdem behandelt Heawood die schon von Kempe aufgeworfene Frage nach der Mindestanzahl von Farben, die für eine zulässige Färbung von Karten auf von der Kugelfläche verschiedenen geschlossenen Flächen, wie zum Beispiel dem Torus und der Brezelfläche, notwendig sind.

Heawood gibt eine obere Schranke dafür an, das Problem der Genauigkeit dieser Schranke ist das *Heawoodsche Kartenfärbungsproblem*, das überraschenderweise leichter zu lösen war als das Vierfarbenproblem. Einen Hauptbeitrag zur Lösung liefern Gerhard Ringel und J. W. T. Youngs in einem geradezu spannenden, wenn auch zufälligen, zeitlichen Wettlauf mit Jean Mayer . Dieser erledigt den schwierigen Fall $n = 30$ zwischen dem 25. und 27. Februar 1968, während Ringel und Youngs die Fälle $n = 35, 47, 59$ am 1. März und den Fall $n = 30$ am 4. März 1968 abschließen. [RINGEL und YOUNGS 1968] und [MAYER 1969].

Wir können im Rahmen dieses Buches nicht weiter darauf eingehen und verweisen auf die einschlägige Literatur [RINGEL 1974, AIGNER 1984].

In den auf Heawoods Entdeckung folgenden Jahren wird sehr viel über den Vierfarbensatz diskutiert, aber ohne großen Erfolg. Aus der Rückschau erkennt William Thomas Tutte zwei Ansätze, die er als „qualitativ" und „quantitativ" unterscheidet [TUTTE 1974].

Der erste verfolgt den Einstieg Kempes über die sogenannten „Kempe–Ketten–Spiele" weiter, der andere führt Heawoodsche Ideen fort.

In seiner zweiten Arbeit geht Heawood nämlich das Vierfarbenproblem mit Methoden der elementaren Zahlentheorie an [HEAWOOD 1897]. Diese Gedanken greift Oswald Veblen auf und trägt der American Mathematical Society am 27. April 1912 eine Darstellung des Problems in der Form von linearen Gleichungen über einem endlichen Körper vor [VEBLEN 1912].

In seinen Seminaren in Princeton werden sein etwas jüngerer Kollege **George David Birkhoff** und sein Schüler und Mitarbeiter vor allem im Bereich der Topologie, Philip Franklin, mit der Frage vertraut. Birkhoffs erste einschlägige Arbeit schließt direkt an Veblen an [BIRKHOFF 1912], ist also der quantitativen Richtung zuzurechnen; in einer zweiten Arbeit geht er auf Kempes qualitativen Ansatz zurück und erreicht einen entscheidenden Fortschritt durch den Begriff des *reduziblen Ringes*, der von früheren Autoren, wie zum Beispiel Paul Wernicke [WERNICKE 1904], nur erahnt worden war.

Birkhoff, George David: * *Overisel, Michigan 21.3.1884,* † *Cambridge, Massachusetts 12.11.1944. Er studiert zunächst in Harvard, wo er 1905 den B.A. und 1906 den M.A. ablegt und dann in Chicago, wo er 1907 promoviert. Anschließend lehrt er für zwei Jahre als Dozent an der Universität von Wisconsin in Madison und wird 1909 Professor in Princeton. 1912 wechselt er nach Harvard, wo er 1919 zum ordentlichen Professor für Mathematik und 1932 zum Perkins Professor ernannt wird. 1935 bis 1939 hat er das Amt des Dekans der Fakultät für Kunst und Naturwissenschaft inne. Im Jahre 1925 ist er Präsident der American Mathematical Society und 1937 Präsident der American Association for the Advancement of Science. Als akademische Lehrer beeinflussen Birkhoff am meisten Maxime Bôcher in Harvard und Eliakim Hastings Moore in Chicago. Außerdem wird er stark von Henri Poincaré geprägt, mit dessen Arbeiten sich Birkhoff sehr intensiv auseinandersetzt.*

1913 erregt Birkhoff erstmals weltweites Aufsehen mit dem Beweis von Poincarés „letztem geometrischen Problem", nicht zu verwechseln mit der bis heu-

te ungelösten „Poincaré-Vermutung". Der von Birkhoff bewiesene Satz ist für das Dreikörperproblem von großer Bedeutung; er wird unter dem Namen „Fixpunktsatz von Poincaré-Birkhoff" heute ständig benutzt. 1931 erscheint Birkhoffs „Ergodensatz", der sich äußerst fruchtbar auf die Theorie der dynamischen Systeme, die Wahrscheinlichkeitstheorie, die Gruppentheorie, die Funktionalanalysis und sogar die technische Praxis auswirkt. Birkhoff entwirft außerdem eine eigene Relativitätstheorie und befaßt sich mit Fragen der Ästhetik.

Er erfährt sowohl in Amerika wie in Europa große Anerkennung seiner herausragenden mathematischen Leistungen. Er ist Mitglied der National Academy of Sciences, der American Academy of Arts and Sciences und der American Philosophical Society, sowie verschiedener lateinamerikanischer und europäischer wissenschaftlicher Vereinigungen, wie zum Beispiel der Deutschen Mathematiker-Vereinigung [TOEPELL 1991].

Birkhoff wirkt als Lehrer und als Forscher durch seine Kreativität und Vielseitigkeit auf seine zahlreichen Schüler sehr prägend. Er ist einer der bedeutendsten amerikanischen Mathematiker des beginnenden 20. Jahrhunderts. Auf ihn geht der Ausspruch zurück, daß die amerikanische Mathematik den (europäischen) Kinderschuhen entwachsen und selbständig geworden sei.

Nach Birkhoff tut sich zunächst nicht viel. Kleine Schritte vorwärts zur Bewältigung des Problems erbringen Philip Franklin, Alfred Errera, C. N. Reynolds, C. E. Winn, Chaim Chojnacki–Hanani, Henri Lebesgue und Arthur Bernhart.

Erst Ende der sechziger Jahre gelingt **Heinrich Heesch** der entscheidende Durchbruch. Er systematisiert die Reduzibilitätsnachweise, entwickelt einen Algorithmus für den Nachweis der von ihm gefundenen „D-Reduzibilität", der sich mit Hilfe von Computern durchführen läßt, und erfindet zur Konstruktion von „unvermeidbaren Mengen von Konfigurationen" die sogenannten „Entladungsprozeduren".

Für die praktische Umsetzung seines Algorithmus auf Computer, das heißt, für die eigentliche Programmierung, gewinnt Heesch 1964 auf Anregung Wolfgang

Händlers den damaligen Studienreferendar **Karl Dürre**.

Aus heutiger Sicht muß Dürre mit prähistorischen Methoden arbeiten. Er schreibt das Programm in Algol 60 und stanzt es zusammen mit den Eingabedaten, die im wesentlichen aus den Verbindungsmatrizen bestanden, auf Lochkarten ein. Ein kurzer Auszug aus diesem Originalprogramm ist auf Seite 205 abgedruckt. Der erste Probelauf auf der CDC 1604 A des Rechenzentrums der Technischen Hochschule Hannover findet am 23. November 1965 statt und bestätigt die Reduzibilität des bereits als reduzibel erkannten Birkhoff–Diamanten. Im Dezember 1965 wird dann erstmals die bis dahin unbekannte Reduzibilität einer Konfiguration der Ringgröße 9 mit Hilfe des Computers nachgewiesen.

Zu der Zeit können wegen des beschränkten Speicherangebots nur Figuren mit einer Ringgröße kleiner 12 auf Reduzibilität überprüft werden. Die Entwicklung von „Ranking-Verfahren" für Randfärbungsmengen ermöglicht es dann ab 1967 nur die charakteristischen Funktionen dieser Mengen zu speichern und so den Speicherbedarf erheblich zu senken. Eine Beschreibung dieser Verfahren ist Gegenstand von Dürres Dissertation [DÜRRE 1969].

In den Vereinigten Staaten ist die Computer–Entwicklung schon weiter fortgeschritten und dort wird auf dem Umweg über **Wolfgang Haken** der Chairman des Applied Mathematics Department am Brookhaven National Laboratory in Upton (New York), Yoshio Shimamoto, der sich selbst schon lange um das Vierfarbenproblem bemüht hatte, auf Heesch aufmerksam. Shimamoto lädt Heesch 1967 nach Brookhaven ein und bietet ihm großzügige Rechenzeiten auf der dortigen CDC 6600 an.

Heesch ist in den nächsten Jahren zweimal für längere Zeit in den Vereinigten Staaten, um - anfangs mit Dürres Hilfe - seine Arbeit an den dortigen großen Rechnern voranzutreiben. Dürre hatte dazu als erstes seine Programme von Algol in Fortran umschreiben müssen.

Heesch kehrt schließlich nach einem weiteren kurzen USA Aufenthalt nach Hannover zurück in der Hoffnung, die Lösung des Vierfarbenproblems allein und in Deutschland zu erreichen. Die Deutsche Forschungsgemeinschaft stellt jedoch aufgrund negativer Gutachten zu Heeschs bitterer Enttäuschung keine

Mittel für die nötigen großen Rechenzeiten und Personalkosten bereit.
Ein besonderes Verdienst von Heesch liegt etwas außerhalb der strengen Mathematik: die „Visualisierung" der Figuren durch die konsequente Beschränkung
auf Eckenfärbungen und die optische Kennzeichnung der Eckengrade, durch
die eine visuelle Erkennung und Unterscheidung erst in großem Stil möglich
ist, oder zumindest wesentlich erleichtert wird. Die „geschälten Bilder" sind
grundlegend für die Organisation und die Darstellung der fast 2000 Figuren,
die zum Beweis des Vierfarbensatzes benötigt werden.

Heesch, Heinrich: * *Kiel 25.6.1906. Heesch studiert von 1925 bis 1928 in*
München Mathematik und Physik, vor allem bei Constantin Carathéodory und
Arnold Sommerfeld . Gleichzeitig studiert er Violine bei Felix Berber an der
Musikhochschule. Er entscheidet sich schließlich nach Abschluß beider Stu-
diengänge für die Mathematik und promoviert 1929 an der Universität Zürich
mit zwei Arbeiten über Strukturtheorie [HEESCH 1930]. Anschließend geht er
als Assistent von Hermann Weyl nach Göttingen. In den folgenden Jahren
erbringt er bedeutende mathematische Leistungen: neue richtungweisende For-

schungen in der Kristallgeometrie und die Lösung des regulären Parkettie-
rungsproblems, das von Hilbert im Jahre 1900 auf dem 2. Internationalen Ma-
thematikerkongreß gestellt worden war.

Die Machtergreifung der Nationalsozialisten verhindert jedoch, daß Heesch die
begonnene Hochschullaufbahn fortsetzt. Er arbeitet die nächsten zwanzig Jahre
als Privatgelehrter, als Lehrer an verschiedenen Schulen in den Fächern Mu-
sik und Mathematik und als Berater für die Industrie im Zusammenhang mit
seinen Parkettierungsforschungen, deren Ergebnisse insbesondere während des
Krieges von großem Interesse wegen der damit möglichen Materialeinsparung
sind.

Erst 1955 beginnt Heesch wieder eine Lehrtätigkeit an der Technischen Hoch-
schule Hannover, wo er sich 1958 habilitiert und 1966 endlich zum außer-
planmäßigen Professor ernannt wird.

Ende der vierziger Jahre hat er sich dem Vierfarbenproblem zugewandt, das
von da an sein mathematisches Schaffen bestimmt. Er stellt seine bedeuten-
den Ergebnisse in vielen Vorträgen vor, zögert jedoch mit dem Publizieren,
sodaß sein grundlegendes, aus der Habilitationsschrift hervorgegangenes Buch
erst 1969 erscheint [HEESCH 1969] und weitere wichtige Forschungsergebnis-
se größtenteils nur als Preprints vorliegen, wie die Arbeit über E–Reduktion
[HEESCH 1974]. Heeschs Name und seine Forschungen werden daher in dem
international als Standardwerk angesehenen Buch von Ore gar nicht erwähnt
[ORE 1967].

Heeschs fast tragisch zu nennende Rolle in der Geschichte des Vierfarbenproblems hat Hans-Günther Bigalke in einer Biographie ausführlich, wenn auch
unter subjektiven Gesichtspunkten, geschildert. Appel und Haken ihrerseits
haben Heeschs Forschungen breiten Raum gewidmet in einem Beitrag zu der
Sammlung Mathematics Today, in dem sie die Geschichte des Vierfarbenproblems darstellen [APPEL und HAKEN 1978].

Dürre, Karl P.: * *Reichenbach/Oberlausitz 20.7.1937. Er studiert Mathematik und Physik in Marburg und Hannover und legt 1963 das Staatsexamen ab. Während des Studiums findet er Interesse an Färbungsproblemen, lernt dadurch Heinrich Heesch kennen und wird nach Abschluß des Studiums dessen Mitarbeiter.*

Er promoviert im Januar 1969 an der Technischen Universität Hannover mit einer Arbeit über Untersuchungen an Mengen von Signierungen [DÜRRE 1969]. Nach der Rückkehr aus Brookhaven Ende 1969 wechselt er zur Informatik, zunächst als Assistent an die Universität Erlangen–Nürnberg und dann ab 1971 als wissenschaftlicher Mitarbeiter an die Technische Hochschule Karlsruhe. Von da ab arbeitet er nur noch sporadisch am Vierfarbenproblem.

Seine Arbeiten konzentrieren sich seit 1970 zum einen auf die Entwicklung und Analyse von Algorithmen und Datenstrukturen, unter anderem auf Graphfärbungsalgorithmen und ihre Anwendung auf die Kompression dünnbesetzter Tabellen, zum anderen auf die Entwicklung von benutzerfreundlichen Programm-

systemen.

Insbesondere gelingt ihm die Entwicklung von bahnbrechenden Techniken, die den Zugang blinder Benutzer zu Computern erheblich erleichtern. Ein an der Universität Karlsruhe erfolgreiches Programm zur Unterstützung blinder Studenten wird von ihm initiiert und geplant. Es beginnt kurz vor seinem Weggang in die Vereinigten Staaten, wo er seit 1987 Associate Professor für Computer Science an der Colorado State University in Fort Collins ist.

Heesch nahezu ebenbürtig im Erkennen von reduziblen Konfigurationen und in der Entwicklung von Entladungsprozeduren ist allerdings noch einmal ein Außenseiter. Es ist dieses Mal ein Geisteswissenschaftler, der Literaturprofessor **Jean Mayer**, den wir im Zusammenhang mit dem Heawoodschen Problem schon erwähnt haben.

Obwohl oder gerade weil Mayer Außenseiter ist, hat er geniale Einfälle, die zu den bereits genannten Ergebnissen führen. Seine Anhebung der Birkhoff–Zahl auf 96 wird durch den vollständigen Beweis des Vierfarbensatzes von Appel, Haken und Koch überholt und nicht mehr veröffentlicht.

Die sehr effizienten Entladungsprozeduren, die Mayer unabhängig von Heesch entwickelt, führen zu einer gemeinsamen Arbeit mit Appel und Haken [APPEL, HAKEN und MAYER 1979] und fließen so auch in den Beweis des Vierfarbensatzes ein.

Besonders erwähnenswert ist die Tatsache, daß Mayer auch eine Verbindung zwischen seinem Hauptfach, der französischen Literatur, und seinem Hobby, dem Vierfarbenproblem, herstellen kann.

In den Tagebüchern des französischen Lyrikers Paul Valéry aus dem Jahr 1902 entdeckt Mayer zwölf Seiten mit durchaus substantiellen Notizen zum Vierfarbenproblem. Er setzt sich mit den Ideen Valérys auseinander und stellt fest, daß bestimmte Figuren, die viel später von Birkhoff, Franklin, Winn, Chojnacki–Hanani und anderen betrachtet werden, schon bei Valéry vorkommen [MAYER 1980a,b].

Mayer, Jean: * *Champagnole/Jura 26.6.1925. Er studiert klassische Spra-*
chen an der Universität Rennes und promoviert 1960 an der Sorbonne mit ei-
ner Arbeit zum Thema: „Diderot, homme de science". Von 1960 bis 1965 ist er
Professor am „Centre d'Enseignement Supérieur" (Zentrum für Universitäts-
unterricht) in Abidjan, der Hauptstadt der Elfenbeinküste, und anschließend
bis zu seiner Emeritierung im Jahre 1988 Professor an der Universität Paul
Valéry in Montpellier.

Mayer ist Mitherausgeber der gesammelten Werke von Diderot und Voltaire.

Seine Jugendliebe zur Mathematik führt ihn immer wieder zur Lektüre ma-
thematischer Werke. Besonders beeindruckt ihn Berges „Théorie des graphes
et ses applications" [BERGE 1958], dessen sehr klare und ansprechende Dar-
stellung ihn zur selbständigen Beschäftigung mit Färbungsproblemen anregt.
Er beginnt 1966 auf diesem Gebiet zu arbeiten. Er entdeckt, wie bereits oben
erwähnt, die Notizen Paul Valérys und befaßt sich erfolgreich mit den für die
Lösung des Vierfarbenproblems so wichtigen Entladungsprozeduren.

Die Zeit der Amerikaaufenthalte von Heesch läutet sozusagen den Endspurt
zur Lösung des Vierfarbenproblems ein. Zum einen beginnen damit ausgedehn-
te Kontakte zwischen Heesch und Haken, da dieser sich immer mehr für das
Vierfarbenproblem interessiert. Die schriftlichen und mündlichen Diskussionen
drehen sich dabei im wesentlichen um Heeschs Ergebnisse zum Vierfarbenproblem und um mögliche Lösungswege.

Zum anderen kann Haken 1971 **Kenneth Appel** für das Vierfarbenproblem
interessieren und sie beginnen das gemeinsame Nachdenken darüber. Zu dieser Zeit besteht kaum Hoffnung das Problem über den qualitativen Ansatz zu
lösen. Tutte, "arguably the finest graph theorist of our time" (Appel), gibt
seiner Meinung Ausdruck, lediglich ein Optimist könne die Existenz einer unvermeidbaren Menge reduzibler Konfigurationen mit „nur" 8000 Elementen
vermuten [TUTTE 1974]. Er setzt deshalb mehr auf den quantitativen Ansatz
[TUTTE 1975] und bringt auch sein Unbehagen über Computerlösungen, wie
sie von Shimamoto propagiert werden, deutlich zum Ausdruck [WHITNEY und
TUTTE 1972].

Die letztgenannte Arbeit macht nun Heeschs bisher nur in Deutsch publizierte
Gedankengänge im anglo–amerikanischen Sprachraum bekannt und löst eine
Flut unterschiedlichster Beiträge zum Vierfarbenproblem aus. Wir nennen als
Autoren interessanter Arbeiten Frank Allaire von der University of Manitoba
und Edward Reinier Swart von der University of Rhodesia, die als Gäste von
Tutte in Waterloo zusammenarbeiten, Frank R. Bernhart vom Shippensburg
State College, Arthur Bernharts Sohn, der sich unter anderem als Experte für
das Entdecken von Trugschlüssen in vielen „Beweisen" des Vierfarbensatzes
einen Namen macht, Thomas Osgood, Doktorand von Haken, und Walter R.
Stromquist von der Harvard University.

Appel und Haken denken bei ihrer Zusammenarbeit an Mengen mit bis zu
einer Million Elementen und setzen ihre Hoffnung auf den rasanten Fortschritt
bei elektronischen Rechenanlagen. Dabei legen sie den Schwerpunkt ihrer Arbeit auf die Entwicklung kräftiger Entladungsprozeduren, wofür sie ebenfalls
die Hilfe des Computers in Anspruch nehmen, der bislang nur für Reduktions-

rechnungen benutzt wird.

Hierbei ist Appel der Programmierer, der ein Programm schreibt, das in der Lage ist an seiner eigenen Verbesserung mitzuwirken[17]. Die bis Ende 1975 durchgeführten Rechnungen liefern schließlich eine Überraschung: eine unvermeidbare Menge aus nur 2000 reduziblen Konfigurationen rückt in den Bereich des Möglichen. Bei einem Strandspaziergang während eines Urlaubs in Florida im Dezember 1975 kommt Haken die brillante Idee zu einer neuen Entladungsprozedur, der „transversalen" Entladung. Diese läßt sich aber nicht so einfach auf den Computer umsetzen, und Appel und Haken kehren zur Handarbeit zurück. Gleichzeitig erweitern sie ihr Team. Als dritter stößt der „graduate student" **John Koch** zu ihnen, der die bis dahin vernachlässigten Reduzibilitätsrechnungen übernimmt.

So gelingt 1976 der endgültige Beweis des Vierfarbensatzes mit Hilfe einer IBM 360 in Urbana/Illinois.

Eine kurze, aber äußerst klare Übersicht, wie dieser Beweis funktioniert, haben

---

[17]Es handelt sich also um eine Art CAD–Technik (CAD=Computer Aided Design).

Appel und Haken 1986 im „Mathematical Intelligencer" gegeben, wo sie auch
auf die dagegen vorgebrachten Einwände eingehen [APPEL und HAKEN 1986].
Bei der Diskussion von Tausenden von Figuren, die im Laufe des Beweises auftreten, sind ihnen natürlich Fehler unterlaufen, die sie in drei Klassen einteilen.
Im Rahmen seiner Diplom–Arbeit überprüft der Student der Elektrotechnik
an der Technischen Hochschule Aachen, Ulrich Schmidt, 1981 etwa 40 % des
„Unvermeidbarkeitsbeweises"[18] und entdeckt neben vierzehn einfachen auch
einen Fehler dritter Klasse. Am anderen Ende der Welt, in Tokio, führt ein
japanischer Student, Shinichi Saeki, eine entsprechende Untersuchung durch
und wird ebenfalls fündig.

Für solche Fälle haben Appel und Haken inzwischen eine „error–correction
routine" entwickelt, die bisher immer zum Erfolg führt. Das liegt an einer
Besonderheit ihres Beweises: Wenn sich ein Zwischenschritt als Trugschluß
herausstellt, dann bricht nicht – wie sonst häufig in mathematischen Beweisen
– das ganze Gebäude zusammen, es tut sich kein unüberwindlicher Graben
auf, sondern nur ein kleines Loch, um das man man relativ leicht herumgehen
kann. Haken beschreibt die Situation durch die Feststellung: „Es handelt sich
nicht um *einen* Beweis für den Vierfarbensatz, sondern um *viele.*"

Alle ihnen bis 1989 bekanntgewordenen Fehler haben Appel und Haken in
einer Neuauflage ihres Beweises angegeben und berichtigt [APPEL und HAKEN
1989].

---

[18]Die Beschränkung auf 40 % liegt in der Zeitbeschränkung begründet, die nach den
Prüfungsordnungen für eine Diplom–Arbeit besteht.

Haken, Wolfgang: * *Berlin 21.6.1928. Er studiert in Kiel Mathematik, Physik und Philosophie und promoviert 1953 bei Karl Heinrich Weise mit einer Arbeit in Topologie. Schon als junger Student wird er auf das Vierfarbenproblem aufmerksam; im Jahr 1948 hört er einen Vortrag von Heesch, in dem dieser seine ersten Überlegungen und Erfolge vorstellt.*

Von 1954 bis 1962 arbeitet Haken in München als Entwicklungsingenieur in der Mikrowellentechnik bei Siemens & Halske.

Nach der Lösung des Kreisknotenproblems bekommt er 1962 eine Gastprofessur an der Universität von Illinois in Urbana. Von 1963 bis 1965 ist er Temporary Member am Institute for Advanced Study in Princeton, ehe er 1965 endültig als Professor an die Universität von Illinois in Urbana geht.

Als Zeichen der höchsten Anerkennung, die sie für wissenschaftliche Leistungen aussprechen kann, beruft die University of Illinois Haken 1990 in ihr Center for Advanced Study. Diesem Center gehören derzeit nur fünfzehn Wissenschaftler an.

Im Sommersemester 1993 verleiht ihm die Johann Wolfgang Goethe Universität in Frankfurt am Main die Ehrendoktorwürde in Anerkennung seiner Verdienste vor allem um die dreidimensionalen Mannigfaltigkeiten, die nach ihm als Haken - Mannigfaltigkeiten bezeichnet werden.

Appel, Kenneth: * *Brooklyn, N.Y. 8.10.1932. Appel erwirbt 1953 am Queens College den Bachelor of Science und 1955 an der Universität von Michigan den Master, wo er auch 1959 bei Roger Lyndon mit der Arbeit „Two Problems on the Borderline of Logic and Algebra" promoviert.*

Die Schwerpunkte seiner Forschungsinteressen verändern sich im Lauf der Jahre von der Theorie der rekursiven Funktionen über kombinatorische Gruppentheorie zur Kombinatorik. Bereits 1956 beginnt er sich für Computer zu interessieren und schreibt seither in den verschiedensten Sprachen viele Programme für mathematische und außermathematische Zwecke.

1961 wird er Full Professor an der Universität von Illinois in Urbana. Als Haken, der seit 1965 ebenfalls in Illinois lehrt, 1971 mehrere Seminarvorträge über die Arbeiten von Shimamoto hält, beginnt Appel sich ernsthaft mit dem

Vierfarbenproblem zu beschäftigen. Sein Beitrag zur Lösung des Vierfarbenproblems liegt hauptsächlich in der Programmierung der Entladungsprozeduren und dem dadurch gegebenen Auftrieb, das Vierfarbenproblem anzugreifen. Seit Herbst 1993 ist Appel Chairman des Mathematics Department an der Universität von New Hampshire.

Koch, John: ∗ *Urbana, Illinois 31.10.1948. Er studiert an der Bucknell University und an der Universität von Illinois in Urbana. Dort kommt er durch Appel und Haken zum Vierfarbenproblem, für dessen Lösung er die Computerprogramme schreibt. Daraus entwickelt sich auch seine Dissertation „Computation of Four Color Irreducibility"* [KOCH 1976]*, mit der er 1976 den Ph. D. erwirbt. Anschließend geht er an die Wilkes University in Wilkes - Barre/Pensylvania, wo er verschiedene wissenschaftliche Positionen innehat und seit 1989 Full Professor ist.*

1983 bis 1988 ist er verantwortlich für ein Fünf - Jahresprogramm, das eine verstärkte Computernutzung außerhalb der Hochschule fördern soll. Zwischen 1978 und 1989 verbringt er mehrere Sommer am Institute for Defense Analyses

in Princeton, wo er an der Entwicklung und Durchführung vieler Programme
auf den Cray 1 und Cray 2 Supercomputern beteiligt ist.

1989 stellen Appel und Haken in Würdigung der Leistung Kempes fest:

> Kempes argument was extremely clever, and although his "proof"
> turned out not to be complete it contained most of the basic ideas
> that eventually led to the correct proof one century later.

Demgegenüber bleibt festzuhalten, daß Kempes Ansatz zwar eine gute Aus-
gangslage für den Beweis schuf, daß aber Birkhoff, Heesch, Appel und Haken
noch ganz entscheidende Ideen hinzufügten.

Die zeichnerische Spielerei des Francis Guthrie war der Auslöser für ein Jahrhundert Mathematikgeschichte, in dem der Baum der Mathematik viele neue
Äste und Zweige, wie die Graphentheorie, getrieben hat. Durch den von Appel,
Haken und Koch vorgelegten Beweis des Vierfarbensatzes hat sich das Vierfarbenproblem trotzdem nicht endgültig erledigt. Viele Mathematiker bemühen
sich weiterhin um einen computerfreien Beweis und weitere Fragestellungen
schließen sich in großer Zahl an. Darüber steht die mehr metamathematische
Diskussion über die Bedeutung von Computerbeweisen, die den Anlaß für dieses Buch bildet und die durch den inzwischen erfolgten Nachweis der Nichtexistenz einer affinen Ebene der Ordnung 10 mit Hilfe eines Cray Supercomputers
neuen Auftrieb erhalten hat. Wir schließen den historischen Teil mit einem, fast
poetischen, Zitat von Tutte, das die Weite und Tiefe zukünftiger Forschungen
andeutet:

> *For the Four Colour Problem is just one member, one special case,*
> *of a great association. It was singled out for mathematical attack*
> *because it seemed likely to be the easiest member. But now the time*
> *has come to confront the other members of the family. ...*
>
> *The Four Colour Theorem is the tip of the iceberg, the thin end of*
> *the wedge and the first cuckoo of Spring* [TUTTE 1978].

Kapitel 2

(Topologische) Landkarten

Für die mathematische Behandlung des Vierfarbensatzes braucht man strenge Definitionen der auftretenden Begriffe. Diese Begriffsbildungen sind gar nicht so einfach, sondern erfordern einen gewissen Aufwand und führen zu sehr abstrakten Überlegungen. Dabei soll die Anschauung leiten. Von ihr aus bilden Landkarten geometrisch-topologische Objekte, der Vierfarbensatz ist jedoch eine kombinatorische Aussage.

In diesem Kapitel soll der intuitive Begriff der Landkarte und ihrer Strukturelemente wie Grenzlinien und Mehrländerecken im Sinne der Topologie präzisiert und zu der Form abstrahiert werden, die den Übergang zur Kombinatorik ermöglicht. Die grundlegenden Begriffsbildungen gehören in den Bereich der mengentheoretischen Topologie.

2.1 Heuristische Vorüberlegungen

Zunächst eine Sprechweise ins Unreine, weil wir noch nicht über saubere Begriffe verfügen: Wir haben eine *zulässige Färbung* einer Landkarte, oder anders gesagt, eine Landkarte ist *zulässig gefärbt*, wenn jedem Land eine Farbe derart zugeordnet ist, daß jedes Paar von Ländern mit einer gemeinsamen Grenzlinie verschiedene Farben hat. Wenn dabei höchstens n Farben insgesamt verwendet werden, wobei n eine natürliche Zahl bedeutet, so sprechen wir von einer *zulässigen n-Färbung;* im Zusammenhang mit dem Vierfarbensatz interessieren natürlich vor allem zulässige 4-Färbungen einer Landkarte.

Unter einer Landkarte stellen wir uns dabei eine Einteilung einer (unendlichen)

Ebene in endlich viele Länder vor, die durch Grenzen voneinander getrennt sind und von denen nur eines *unbeschränkt* ist. Dabei heißt eine Menge von Punkten der Ebene *unbeschränkt*, wenn man kein Rechteck finden kann, in dem sie vollständig enthalten ist; eine Punktmenge heißt *beschränkt*, wenn sie ganz in einem Rechteck liegt.

Die Idee der unendlichen Ebene mit einem einzigen unbeschränkten Land führt zu keiner wesentlichen Veränderung gegenüber der Wirklichkeit von Landkarten. Eine echte Landkarte füllt im allgemeinen ein Rechteck aus. Wir nehmen das Äußere des Rechtecks in der Ebene, in der es liegt, als ein weiteres Land hinzu. Gelingt uns eine zulässige n-Färbung der ganzen Ebene, so haben wir auch eine zulässige n-Färbung der rechteckigen Karte. Wissen wir umgekehrt, daß wir jede rechteckige Karte zulässig mit n Farben färben können, so gelingt das auch für Karten, die sich über die ganze Ebene erstrecken: Da wir voraussetzen, daß nur ein unbeschränktes Land vorhanden ist, können wir immer einen rechteckigen Ausschnitt finden, dessen Rand ganz in dem unbeschränkten Land liegt; bei einer zulässigen n-Färbung der rechteckigen Karte hat dann auch der zu dem Rechteck gehörende Teil des unbeschränkten Landes eine Farbe erhalten, die wir für das ganze Land verwenden können.

An dieser Stelle wollen wir gleich bemerken, daß wir bei Ländereinteilungen auf dem Globus in gleicher Weise von *zulässigen n-Färbungen* sprechen können und daß das Problem der Existenz einer zulässigen 4-Färbung des Globus mit dem Problem in der Ebene gleichwertig ist. Man stelle sich dazu den Globus als Luftballon vor und schneide aus dem Inneren eines Landes ein kleines Loch heraus. Dann kann man den Rest zu einer rechteckigen Karte verzerren. Also kann man jede Landkarte auf dem Globus zulässig mit n Farben färben, wenn das für jede ebene Landkarte gelingt. Weiß man umgekehrt, daß für jede Landkarte auf dem Globus eine zulässige n-Färbung existiert, und hat man eine ebene Landkarte, so kann man diese zu einem Globus mit Loch zusammenbiegen. Das Loch nimmt man zu dem einzigen ursprünglich unbeschränkten Land hinzu und färbt die erhaltene Globus-Landkarte in zulässiger Weise mit n Farben. Dieser hier anschaulich beschriebene Übergang zwischen Kugelfläche und Ebene, mit dem man bei Überlegungen zum Vierfarbensatz

häufig argumentiert, wird formal mit Hilfe der „stereographischen Projektion"
bewerkstelligt [MANGOLDT – KNOPP 1967, Seite 608].
Sie liefert noch, daß die Bedingung „nur *ein* unbeschränktes Land" keine echte
Einschränkung darstellt. Haben wir mehrere unbeschränkte Länder, so haben
wir auch ins Unendliche reichende Grenzlinien. Wir übertragen diese Landkarte
nun so auf die Kugel, daß das Loch aus genau einem Punkt besteht. In diesem
Punkt lassen wir die vorher unendlichen Grenzlinien zusammenlaufen und erhalten eine Ländereinteilung der ganzen Kugel. Wenn wir diese zulässig mit n
Farben färben können, so gelingt das offensichtlich auch für die ursprüngliche
ebene Karte.

Eine wesentliche Einschränkung ist aber sinnvoll und sogar notwendig. Wir
werden nur Landkarten mit zusammenhängenden Ländern betrachten, also
nicht zulassen, daß ein Land, wie etwa die Vereinigten Staaten von Amerika, aus verschiedenen, getrennt liegenden Landesteilen besteht. Es mag zwar
Landkarten mit nicht zusammenhängenden Ländern geben, die sich zulässig
mit 4 Farben färben lassen, aber hier ist ein Beispiel, für das keine solche
Färbung existiert:

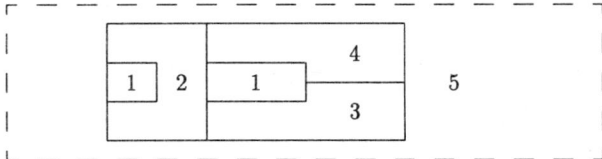

Die Karte zeigt fünf Länder, durch die Ziffern 1 bis 5 gekennzeichnet. Versuchen
wir nun zu färben, so stellen wir fest: Jedes der Länder 1 bis 4 hat gemeinsame
Grenzlinien mit den drei anderen; also benötigen wir schon zum Färben dieser
Länder vier verschiedene Farben. Land 5 hat aber gemeinsame Grenzlinien
mit allen anderen Ländern, kann als keine der vorher verwendeten Farben
erhalten[1].

Aus der eben gezeigten Karte erhalten wir eine Karte mit nur zusammenhängenden Ländern, wenn wir den westlichen Teil des Landes 1 dem Land 2

---

[1]Mit der Färbung von Karten mit unzusammenhängenden Ländern hat sich Heawood
genauer befaßt [Heawood 1890].

zuschlagen. Dann gilt zwar immer noch, daß jedes der Länder 1 bis 4 alle drei anderen berührt, also wieder mindestens vier Farben notwendig sind. Das Land 5 kann aber mit derselben Farbe wie das Land 1 gefärbt werden. Dies zeigt, daß man auch bei der Annahme von zusammenhängenden Ländern mit weniger als vier Farben im allgemeinen nicht auskommt.

2.2   Grenzlinien

Eine Landkarte entsteht durch das Einzeichnen der Grenzen. Sie bestehen aus Linien mit eventuell ausgezeichneten Punkten, in denen solche Linien zusammenstoßen, den „Mehrländerecken". Wir müssen also zunächst den Begriff der (Grenz-) Linie präzisieren. Das soll in diesem Abschnitt geschehen, in dem wir die geometrisch-topologischen Grundlagen ausführlich diskutieren und auch schon einige kombinatorische Resultate herleiten. Wir erklären die topologischen Begriffe, soweit sie für das Verständnis der gemachten Aussagen notwendig sind, setzen aber bei den Beweisen einige topologische Grundkenntnisse voraus; diese Beweise können beim ersten Lesen übersprungen werden, wenn man sich die ausgesprochenen Behauptungen an geeigneten Zeichnungen klarmacht. Allerdings müssen wir bei einigen Aussagen, insbesondere bei zwei besonders tiefliegenden und für die topologische Bedeutung des Vierfarbensatzes grundlegenden Sätzen, dem Jordanschen Kurvensatz (Satz 2.2.5) und dem Satz von Schoenflies (Satz 2.2.7) im Rahmen dieses Buches auf die Durchführung der Beweise verzichten.

Intuitiv stellen wir uns unter einer Grenzlinie eine Menge von Punkten der Ebene vor, die wir in einer Zeiteinheit („Einheitsintervall") ohne Sprünge („stetig"), ohne Stehenbleiben und ohne Überkreuzungen („injektiv") durchschreiten. Dabei unterscheiden wir zwei Fälle, je nachdem ob Anfang und Ende übereinstimmen oder nicht. In der folgenden Definition bezeichnet $[0, 1]$ das *(abgeschlossene) Einheitsintervall,* das heißt, die Menge aller reellen Zahlen t mit $0 \leq t \leq 1$, und $[0, 1)$ das *rechts offene Einheitsintervall,* das heißt, die Menge aller reellen Zahlen t mit $0 \leq t < 1$. Die Menge aller reellen Zahlen bezeichnen wir in der üblichen Weise mit $\mathbb{R}$, die Menge aller Punkte der Ebene mit $\mathbb{R}^2$; das bedeutet, daß wir uns in der Ebene ein Koordinatensystem gegeben denken und die Punkte mit den Zahlenpaaren $\boldsymbol{x} = (x_1, x_2)$ identifizieren, die aus ihren Koordinaten bestehen. Eine Abbildung $f : [0,1] \to \mathbb{R}^2$ ist *stetig,* wenn die *Koordinatenfunktionen* $t \mapsto f_1(t)$, $t \mapsto f_2(t)$, die jedem $t \in [0,1]$ die erste beziehungsweise zweite Koordinate des Punktes $f(t)$ zuordnen, stetig sind; eine Abbildung $f : [0,1] \to \mathbb{R}^2$ ist *injektiv,* wenn verschiedenen Stellen verschiedene Werte zugeordnet werden, das heißt, wenn für $t_1 \neq t_2$ immer $f(t_1) \neq f(t_2)$ gilt.

Definition 2.2.1 Eine Teilmenge C der Ebene $\mathbb{R}^2$ ist

a) ein *Jordanbogen,* wenn es eine injektive stetige Abbildung
   $c : [0,1] \to \mathbb{R}^2$ mit

$$C = \operatorname{Bild} c := \{\, c(t) \, : \, t \in [0,1] \,\}$$

gibt,

b) eine *geschlossene Jordankurve,* wenn es eine stetige Abbildung
   $c : [0,1] \to \mathbb{R}^2$ mit

$$C = \operatorname{Bild} c$$

gibt, derart daß $c(0) = c(1)$ gilt und $c|[0,1)$ injektiv ist,

c) eine *Jordankurve,* wenn sie entweder ein Jordanbogen oder eine geschlossene Jordankurve ist.

Die Namengebung ehrt Camille Jordan wegen des eben genannten, von ihm 1887/1893 bewiesenen Jordanschen Kurvensatzes (Satz 2.2.5). Ist C eine Jordankurve, so heißt eine Abbildung c mit den in der Definition 2.2.1 geforderten Eigenschaften *Parameterdarstellung* von C. Im folgenden wollen wir im wesentlichen folgende Symbole verwenden:

– C, auch mit Indizes, Überstrichen und Ähnlichem verziert, für beliebige Jordankurven,

– B, rein oder verziert, für Jordanbögen und

– K, rein oder verziert, für geschlossene Jordankurven (das sind deformierte Kreise).

Die angegebenen Definitionen sind, obwohl sie die Intuition treffen, doch sehr allgemein. Sie umfassen zum Beispiel die 1904 von Helge von Koch definierte, nirgends glatte, das heißt, nirgends differenzierbare „Schneeflockenkurve" [MANGOLDT – KNOPP 1967, Seite 414] und die Kurve von William Fogg Osgood aus dem Jahr 1903, die ein positives Flächenmaß hat [GELBAUM und OLMSTED 1964, Chapter 10, Example 10], im Gegensatz zu Euklids Definition „$\Gamma\rho\alpha\mu\mu\dot{\eta}$ $\delta\dot{\epsilon}$ $\mu\tilde{\eta}\kappa o\varsigma$ $\dot{\alpha}\pi\lambda\alpha\tau\acute{\epsilon}\varsigma$" [Linie ist eine breitenlose Länge, EUKLID 1883/1969, I. Buch, Definition 2]. Die Gesamtheit dieser Linien bildet ein richtiges „Gruselkabinett" [HEUSER 1986, Seite 367]. Die Begriffe sind jedoch ausreichend für das Problem des Färbens von Landkarten. Das liegt einerseits daran, daß die Forderung der Injektivität die flächendeckenden, zum Beispiel ein ganzes Quadrat ausfüllenden, „Peanokurven"[2] [GELBAUM und OLMSTED 1964, Chapter 10, Example 6] ausschließt, und andererseits an den beiden folgenden Tatsachen, die den linienhaften Charakter unterstreichen.

- Jeder Punkt $\boldsymbol{x}$ einer Jordankurve C ist in $\mathbb{R}^2 \setminus C$ erreichbar (Folgerungen 2.2.8 und 2.3.12); dabei heißt ein Punkt $\boldsymbol{x}$ *erreichbar in der Punktmenge M*, wenn es einen Jordanbogen gibt, der $\boldsymbol{x}$ und sonst nur Punkte von M enthält.

- Eine Jordankurve ist eine nirgends dichte Teilmenge der Ebene (Satz 2.3.14); dabei heißt eine Punktmenge M der Ebene *nirgends dicht,* wenn jede Kreisscheibe eine (möglicherweise kleinere) Kreisscheibe enthält, die M nicht trifft.

Zur Verdeutlichung dieser Eigenschaften betrachten wir die im folgenden Bild dargestellte Peanokurve (eine stilisierte Schlange, die gerade ein Kaninchen verdaut; daß es sich wirklich um eine Peanokurve handelt, ergibt sich aus [RINOW 1975, Satz 25.12]).

Der Mittelpunkt der voll ausgefüllten Kreisscheibe ist nicht von außen erreichbar und jede ganz in dieser Kreisscheibe enthaltene Kreisscheibe trifft

---

[2]Benannt nach Guiseppe Peano, dem Schöpfer des bekanntesten Axiomensystems für die natürlichen Zahlen.

diese Figur. Wir haben eine Kurve, die keine Jordankurve ist. Die angeführten Eigenschaften bedeuten, daß bei Jordankurven Verdickungen ausgeschlossen sind.

Man muß sich jedoch klar darüber sein, daß exakte Beweise für manche anschaulich fast selbstverständlichen Aussagen und Sätze zum Teil sehr schwierig sind[3]. Deswegen müssen wir – wie schon zu Beginn dieses Abschnittes erwähnt – auf eine Darstellung einiger der in die Topologie gehörenden Beweise verzichten; für diese geben wir aber genaue Fundstellen an.

Auf jeden Fall brauchen wir noch einige topologische Begriffe. Es sei M eine Menge von Punkten der Ebene. Ein Punkt $x \in \mathbb{R}^2$ heißt *Randpunkt* von M, wenn jede Kreisscheibe mit x als Mittelpunkt sowohl Punkte von M als auch Punkte, die nicht zu M gehören, enthält; ein Randpunkt von M kann zu M gehören, muß es aber nicht. Die Menge aller Randpunkte einer Menge M heißt *Rand* von M und wird mit $R(M)$ bezeichnet. Ein Punkt x heißt ein *innerer* Punkt von M, wenn er zu M gehört, aber kein Randpunkt von M ist; in dieser Situation sagt man auch, daß M eine *Umgebung* von x ist. Die Punktmenge M heißt *offen* (in $\mathbb{R}^2$), wenn sie keinen ihrer Randpunkte enthält, also nur aus inneren Punkten besteht; das ist gleichbedeutend damit, daß zu jedem Punkt $x \in M$ eine Kreisscheibe mit x als Mittelpunkt existiert, die ganz in M enthalten ist. Die Punktmenge M heißt *abgeschlossen* in $\mathbb{R}^2$, wenn sie alle ihre Randpunkte enthält; das ist genau dann der Fall, wenn das Komplement $\mathbb{R}^2 \setminus M$, die Menge aller Punkte der Ebene, die nicht zu M gehören, offen ist. Man beachte, daß einerseits eine Punktmenge in der Ebene weder offen noch abgeschlossen sein muß und andererseits die leere Menge sowie ganz $\mathbb{R}^2$ als Teilmengen der Ebene sowohl offen als auch abgeschlossen sind. Schließlich heißt eine Punktmenge *kompakt,* wenn sie abgeschlossen und beschränkt ist. Damit können wir die erste wichtige Eigenschaft von Jordankurven formulieren.

Lemma 2.2.2 *Jede Jordankurve ist eine kompakte Punktmenge.*

Beweis siehe [RINOW 1975, Bemerkung nach Satz 21.10 und Satz 22.11]. □

---

[3]Eine passende Bemerkung zu diesem Sachverhalt findet sich in [MOISE 1977, Seite 78]: „Some reflection may be needed, to convince oneself that this theorem is not trivial."

Geometrische Objekte unterscheiden sich nicht wesentlich, wenn sie durch Biegen, Zerren und Stauchen, aber ohne Kleben und Zerreißen ineinander überführt werden können. Von dieser Vorstellung ausgehend heißt eine Abbildung zwischen zwei geometrischen Objekten *Homöomorphismus,* wenn sie bijektiv und in beiden Richtungen stetig ist; dabei heißt eine Abbildung f zwischen geometrischen Objekten *stetig,* wenn für alle a aus der Definitionsmenge gilt[4]:

$$\lim_{x \to a} f(x) = f(a).$$

Im Anschluß daran nennt man zwei geometrische Objekte *homöomorph,* wenn sie durch einen Homöomorphismus verbunden werden können. In unserem Zusammenhang gilt zunächst:

Lemma 2.2.3 *Jeder Jordanbogen ist homöomorph zum Intervall* $[0,1]$.

Beweis siehe [RINOW 1975, Satz 22.12]). $\square$

Eine spezielle geschlossene Jordankurve ist der *Einheitskreis*

$$S^1 := \{ (x,y) \in \mathbb{R}^2 : x^2 + y^2 = 1 \};$$

die Abbildung

$$k_S : [0,1] \to \mathbb{R}^2 , \quad t \mapsto (\cos 2\pi t, \sin 2\pi t)$$

ist eine Parameterdarstellung von S^1. Aus wirklich elementaren topologischen Überlegungen folgt auch

Lemma 2.2.4 *Jede geschlossene Jordankurve ist homöomorph zum Einheitskreis* S^1.

Beweis. Es seien K eine geschlossene Jordankurve und $k : [0,1] \to \mathbb{R}^2$ eine Parameterdarstellung von K. Dann ist die Abbildung $h : S^1 \to K$, $k_S(t) \mapsto k(t)$ stetig, da die Abbildung k_S abgeschlossen [RINOW 1975, Satz 22.11] und die Zusammensetzung $h \circ k_S' = k'$ stetig ist, wobei k_S' und k' die von k_S und k induzierten stetigen Abbildungen $[0,1] \to S^1$ beziehungsweise $[0,1] \to K$

---

[4]Der interessierte, aber noch nicht mit der Materie vertraute Leser mag sich überzeugen, daß diese Bedingung die auf Seite 49 gegebene Definition der Stetigkeit für Abbildungen $[0,1] \to \mathbb{R}^2$ verallgemeinert.

bezeichnen. Da die Abbildung h außerdem bijektiv ist, ist sie ein Homöomorphismus [RINOW 1975, Satz 22.12]. $\square$

Ein Jordanbogen *verbindet* zwei verschiedene Punkte der Ebene, seine *End*– oder *Rand*punkte . Von besonderer Bedeutung ist die kürzeste Verbindung von zwei verschiedenen Punkten x_0, x_1; das ist der Jordanbogen

$$[x_0, x_1] = \{(1 - t)x_0 + tx_1 : t \in [0, 1]\},$$

der als *Verbindungsstrecke* von x_0 und x_1 bezeichnet wird; allgemein heißt ein Jordanbogen *Strecke*, wenn er die Verbindungsstrecke seiner Randpunkte ist. Eine geschlossene Jordankurve *zerlegt* die Ebene im folgenden Sinn:

Satz 2.2.5 (Jordanscher Kurvensatz) *Ist K eine geschlossene Jordankurve, so ist $\mathbb{R}^2 \setminus K$ disjunkte Vereinigung von zwei offenen Mengen $I(K)$ („Innengebiet" von K) und $A(K)$ („Außengebiet" von K), derart daß gilt:*

1. *$I(K)$ ist beschränkt, $A(K)$ ist unbeschränkt;*

2. *$I(K)$ und $A(K)$ sind bogenzusammenhängend;*

3. *jeder Jordanbogen, der einen Punkt aus $I(K)$ mit einem Punkt aus $A(K)$ verbindet, hat einen Punkt mit K gemeinsam;*

4. *jede Umgebung eines Punktes von K trifft $I(K)$ und $A(K)$.*

Eine Punktmenge M heißt *bogenzusammenhängend*, wenn sich je zwei verschiedene Punkte von M durch einen ganz in $I(K)$ beziehungsweise ganz in $A(K)$ verlaufenden Jordanbogen verbinden lassen. Die Eigenschaften *2.* und *3.* besagen, daß es sich bei den Mengen $I(K)$ und $A(K)$ um die Bogenkomponenten von $\mathbb{R}^2 \setminus K$ handelt. Dabei heißt eine Punktmenge L *Bogenkomponente* der Punktmenge M, wenn L eine nichtleere bogenzusammenhängende Teilmenge von M ist und kein Punkt von L mit einem Punkt im Komplement $M \setminus L$ durch einen ganz in M liegenden Jordanbogen verbunden werden kann.

Einen durchsichtigen Beweis des Jordanschen Kurvensatzes mit Hilfe der sogenannten „Umlaufszahl" hat Erhard Schmidt [SCHMIDT 1923] geliefert, einen modernen Beweis findet man in [RINOW 1975, Seiten 400f.]. Wir können hier nicht näher darauf eingehen. $\square$

Es seien C eine Jordankurve und $c : [0,1] \to \mathbb{R}^2$ eine Parameterdarstellung von C. Ist C ein Jordanbogen, so heißen die Punkte $c(0)$ und $c(1)$ *Anfang* und *Ende*; es handelt sich um einen Jordanbogen *von* $c(0)$ *nach* $c(1)$. Ist C eine geschlossene Jordankurve, so heißt der Punkt $c(0) = c(1)$ *Ausgangspunkt*. Bei einem Jordanbogen sind Anfang und Ende verschieden, während eine geschlossene Jordankurve an ihren Ausgangspunkt zurückkehrt. Man beachte aber: Die Randpunkte eines Jordanbogens sind – unabhängig von jeder Parameterdarstellung – eindeutig bestimmt [RINOW 1975, Satz 15.8]; jedoch läßt sich jeder von beiden – je nach Wahl der Parameterdarstellung – als Anfang beziehungsweise Ende ansehen. *Innere* Punkte eines Jordanbogens sind die von den Randpunkten verschiedenen Punkte; aber Achtung: es handelt sich dabei nicht um „innere Punkte" im Sinne der allgemeinen Topologie (Definition auf Seite 51). Die Menge der inneren Punkte des Jordanbogens B bezeichnen wir durch $\overset{\circ}{B}$. Die Unterscheidung von Randpunkten und inneren Punkten entfällt für geschlossene Jordankurven; man kann jeden Punkt als Ausgangspunkt nehmen.

Wählt man in einer geschlossenen Jordankurve endlich viele Punkte – mindestens zwei – so hat man eine Zerlegung in ebensoviele Jordanbögen. Umgekehrt kann man Jordanbögen, die nur Randpunkte gemeinsam haben, zu neuen Jordanbögen oder auch zu geschlossenen Jordankurven zusammensetzen. Eine Jordankurve, die durch Zusammensetzen von endlich vielen Strecken entsteht, heißt *schnittfreier Streckenzug*, wenn es sich um einen Jordanbogen handelt, und *Polygon* im Fall einer geschlossenen Jordankurve. Für ein Polygon braucht man mindestens drei Strecken; ein Polygon aus drei Strecken ist ein *(geradliniges) Dreieck*. Ein Polygon heißt *n-Eck*, wenn für eine Zerlegung in Strecken mindestens n Punkte nötig sind. Da man jede Strecke in beliebig viele Teilstrecken zerlegen kann, können bei einem n–Eck auch mehr als n Punkte so gewählt werden, daß eine Zerlegung in Strecken entsteht. Spezielle Vierecke sind die *Rechtecke* und die *Quadrate*.

Die folgenden Überlegungen mache sich der Leser an geeigneten Zeichnungen klar; die formalen Beweise ergeben sich fast von selbst, wenn man das richtige Bild vor sich hat. Es geht jetzt häufig darum, ob zwei Punkte einer gegebenen

Teilmenge der Ebene durch einen ganz in dieser Teilmenge gelegenen Jordanbogen verbunden werden können. Ein wichtiges technisches Hilfsmittel dazu bildet die folgende einfache Tatsache.

Hilfssatz 2.2.6 *Der Jordanbogen B_1 verbinde die Punkte x und y, der Jordanbogen B_2 die Punkte y und z. Dann gibt es einen Jordanbogen $B \subseteq B_1 \cup B_2$, der x und z verbindet.*

Beweis. Die Jordanbögen B_1 und B_2 haben mindestens einen Punkt, nämlich y, möglicherweise aber auch mehrere Punkte gemeinsam. Laufen wir nun von x längs B_1, bis wir zum ersten Mal auf einen Punkt von B_2 stoßen, und von da weiter längs B_2 nach z, so erhalten wir den gewünschten Jordanbogen (siehe auch [RINOW 1975, Satz 15.15]). $\square$

Ein wesentliches Bindeglied zwischen der Topologie und dem kombinatorischen Problem des Kartenfärbens bildet die folgende, von Arthur Schoenflies im Jahre 1908 bewiesene Verschärfung des Jordanschen Kurvensatzes.

Satz 2.2.7 (Satz von Schoenflies) *Es sei K eine geschlossene Jordankurve. Jeder Homöomorphismus $h : K \to S^1$ läßt sich zu einem Homöomorphismus $H : \mathbb{R}^2 \to \mathbb{R}^2$ fortsetzen* [RINOW 1975, Satz 40.15]. $\square$

Zu jeder geschlossenen Jordankurve K gibt es (viele) Homöomorphismen $h : K \to S^1$ (Lemma 2.2.4). Jeder Homöomorphismus $H : \mathbb{R}^2 \to \mathbb{R}^2$, der ein gegebenes h fortsetzt, bildet das Innengebiet $I(K)$ auf das Innere des Einheitskreises und das Außengebiet $A(K)$ auf das Äußere des Einheitskreises ab.

Dieser Satz hat einige wichtige Konsequenzen, zum Beispiel die Erreichbarkeit der Punkte einer geschlossenen Jordankurve im Komplement der Kurve.

Folgerung 2.2.8 *Es sei K eine geschlossene Jordankurve. Dann kann jeder Punkt von K mit jedem Punkt im Innengebiet (Außengebiet) von K durch einen Jordanbogen verbunden werden, der – bis auf den Anfang – ganz im Innengebiet (Außengebiet) liegt.*

Beweis. Es seien $x \in K$, $y \in I(K)$ und $z \in A(K)$ gegeben. Wir wählen einen Homöomorphismus $h : \mathbb{R}^2 \longrightarrow \mathbb{R}^2$, der die geschlossene Jordankurve K auf den Einheitskreis S^1 abbildet. Bezeichnet Z^i die Verbindungsstrecke von $h(x)$ und $h(y)$, so ist $h^{-1}(Z^i)$ ein Jordanbogen, der x mit y verbindet und bis auf den Anfang ganz in $I(K)$ liegt. Einen Jordanbogen von x nach y zu finden, der bis auf x ganz in $A(K)$ liegt, ist ein klein wenig komplizierter, da die Verbindungsstrecke von $h(x)$ und $h(z)$ einen inneren Punkt mit dem Einheitskreis gemeinsam haben kann. Aber wir können auf jeden Fall einen (schnittfreien) Streckenzug Z^a finden, der $h(x)$ mit $h(z)$ verbindet und bis auf $h(x)$ ganz im Äußeren des Einheitskreises verläuft. Der Jordanbogen $h^{-1}(Z^a)$ leistet dann das Gewünschte. $\square$

Mit der gleichen Technik (oder mit Benutzung des Hilfssatzes 2.2.6) erhalten wir:

Folgerung 2.2.9 *Je zwei verschiedene Punkte einer geschlossenen Jordankurve K lassen sich durch Jordanbögen verbinden, deren innere Punkte sämtlich im Innengebiet von K liegen, und auch durch Jordanbögen, deren innere Punkte sämtlich im Außengebiet von K liegen.* $\square$

Diese Tatsache ist für die nächsten Aussagen hilfreich; deren etwas längliche Beweise können beim ersten Lesen übersprungen werden.

Folgerung 2.2.10 *Es seien zwei geschlossene Jordankurven K und K' gegeben, die genau zwei Punkte x_1 und x_2 gemeinsamen haben. Mit B_l und B_r seien die Jordanbögen bezeichnet, in die K durch die beiden Schnittpunkte zerlegt wird, mit B_l' und B_r' die Jordanbögen, in die K' zerlegt wird. Liegt dann einer der Jordanbögen B_l' und B_r' (bis auf seine Endpunkte) im Innengebiet und der andere im Außengebiet von K, so liegt umgekehrt einer der Jordanbögen B_l und B_r im Innengebiet und der andere im Außengebiet von K'.*

Beweis. Wir wählen Punkte $y_l \in \overset{\circ}{B_l'}$ und $y_r \in \overset{\circ}{B_r'}$, sowie y_l und y_r verbindende Jordanbögen $B^{\prime i}$ und $B^{\prime a}$ mit $\overset{\circ}{B}{}^{\prime i} \in I(B')$ und $\overset{\circ}{B}{}^{\prime a} \in A(B')$. Die Jordanbögen $B^{\prime i}$ und $B^{\prime a}$ müssen die geschlossene Jordankurve K schneiden (Teilaussage 3 des Jordanschen Kurvensatzes 2.2.5). Wir wählen $z^i \in B^{\prime i} \cap K$ und $z^a \in B^{\prime a} \cap K$.

Der Punkt z^i ist innerer Punkt entweder von B_l oder von B_r. Ohne wesentliche Einschränkung können wir $z^i \in B_l$ annehmen. Jeder andere innere Punkt von B_l läßt sich mit z^i durch einen Jordanbogen verbinden, der B' nicht trifft, nämlich einen Teilbogen von B_l. Daraus folgt $\overset{\circ}{B}_l \subset I(K')$ (wiederum wegen Teilaussage 3 des Jordanschen Kurvensatzes). Da z^a im Außengebiet von B' liegt, ergibt sich weiter, daß z^a ein innerer Punkt von B_r sein muß, und man schließt analog auf $\overset{\circ}{B}_r \subset A(K')$. $\square$

Wir bemerken, daß die Voraussetzung „Liegt dann einer der Jordanbögen ...“ wirklich notwendig ist; die Behauptung wird falsch, wenn etwa die inneren Punkte von B_l' und B_r' alle im Innengebiet von K liegen.

Das nächste Ergebnis ist mehr als nur eine Folgerung aus dem Vorangehenden.

Satz 2.2.11 *Im $\mathbb{R}^2$ seien zwei verschiedene Punkte x, y und drei sie verbindende Jordanbögen B_1, B_2, B_3 gegeben, die paarweise keine inneren Punkte gemeinsam haben. Dann gilt:*

1. Die inneren Punkte genau eines dieser drei Bögen liegen im Innengebiet der von den beiden anderen gebildeten geschlossenen Jordankurve.

Ist dies der Jordanbogen B_2, so gilt weiter:

2. Das Außengebiet der geschlossenen Jordankurve $K_{13} = B_1 \cup B_3$ ist der Durchschnitt der Außengebiete der geschlossenen Jordankurven $K_{12} = B_1 \cup B_2$ und $K_{23} = B_2 \cup B_3$ und

3. das Innengebiet der geschlossenen Jordankurve K_{13} ist die disjunkte Vereinigung der Innengebiete der geschlossenen Jordankurven K_{12} und K_{23} und der Menge der inneren Punkte von B_2.

Beweis. 1. Wie in der zweiten Behauptung bereits getan, bezeichnen wir mit K_{ij} die von B_i und B_j gebildete geschlossene Jordankurve, $1 \le i < j \le 3$; außerdem verwenden wir die Abkürzungen $I_{ij} = I(K_{ij})$ und $A_{ij} = A(K_{ij})$. Da die Jordanbögen B_k, $1 \le k \le 3$, paarweise keine inneren Punkte gemeinsam haben, liegt jede Menge $\overset{\circ}{B}_k$ entweder ganz in I_{ij} oder ganz in A_{ij}, $i \ne k \ne j$. Es sind Existenz und Eindeutigkeit eines Index k mit $\overset{\circ}{B}_k \subset I_{ij}$, $i \ne k \ne j$, zu zeigen.

Zum Nachweis der Existenz können wir $\overset{\circ}{B}_3 \subset A_{12}$ annehmen; andernfalls könnten wir $k = 3$ nehmen. Wir wählen einen Jordanbogen B_4 von x nach y mit

$\overset{\circ}{B}_4 \subset I_{12}$ (mit Hilfe von Folgerung 2.2.9) und bilden die geschlossene Jordankurve $K_{34} = B_3 \cup B_4$, deren Innen- und Außengebiet wir mit I_{34} beziehungsweise A_{34} abkürzend bezeichnen. Dann gilt nach der vorhergehenden Folgerung 2.2.10 entweder $\overset{\circ}{B}_1 \subset I_{34}$ und $\overset{\circ}{B}_2 \subset A_{34}$ oder $\overset{\circ}{B}_1 \subset A_{34}$ und $\overset{\circ}{B}_2 \subset I_{34}$. Ohne wesentliche Einschränkung können wir die zweite Möglichkeit annehmen. Wir behaupten nun, daß dann auch $\overset{\circ}{B}_2 \subset I_{13}$ gilt. Sei ein Punkt $z_2 \in \overset{\circ}{B}_2$ beliebig vorgegeben. Da die Mengen I_{ij} und die sie begrenzenden Jordanbögen beschränkt sind, ist der Durchschnitt der Mengen A_{ij} nicht leer. Wir wählen einen Punkt z im Durchschnitt $A_{13} \cap A_{34} \cap A_{12}$. Es genügt zu zeigen, daß jeder Jordanbogen, der z mit z_2 verbindet, einen Punkt mit K_{13}, das heißt, mit B_1 oder mit B_3, gemeinsam hat (Teilaussage 2 des Jordanschen Kurvensatzes). Sei also B ein solcher Jordanbogen. Möglicherweise hat B mit B_2 nicht nur den Randpunkt z_2, sondern noch weitere Punkte gemeinsam. Es bezeichne z' den ersten Punkt in B_2, der auf dem Weg längs B von z aus erreicht wird. Gilt $z' = x$ oder $z' = y$, so ist nichts mehr zu zeigen. Also können wir $z' \in \overset{\circ}{B}_2$ annehmen und es genügt die Behauptung für den Teilbogen B' von B zu beweisen, der z mit z' verbindet, also nur den Randpunkt z' mit B_2 gemeinsam hat und die Punkte x, y nicht enthält. Wegen $z \in A_{34}$ und $z' \in I_{34}$ muß B' einen Punkt von $\overset{\circ}{B}_3$ oder einen Punktl von $\overset{\circ}{B}_4$ treffen (Teilaussage 3 des Jordanschen Kurvensatzes). Im ersten Fall sind wir fertig, im zweiten betrachten wir den Teilbogen B'' von B', der z mit dem ersten Punkt z'' von $\overset{\circ}{B}_4$ verbindet, der auf dem Weg längs B' von z aus erreicht wird. Wegen $z \in A_{12}$ und $z'' \in I_{12}$ muß der Jordanbogen B'' einen Punkt von B_1 oder einen Punkt von B_2 enthalten. Letzteres ist auf Grund der Konstruktion von B'' nicht möglich, also enthält B'' und damit auch B einen Punkt von B_1; das war zu zeigen.

Zum Nachweis der Eindeutigkeit können wir auf Grund der bereits erwiesenen Existenz ohne wesentliche Einschränkung $\overset{\circ}{B}_2 \in I_{13}$ annehmen. Dann ist $\overset{\circ}{B}_1 \not\subset I_{23}$ und $\overset{\circ}{B}_3 \not\subset I_{12}$ zu zeigen. Dazu wählen wir einen Punkt $z \in A_{12} \cap A_{13} \cap A_{23}$. Ist nun $z_1 \in \overset{\circ}{B}_1$, so finden wir einen Jordanbogen B' mit $\overset{\circ}{B}' \in A_{13}$ (Folgerung 2.2.8); B' hat keinen Punkt mit K_{23} gemeinsam. Wegen $z \in A_{23}$ folgt daraus $z_1 \in A_{23}$ (wiederum nach Teilaussage 3 des Jordanschen Kurvensatzes). – Für $\overset{\circ}{B}_3$ schließen wir genauso.

2. Es ist zu zeigen, daß unter der Voraussetzung $\overset{o}{B_2} \in I_{13}$ gilt

$$A_{12} \cap A_{23} = A_{13}.$$

Auf Grund des Satzes von Schoenflies 2.2.7 können wir $K_{13} = S^1$, sowie $x = (1,0)$ und $y = (-1,0)$ annehmen. Dann ist

$$A_{12} \cap A_{23} \supset A_{13}$$

offensichtlich. Zum Beweis der umgekehrten Inklusion nehmen wir das Gegenteil an. Dann finden wir einen Punkt $z \in A_{12} \cap A_{23} \cap I_{13}$. Wegen $\overset{o}{B_3} \in A_{12}$ finden wir einen Jordanbogen B_3' mit $\overset{o}{B_3'} \subset I_{13} \cap A_{12}$, der z mit einem Punkt $z_3 \in \overset{o}{B_3}$ verbindet; analog finden wir einen Jordanbogen B_1' mit $\overset{o}{B_1'} \subset I_{13} \cap A_{23}$, der z mit einem Punkt $z_1 \in \overset{o}{B_1}$ verbindet. In $B_1' \cup B_3'$ haben wir dann auch einen Jordanbogen B' mit $\overset{o}{B'} \subset I_{13}$, der z_1 mit z_3 verbindet und einen Punkt $z' \in A_{12} \cap A_{23} \cap I_{13}$ enthält. Wir wählen nun noch einen z_1 und z_3 verbindenden Jordanbogen B'' mit $\overset{o}{B''} \subset A_{13}$. Die geschlossene Jordankurve $K = B' \cup B''$ enthält nach Konstruktion keinen Punkt von B_2. Nun bezeichne B_r den Teilbogen von S^1, der z_1 mit z_3 verbindet und den Punkt x enthält und B_l bezeichne den dazu komplementären Teilbogen. Aus der Folgerung 2.2.10 ergibt sich nun, daß einer der Punkte x, y in $I(K')$, der andere in $A(K')$ liegt. Also muß der Jordanbogen B_2 die geschlossene Jordankurve K schneiden (Teilaussage 3 des Jordanschen Kurvensatzes 2.2.5), womit der gewünschte Widerspruch erzeugt ist.

3. Daß $I_{13} = I_{12} \cup I_{23} \cup \overset{o}{B_2}$ gilt, folgt aus der Aussage 2. Es bleibt zu zeigen, daß die Mengen I_{12} und I_{23} disjunkt sind. Sei $z \in I_{12}$ gegeben. Läge z auch in I_{23}, so könnte z mit einem inneren Punkt von B_3 durch einen Jordanbogen B mit $\overset{o}{B} \subset I_{23} \subset I_{13}$, also $B \cap K_{12} = \emptyset$, verbunden werden (Folgerung 2.2.8). Das kann aber nicht sein, denn jeder Jordanbogen, der den Punkt $z \in I_{12}$ mit einem Punkt in $\overset{o}{B_3} \subset A_{12}$ verbindet, muß die geschlossene Jordankurve K_{12} treffen (Teilaussage 3 des Jordanschen Kurvensatzes 2.2.5). $\square$

Bemerkung. Die Aussagen 2 und 3 dieses Satzes lassen sich auch direkt aus dem Jordanschen Kurvensatz ohne Verwendung des Satzes von Schoenflies beweisen. Sie können dann zur Begründung des Satzes von Schoenflies herangezogen werden ([RINOW 1975, Satz 40.4]).

Die Teilaussage 3 des eben bewiesenen Satzes hat eine interessante Konsequenz, für die wir aber noch einen Begriff brauchen. Es seien x_1, x_2, x_3, x_4 vier verschiedene Punkte einer geschlossenen Jordankurve K. Wir sagen: Die Punktepaare $\{x_1, x_3\}$ und $\{x_2, x_4\}$ *trennen sich in K,* wenn die Punkte x_2 und x_4 nicht in dem gleichen der beiden Jordanbögen liegen, in die K durch die Punkte x_1 und x_3 zerlegt wird; wir bemerken, daß dann auch die Punkte x_1 und x_3 nicht in dem gleichen der beiden Jordanbögen liegen, in die K durch die Punkte x_2 und x_4 zerlegt wird, das heißt, daß „sich trennen" eine symmetrische Relation auf der Menge der Paare verschiedener Punkte von K beschreibt.

Folgerung 2.2.12 *Es sei K eine geschlossene Jordankurve und B, B' seien Jordanbögen, die je zwei Punkte von K verbinden, und keine inneren Punkte mit K oder untereinander gemeinsam haben. Ferner sei angenommen, daß sich die Paare der Randpunkte von B und B' in K trennen. Liegen dann die inneren Punkte von B im Innengebiet von K, so liegen die inneren Punkte von B' im Außengebiet von K (und umgekehrt).*

Beweis. Es seien x_1, x_3 die Randpunkte von B' und x_2, x_4 die Randpunkte von B. Wir bezeichnen mit B_1 den von x_2, x_4 begrenzten Teilbogen von K, der den Punkt x_1 enthält, und mit B_3 den dazu komplementären Teilbogen von B; nach Voraussetzung gilt dann $x_3 \in B_3$. Die Voraussetzung liefert ebenfalls, daß $\overset{\circ}{B'}$ ganz in einer Bogenkompente von $\mathbb{R}^2 \setminus (K \cup B)$ liegen muß.

Wir betrachten nun zunächst den Fall, in dem $\overset{\circ}{B} \subset I(K)$ gilt. Dann ist $\mathbb{R}^2 \setminus (K \cup B)$ disjunkte Vereinigung der offenen Mengen $A(K)$, $I(B_1 \cup B)$ und $I(B \cup B_3)$ (Teilaussage 3 des Satzes 2.2.11); da diese bogenzusammenhängend sind, sind es gerade die Bogenkomponenten von $\mathbb{R}^2 \setminus (K \cup B)$. Aber nur der Rand von $A(K)$ enthält beide Randpunkte von B'; also muß $\overset{\circ}{B'} \subset A(K)$ gelten.

Den zweiten Fall, in dem $\overset{\circ}{B} \subset A(K)$ gilt, können wir durch zweimalige stereographische Projektion auf den ersten zurückführen. $\square$

Wie schließen diesen Abschnitt mit einigen technischen Überlegungen, die für manche Beweise nützlich sind. Wir betrachten eine Strecke S und eine offene Menge U in der Ebene mit $S \subset U$. Unter einem *Rahmen* von S in U wollen wir ein ganz in U enthaltenes Rechteck R mit $S \subset I(R) \subset U$ und zwei zu S parallele Seiten verstehen. Dann gilt:

Lemma 2.2.13 *Jede in einer offenen Menge enthaltene Strecke besitzt in dieser offenen Menge einen Rahmen.*

Beweis. Es seien eine Strecke S und eine offene Menge U mit $S \subset U$ gegeben. Die folgende Konstruktion ist eine Standardmethode der mengentheoretischen Topologie. Wir wählen zu jedem Punkt $\boldsymbol{x} \in S$ ein Quadrat Q_x mit $\boldsymbol{x}$ als Mittelpunkt und zwei zu S parallelen Seiten, das zusammen mit seinem Innengebiet ganz in U liegt. Die Innengebiete $I(Q_x)$ aller dieser Quadrate bilden zusammen eine offene Überdeckung von S. Nach dem Überdeckungssatz von Heine und Borel [RINOW 1975, Seite 190] ist S bereits in einer endlichen Vereinigung dieser offenen Mengen enthalten. Also finden wir unter den gewählten Quadraten endliche viele, sagen wir $Q_1, \ldots, Q_n$ mit $S \subset \bigcup_{i=1}^{n} I(Q_i)$; dabei können wir annehmen, daß der eine Randpunkt von S innerer Punkt von Q_1 und der andere innerer Punkt von Q_n ist. Ist S ganz in $I(Q_1)$ oder ganz in $I(Q_n)$ enthalten, so können wir Q_1 beziehungsweise Q_n, als Rahmen nehmen. Andernfalls haben Q_1 und Q_n jeweils eine zu S senkrechte Seite, die S nicht trifft. Wir schneiden diese beiden Strecken mit den zu S parallelen Geraden, die die Ecken des kleinsten unter den Quadraten Q_i, $i = 1, \ldots, n$, enthalten. Das entstandene Rechteck ist der gewünschte Rahmen für S in U. $\square$

2.3 Formale Definition von (topologischen) Landkarten

Eine Landkarte ist durch die in sie eingetragenen Grenzlinien bestimmt. Anschaulich haben wir vor allem Grenzlinien von einer Mehrländerecke zu einer anderen, die wir als Jordanbögen ansehen können. Dabei können zwei Mehrländerecken durchaus durch mehrere Grenzlinien verbunden sein; man hat in der Geographie zum Beispiel die beiden Dreiländerecken zwischen Liechtenstein, Österreich und der Schweiz. Es kann aber auch vorkommen, daß ein Land ein anderes ganz umschließt – wie etwa Italien den Kleinstaat San Marino – dann denken wir uns eine geschlossene Jordankurve als Grenzlinie. Es

ist auch möglich, daß eine solche geschlossene Grenzlinie an ein Mehrländereck
stößt. Diese Vielfalt macht die mathematische Behandlung recht umständlich,
obwohl sich Kempe bei seiner Behandlung des Vierfarbenproblems Anno 1879
nicht daran stört, sondern im Gegenteil sehr geschickt damit umgeht [KEMPE
1879c]; natürlich stand ihm bei seinen ersten Beweisversuchen unser heutiger
Begriff der Jordankurve noch nicht zur Verfügung – die Klärung der angespro-
chenen Problematik (siehe Seite 50) erfolgte erst um 1890 – aber intuitiv hat
er richtig damit gearbeitet. Durch einen Trick erreichen wir hier eine größere
Einheitlichkeit. Wir unterteilen die wirklichen Grenzlinien durch zusätzliche
Grenzsteine und nehmen als Basis für unsere Überlegungen die Jordanbögen,
die sich durch Aufteilung der ursprünglichen Grenzlinien in der Weise ergeben, daß jeder von ihnen zwei Grenzsteine verbindet, aber im Innern keinen
weiteren Grenzstein enthält. Dazu verfahren wir folgendermaßen:

- jedes Mehrländereck erhält einen Grenzstein,

- sind zwei Mehrländerecken durch mehrere Grenzlinien verbunden, so unterteilen wir jede von ihnen durch einen Grenzstein;

- jede geschlossene Grenzlinie unterteilen wir durch drei Grenzsteine (sollte
  ein Mehrländereck dazugehören, genügen zwei).

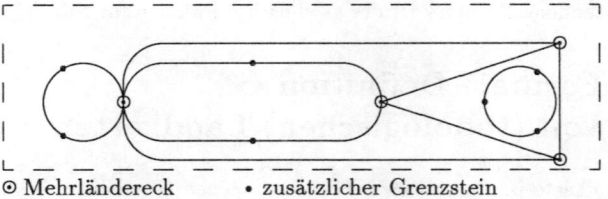

⊙ Mehrländereck   • zusätzlicher Grenzstein

Damit haben wir erreicht, daß wir es nur mit Jordanbögen als Grenzlinien zu
tun haben, wobei zwei verschiedene Grenzsteine durch höchstens einen Jordanbogen miteinander verbunden sind. Das führt uns zu der folgenden abstrakten
Definition.

Definition 2.3.1 Eine *Landkarte* ist eine endliche Menge $\mathcal{L}$ von Jordanbögen
in der Ebene $\mathbb{R}^2$ derart, daß der Durchschnitt von je zwei verschiedenen Jor-

danbögen in $\mathcal{L}$ entweder leer oder ein gemeinsamer Randpunkt dieser Jordanbögen ist.

Das ist eine zwar einfache, aber merkwürdige Definition. Merkwürdig deshalb, weil die Begriffe „Grenzstein" und „Land" darin gar nicht vorkommen. Darüber werden wir uns gleich noch Gedanken machen. Zuvor aber noch eine Sprechweise: Ist eine Landkarte $\mathcal{L}$ gegeben, so bezeichnen wir die Jordanbögen, die zu $\mathcal{L}$ gehören, als *Kanten* von $\mathcal{L}$. Das mag im Moment etwas fremd klingen, stellt aber den Anschluß an eine allgemein übliche mathematische Terminologie her, auf die wir gleich noch zu sprechen kommen.

Ecken

Definition 2.3.2 Es sei $\mathcal{L}$ eine Landkarte. Ein Punkt in $\mathbb{R}^2$ ist eine *Ecke* von $\mathcal{L}$, wenn er Randpunkt einer Kante von $\mathcal{L}$ ist.

Der abstrakte Begriff „Ecke" steht nun für das, was wir bislang heuristisch „Mehrländereck" oder „Grenzstein" genannt haben. Ist $\mathcal{L}$ eine Landkarte, so bezeichnen wir im allgemeinen mit $E_{\mathcal{L}}$ die zugehörige *Eckenmenge*, das heißt, die Menge aller Ecken von $\mathcal{L}$. Das Paar $G = (E_{\mathcal{L}}, \mathcal{L})$ bildet dann einen endlichen *ebenen Graphen* im Sinne von Wagner [WAGNER 1970, Seite 15][5]. Zur Vereinfachung und in Anlehnung an die üblichen Darstellungen des Vierfarbenproblems wollen wir im folgenden unter einem *Graphen* immer einen endlichen ebenen Graphen, meistens auch ohne *isolierte Ecken* (= Ecken, die nicht Randpunkte von Kanten des Graphen sind [WAGNER 1970, Seite 11]), verstehen und im allgemeinen die graphentheoretischen Sprechweisen benutzen, also eben die Begriffe „Ecke" und „Kante" statt „Grenzstein" und „Jordanbogen" verwenden. Mit diesen Vereinbarungen bestimmen sich „Landkarte" und „Graph" gegenseitig. Aus einer Landkarte $\mathcal{L}$ erhält man den Graphen $(E_{\mathcal{L}}, \mathcal{L})$; aus einem Graphen $G = (E, \mathcal{L})$ ergibt sich durch Weglassen der Eckenmenge die Landkarte $\mathcal{L}$. In diesem Sinne werden wir im folgenden die Begriffe „Landkarte" und „Graph" nahezu synonym gebrauchen.

---

[5]Die l.c. angegebene Definition beinhaltet die Schlichtheit, das heißt, den Ausschluß von Mehrfachkanten und Schlingen, siehe auch [WAGNER – BODENDIEK 1989, Seite 21].

Länder

Nun wissen wir aber immer noch nicht, was „Länder" sind! Ist $\mathcal{L}$ eine Landkarte, so nennen wir alle Punkte, die zu einer Kante von $\mathcal{L}$ gehören, *neutrale Punkte* von $\mathcal{L}$. Die Menge aller neutralen Punkte, die *Neutralitätsmenge* von $\mathcal{L}$, bezeichnen wir mit $N_{\mathcal{L}}$, oder – bei fester Landkarte $\mathcal{L}$ – einfach mit N. Da Jordanbögen kompakt sind (Lemma 2.2.2) und eine Vereinigung endlich vieler kompakter Mengen auch wieder kompakt ist, ist die Neutralitätsmenge einer Landkarte immer kompakt. Wir bemerken noch, daß jede Menge von Kanten einer Landkarte selbst wieder eine Landkarte bildet, also auch für jede Teilmenge $\mathcal{L}'$ einer Landkarte $\mathcal{L}$ die Eckenmenge $E_{\mathcal{L}'}$ und die Neutralitätsmenge $N_{\mathcal{L}'}$ erklärt sind.

Definition 2.3.3 Es sei $\mathcal{L}$ eine Landkarte. Ein *Land* von $\mathcal{L}$ ist eine Bogenkomponente des Komplements der Neutralitätsmenge von $\mathcal{L}$, das heißt, von $\mathbb{R}^2 \setminus N_{\mathcal{L}}$.

Zunächst stellen wir fest:

Satz 2.3.4 *Es seien $\mathcal{L}$ eine Landkarte und $\boldsymbol{x}$ ein Punkt der Ebene, der nicht neutraler Punkt ist. Alle Punkte, die sich mit $\boldsymbol{x}$ durch einen Jordanbogen ohne neutrale Punkte verbinden lassen, bilden zusammen mit $\boldsymbol{x}$ ein Land.*

Beweis. Es sei L^* die Menge aller Punkte der Ebene, die sich mit $\boldsymbol{x}$ durch einen Jordanbogen ohne neutrale Punkte verbinden lassen. Zu zeigen ist, daß die Menge $L = L^* \cup \{\boldsymbol{x}\}$ eine Bogenkomponente von $\mathbb{R}^2 \setminus N_{\mathcal{L}}$ ist. Wegen $\boldsymbol{x} \in L$ ist $L \neq \emptyset$. Zum Nachweis des Bogenzusammenhangs genügt es, zwei verschiedene Punkte $\boldsymbol{y}_1, \boldsymbol{y}_2 \in L^*$ zu betrachten. Wir haben Jordanbögen B_1 und B_2 ohne neutrale Punkte, die $\boldsymbol{y}_1$ und $\boldsymbol{y}_2$ mit $\boldsymbol{x}$ verbinden, und bemerken, daß alle Punkte von B_1 und B_2 ebenfalls zu L gehören. Nun gibt es aber einen Jordanbogen $B \subseteq B_1 \cup B_2$, der $\boldsymbol{y}_1$ mit $\boldsymbol{y}_2$ verbindet (Hilfssatz 2.2.6). Da B_1 und B_2 in L liegen, gehört auch B ganz zu L.

Nun seien zwei Punkte $\boldsymbol{y} \in L$ und $\boldsymbol{z} \in (\mathbb{R}^2 \setminus N_{\mathcal{L}}) \setminus L$ gegeben. Ferner sei B ein Jordanbogen, der $\boldsymbol{y}$ mit $\boldsymbol{z}$ verbindet. Es ist zu zeigen, daß B nicht ganz in $\mathbb{R}^2 \setminus N_{\mathcal{L}}$ liegt, das heißt, die Menge $N_{\mathcal{L}}$ trifft. Dazu wählen wir einen

Jordanbogen B' ohne neutrale Punkte, der x mit y verbindet. Dann finden wir einen Jordanbogen $B'' \subset B' \cup B$, der x mit z verbindet (wieder Hilfssatz 2.2.6). Wegen $z \notin L$ muß B'' die Menge $N_{\mathcal{L}}$ treffen; wegen $B' \subset L$ muß ein solcher Schnittpunkt aber zu B gehören. $\square$

Damit ergeben sich einige Eigenschaften von Landkarten, die wir sicherlich erwarten.

Folgerung 2.3.5 *Es sei $\mathcal{L}$ eine Landkarte.*

a) *Jeder Punkt der Ebene, der nicht neutraler Punkt ist, gehört zu genau einem Land.*

b) *Ein Land ist eine offene Teilmenge der Ebene.*

c) *Es gibt genau ein unbeschränktes Land.*

Beweis. a) Der Punkt $x \in \mathbb{R}^2$ sei kein neutraler Punkt. Es bezeichne L das im vorhergehenden Satz beschriebene Land, das x offensichtlich enthält. Nehmen wir an, daß der Punkt x noch einem weiteren Land L_1 angehört. Wegen des Bogenzusammenhangs von L_1 läßt sich jeder von x verschiedene Punkt von L_1 mit x durch einen Jordanbogen ohne neutrale Punkte verbinden, gehört also nach Konstruktion zu L; das liefert $L_1 \subseteq L$. Analog ergibt sich $L \subseteq L_1$, also $L_1 = L$.

b) Wir haben zu zeigen, daß es zu jedem Punkt x eines Landes L eine Kreisscheibe mit x als Mittelpunkt gibt, die ganz in L enthalten ist. Aus dem bereits gezeigten ersten Teil dieser Folgerung ergibt sich, daß wir uns L wie im Satz 2.3.4 beschrieben vorstellen können. Der Punkt x ist sicher kein neutraler Punkt. Da die Neutralitätsmenge abgeschlossen, ihr Komplement also offen ist, finden wir eine ganz im Komplement gelegene Kreisscheibe mit x als Mittelpunkt. Für jeden von x verschiedenen Punkt y der Kreisscheibe ist die Verbindungsstrecke von y und x ganz in dieser Kreisscheibe enthalten, also ein Jordanbogen ohne neutrale Punkte, der y mit x verbindet. Damit gehört die betrachtete Kreisscheibe ganz zu L.

c) Da $N_{\mathcal{L}}$ beschränkt ist, gibt es eine Kreislinie K mit $I(K) \supset N_{\mathcal{L}}$. Wir wählen einen Punkt $x \in A(K)$ und bezeichnen mit L das einzige Land, das ihn enthält.

Jeder andere Punkt in $A(K) \cup K$ läßt sich mit x durch einen Jordanbogen verbinden, der ganz in $A(K) \cup K$ verläuft, also keinen neutralen Punkt enthält. Damit ist $A(K) \cup K \subset L$, also L unbeschränkt. Jedes andere Land ist (nach Teil a) disjunkt zu L, also in $I(K)$ enthalten und damit beschränkt. $\square$

Zusammenhang von Landkarten

Zusammenhangsüberlegungen sind noch in anderer Weise von Bedeutung.

Definition 2.3.6 Eine Landkarte heißt *zusammenhängend,* wenn je zwei Ekken durch einen aus Kanten zusammengesetzten Jordanbogen verbunden werden können.

Das ist genau dann der Fall, wenn die Neutralitätsmenge bogenzusammenhängend ist. Da jede Menge von Kanten einer Landkarte $\mathcal{L}$ selbst wieder eine Landkarte bildet, ist damit die Eigenschaft „zusammenhängend" auch für beliebige Mengen von Kanten einer Landkarte erklärt. Eine nichtleere Teilmenge $\mathcal{L}'$ von Kanten einer Landkarte $\mathcal{L}$ ist eine *Komponente* von $\mathcal{L}$, wenn sie selbst eine zusammenhängende Landkarte bildet, aber keine echt größere Teilmenge ebenfalls zusammenhängend ist. Jede Landkarte ist Vereinigung ihrer Komponenten.

Man beachte den Unterschied: Für die zu einer Landkarte $\mathcal{L}$ gehörenden Länder kommt es auf die Komponenten des Komplements der Neutralitätsmenge an, für den Zusammenhang der Landkarte auf die Komponenten der Neutralitätsmenge selbst. In anderen Worten: Ein Land ist eine Komponente des Komplements der Neutralitätsmenge, eine Komponente einer Landkarte entspricht einer Komponente der Neutralitätsmenge selbst.

Der Zusammenhang einer Landkarte bedingt eine besondere Art des Zusammenhangs der zugehörigen Länder: Sie umfassen keine exterritorialen Enklaven. Eine zusammenhängende offene Menge U in $\mathbb{R}^2$ ist *einfach zusammenhängend,* wenn sich jede Einbettung (= stetige injektive Abbildung) des Einheitskreises S^1 in U zu einer stetigen Abbildung der *Einheitskreisscheibe*

$$B^2 = \{ (x, y) \in \mathbb{R}^2 \ : \ x^2 + y^2 \le 1 \}$$

nach U fortsetzen läßt[6].

Satz 2.3.7 *Die beschränkten Länder einer zusammenhängenden Landkarte sind einfach zusammenhängend.*

Beweis. Es seien $\mathcal{L}$ eine zusammenhängende Landkarte, L ein beschränktes Land von $\mathcal{L}$ und $h : S^1 \to L$ eine Einbettung. Dann ist das Bild von h eine ganz in L gelegene geschlossene Jordankurve. Da $\mathcal{L}$ zusammenhängend ist, liegen die Kanten von $\mathcal{L}$ entweder sämtlich in $I(K)$ oder sämtlich in $A(K)$. Wegen der Beschränktheit von L muß letzteres gelten. Wir können annehmen, daß $h(\boldsymbol{x}) = \boldsymbol{x}$ für alle $\boldsymbol{x} \in S^1$ gilt (Satz von Schoenflies 2.2.7) und daß alle Kanten von $\mathcal{L}$ im Außengebiet des Einheitskreises liegen. So können wir eine Fortsetzung $h' : B^2 \to U$ durch die Vorschrift $\boldsymbol{x} \mapsto \boldsymbol{x}$ definieren. $\square$

Reduktion auf Landkarten aus Streckenzügen

Definition 2.3.8 Eine Landkarte heißt *Landkarte aus Streckenzügen,* wenn ihre Kanten (schnittfreie) Streckenzüge sind.

Den ersten Schritt zur Befreiung aus dem Gruselkabinett der allgemeinen Jordanbögen liefert der folgende tiefliegende Satz.

Satz 2.3.9 *Es sei $\mathcal{L}$ eine Landkarte und U eine offene Teilmenge der Ebene mit $N_{\mathcal{L}} \subset U$. Dann gibt es einen Homöomorphismus $h : \mathbb{R}^2 \longrightarrow \mathbb{R}^2$ mit folgenden Eigenschaften:*

1. h bildet $\mathcal{L}$ auf eine Landkarte aus Streckenzügen ab, und

2. h läßt die Punkte außerhalb von U fest.

Das ist ein Teil von Theorem 8 in [MOISE 1977], auf dessen Beweis wir hier auch verzichten müssen; er benutzt den Jordanschen Kurvensatz (Satz 2.2.5) und den Satz von Schoenflies (Satz 2.2.7).

Da ein Homöomorphismus die Zusammenhangsverhältnisse einer Landkarte auf ihr Bild überträgt, können wir von einer gegebenen Landkarte immer zu

---

[6]Die hier gegebene Charakterisierung des einfachen Zusammenhangs ist formal schwächer als die in der Literatur übliche, bei der die Fortsetzbarkeit aller stetigen Abbildungen $S^1 \to U$ verlangt wird, aber sie ist für offene Teilmengen der Ebene inhaltlich äquivalent.

4*

einer Landkarte aus Streckenzügen übergehen, ohne die Länder wesentlich zu verändern; insbesondere bleibt das Färbungsproblem das gleiche. Dieses Ergebnis werden wir später noch verschärfen, wir werden nämlich beweisen, daß wir uns sogar auf Landkarten beschränken können, die nur aus Strecken bestehen (Satz von Wagner und Fáry 4.2.11).

Landkarten aus Streckenzügen haben eine besondere lokale Struktur, die für viele Überlegungen hilfreich ist.

Satz 2.3.10 *Ist $\mathcal{L}$ eine Landkarte aus (schnittfreien) Streckenzügen, so hat jeder Punkt $\boldsymbol{x}$ der Ebene eine Kreisumgebung U (das ist eine Kreisscheibe U mit $\boldsymbol{x}$ als Mittelpunkt), deren Durchschnitt mit der Neutralitätsmenge N aus endlich vielen Radien von U besteht.*

Beweis. Wir betrachten einen festen Punkt $\boldsymbol{x}$ der Ebene. Es sei N' die Teilmenge von N, die aus allen Strecken besteht, die zu einem Streckenzug in $\mathcal{L}$ gehören, aber $\boldsymbol{x}$ nicht enthalten. Die Menge N' ist Vereinigung endlich vieler Strecken, also endlich vieler abgeschlossener Mengen, und damit selbst abgeschlossen. Damit ist $\mathbb{R}^2 \setminus N'$ offen und folglich gibt es zu dem in $\mathbb{R}^2 \setminus N'$ gelegenen Punkt $\boldsymbol{x}$ eine Kreisumgebung U, die zu N' disjunkt ist. Nun sind verschiedene Fälle möglich.

1. Im Fall $\boldsymbol{x} \notin N$ ist $N' = N$ und damit ist $U \cap N = \emptyset$, das heißt, $U \cap N$ besteht aus 0 Radien.

2. Ist $\boldsymbol{x}$ innerer Punkt einer Strecke S, die zu einem Streckenzug in $\mathcal{L}$ gehört, so entsteht N aus N' durch Hinzunahme der inneren Punkte von S. Daraus ergibt sich

$$U \cap N = U \cap (N' \cup S) = (U \cap N') \cup (U \cap S) = U \cap S\,,$$

und diese Menge bildet einen Durchmesser von U, besteht also aus genau zwei Radien von U.

3. Ist $\boldsymbol{x}$ Endpunkt einer Strecke, die zu einem Streckenzug in $\mathcal{L}$ gehört, so kann $\boldsymbol{x}$ auch Endpunkt von anderen solchen Strecken sein, allerdings nur von endlich vielen; diese seien mit $S_1, \ldots, S_n$ bezeichnet. Nun entsteht N aus N' durch Hinzunahme von $\boldsymbol{x}$ und der inneren Punkte der Strecken $S_1, \ldots, S_n$;

die von x verschiedenen Endpunkte der Strecken $S_1, \ldots, S_n$ gehören ja schon zu N'. Es ergibt sich

$$U \cap N = U \cap (N' \cup \bigcup_{i=1}^{n} S_i) = (U \cap N') \cup (U \cap \bigcup_{i=1}^{n} S_i) = \bigcup_{i=1}^{n} (U \cap S_i),$$

und jede der Mengen $U \cap S_i$, $i = 1, \ldots, n$ ist ein Radius von U. $\square$

Dieser Sachverhalt führt uns zu einer neuen Begriffsbildung.

Definition 2.3.11 Es sei $\mathcal{L}$ eine Landkarte aus Streckenzügen. Eine Umgebung D eines Punktes $x \in \mathbb{R}^2$ ist eine *elementare Umgebung* von x (*in Bezug auf* $\mathcal{L}$), wenn gilt:

1. D ist eine abgeschlossene Kreisscheibe mit x als Mittelpunkt.

2. $D \cap N_{\mathcal{L}}$ besteht aus endlich vielen Radien von D.

3. Auf dem Randkreis von D liegen keine Ecken von $\mathcal{L}$.

Satz 2.3.10 besagt, daß jeder Punkt der Ebene elementare Umgebungen (in Bezug auf eine gegebene Landkarte) besitzt. Eine fast unmittelbare Konsequenz dieser Tatsache ist die früher (Seite 50) erwähnte Erreichbarkeit der Punkte eines Jordanbogens:

Folgerung 2.3.12 *Jeder neutrale Punkt einer Landkarte $\mathcal{L}$ ist in $\mathbb{R}^2 \setminus N_{\mathcal{L}}$ erreichbar.*

Beweis. Es seien $\mathcal{L}$ eine Landkarte aus Streckenzügen und x ein neutraler Punkt von $\mathcal{L}$. Wir wählen eine elementare Umgebung D von x und in $D \setminus N_{\mathcal{L}}$ einen Punkt y. Die Verbindungsstrecke von x und y ist ein Jordanbogen, der bis auf x ganz in $\mathbb{R}^2 \setminus N_{\mathcal{L}}$ verläuft. $\square$

Die Existenz elementarer Umgebungen ist in einer noch etwas schärferen Fassung garantiert.

Lemma 2.3.13 *Es sei $\mathcal{L}$ eine Landkarte aus Streckenzügen. Dann enthält jede Umgebung eines Punktes eine elementare Umgebung dieses Punktes.*

Beweis. Es seien x ein Punkt der Ebene und U eine Umgebung von x. Die Definition des Umgebungsbegriffes liefert eine abgeschlossene Kreisumgebung D_1 von x, die ganz in U enthalten ist. Daneben haben wir auch eine elementare Umgebung D_2 (Satz 2.3.10). Die kleinere der beiden konzentrischen Kreisscheiben $D = D_1 \cap D_2$ ist dann eine ganz in U enthaltene elementare Umgebung. □

Dieses Lemma hat eine schon lange angekündigte Anwendung.

Satz 2.3.14 *Die Neutralitätsmenge einer Landkarte ist eine nirgends dichte Teilmenge der Ebene.*

Beweis. Die Eigenschaft „nirgends dicht" ist invariant unter Homöomorphismen [RINOW 1975, Satz 7.50]; also genügt es wie im Beweis von Folgerung 2.3.12 eine Landkarte $\mathcal{L}$ aus Streckenzügen zu betrachten. Es sei V eine offene Teilmenge der Ebene. Wir haben eine ganz in V enthaltene offene Menge V' zu suchen, die die Neutralitätsmenge N von $\mathcal{L}$ nicht trifft. Ist $V \cap N = \emptyset$, so können wir $V' = V$ nehmen. Andernfalls finden wir einen Punkt $x \in V \cap N$ und – mit Hilfe des eben bewiesenen Lemmas – eine ganz in V enthaltene elementare Umgebung D von x. Die Menge N zerlegt die Kreisscheibe D in endlich viele Sektoren, möglicherweise nur einen, der dann einen Öffnungswinkel von 360° aufweist. Wir können nun eine ganz in einem dieser Sektoren gelegene, offene Kreisscheibe V' wählen, die die gewünschte Eigenschaft hat. □

Damit ist endlich klar, daß unsere Definition tatsächlich Grenz„linien" im anschaulichen Sinn – ohne irgendwelche Verdickungen – liefert. Bevor wir die Theorie fortsetzen, wollen wir uns an Hand von Beispielen die bisherigen Entwicklungen verdeutlichen.

2.4   Grundlegende Beispiele

Einige der folgenden Beispiele zeigen auch, daß die gegebene Definition der Landkarten noch allgemeiner ist als man sich zunächst vorstellt.

Beispiel 2.4.1 Es ist nicht ausgeschlossen, daß überhaupt keine Kanten vorhanden sind, das heißt, $\mathcal{L} = \emptyset$ gilt. In diesem Fall ist auch $N = \emptyset$, und die ganze Ebene bildet das einzige Land der *leeren Landkarte*. □

Beispiel 2.4.2 Es sei $\mathcal{L}$ eine Landkarte mit genau einer Kante B. Dann ist $N_{\mathcal{L}} = B$, und $\mathbb{R}^2 \setminus B$ ist das einzige Land. Das ist ein Spezialfall der Charakterisierung von Landkarten mit genau einem Land (Satz 2.4.4), die jetzt gleich durch Reduktion auf Landkarten aus Streckenzügen, das heißt mit Hilfe von Satz 2.3.9, hergeleitet wird. Einen direkten Beweis der hier gemachten Aussage findet man in [RINOW 1975, Satz 39.17]. $\square$

Eine Landkarte hat immer *mindestens* ein Land, nämlich das unbeschränkte (Teilaussage c von Folgerung 2.3.5). Anschaulich ist klar, daß es bei Landkarten mit vielen Kanten genau dann *nur ein* Land gibt, wenn keine Teilmenge der vorhandenen Kanten sich zu einer geschlossenen Jordankurve zusammensetzen läßt. Bevor wir diese Aussage präzisieren können, müssen wir noch einige Begriffe einführen. Eine Landkarte $\mathcal{K}$ ist ein *Kreis,* wenn $N_{\mathcal{K}}$ eine geschlossene Jordankurve ist. Das *Innengebiet (Außengebiet)* eines Kreises ist das Innengebiet (Außengebiet) seiner Neutralitätsmenge; wir schreiben abkürzend $I(\mathcal{K})$ statt $I(N_{\mathcal{K}})$ und $A(\mathcal{K})$ statt $A(N_{\mathcal{K}})$. Da zwei verschiedene Kanten einer Landkarte höchstens eine Ecke gemeinsam haben (Definition 2.3.1), besteht ein Kreis aus mindestens drei Kanten; bei einem Kreis aus genau drei Kanten spricht man auch von einem *Dreieck.* Kanten, die sich in $\mathcal{L}$ zu einem Kreis ergänzen lassen, werden als *Kreiskanten* von $\mathcal{L}$ bezeichnet. Eine Landkarte heißt *kreislos,* wenn sie keinen Kreis enthält. Eine Landkarte ist ein *Baum,* wenn sie nichtleer, kreislos und zusammenhängend ist. Die Komponenten einer kreislosen Landkarte sind Bäume; deshalb wird eine kreislose Landkarte auch als *Wald* bezeichnet. Bäume besitzen ausgezeichnete Ecken: Allgemein heißt eine Ecke einer Landkarte $\mathcal{L}$ *Endecke* von $\mathcal{L}$, wenn sie Ecke nur einer Kante in $\mathcal{L}$ ist; eine Kante heißt *Endkante,* wenn sie eine Endecke enthält.

Lemma 2.4.3 *Ein Baum hat wenigstens zwei Endecken.*

Beweis durch Induktion nach der Anzahl der Kanten. Es sei $\mathcal{L}$ ein Baum. Da ein Baum nicht leer ist, haben wir mindestens eine Kante B_0. Ist B_0 die einzige Kante in $\mathcal{L}$, so sind die beiden Randpunkte von B_0 die gesuchten Endecken; das liefert den Induktionsanfang. Für den Induktionsschluß betrachten wir die nichtleere Landkarte $\mathcal{L}' = \mathcal{L} \setminus \{B_0\}$; es sind zwei Fälle zu unterscheiden.

1. $\mathcal{L}'$ ist ein Baum. Nach Induktionsvoraussetzung besitzt $\mathcal{L}'$ mindestens zwei Endecken. Wären beide Randpunkte von B_0 Ecken von $\mathcal{L}'$, so enthielte $\mathcal{L}$ einen Kreis. Also ist ein Randpunkt von B_0 Endecke von $\mathcal{L}$ und das gleiche gilt für mindestens eine Endecke von $\mathcal{L}'$.

2. $\mathcal{L}'$ ist ein Wald aus (mindestens) zwei Bäumen, von denen jeder nach Induktionsvoraussetzung mindestens zwei Endecken besitzt. Mindestens je eine Endecke jeder dieser Bäume ist auch Endecke von $\mathcal{L}$. $\square$

Eine Endecke einer Komponenente einer Landkarte $\mathcal{L}$ ist auch Endecke von $\mathcal{L}$ selbst. Jede nichtleere kreislose Landkarte hat mindestens einen Baum als Komponente und damit auch Endecken. Wir halten noch fest, daß es in einer Landkarte auch Kanten geben kann, die weder Kreiskanten noch Endkanten sind. Solche werden als *Brücken* bezeichnet; das Weglassen einer Brücke B erhöht die Zahl der Komponenten einer Landkarte $\mathcal{L}$, anders ausgedrückt: die Brücke B verbindet zwei Komponenten der Landkarte $\mathcal{L} \setminus \{B\}$. Nach diesen Vorbemerkungen wollen wir nun die Landkarten mit genau einem Land charakterisieren.

Satz 2.4.4 *Eine Landkarte hat genau dann ein und nur ein Land, wenn sie kreislos ist.*

Beweis. Zunächst betrachten wir eine Landkarte $\mathcal{L}$, die einen Kreis $\mathcal{K}$ enthält. Kein Punkt in $A(\mathcal{K})$ läßt sich mit einem Punkt in $I(\mathcal{K})$ verbinden, ohne $N_{\mathcal{K}}$ zu treffen (Teilaussage 3 des Jordanschen Kurvensatzes 2.2.5). Damit läßt sich kein Punkt in $A(\mathcal{K})$ mit einem Punkt in $I(\mathcal{K})$ durch einen Jordanbogen ohne neutrale Punkte verbinden. Also liegt das unbeschränkte Land von $\mathcal{L}$ ganz in $A(\mathcal{K})$. Auch in $I(\mathcal{K})$ gibt es Punkte, die nicht neutrale Punkte sind (Satz 2.3.14). Jeder solche Punkt gehört zu einem (beschränkten) Land (Teilaussage a) von Folgerung 2.3.5). Damit gibt es auch mindestens ein beschränktes Land, also insgesamt mindestens zwei Länder. Also ist die in unserem Satz angegebene Bedingung notwendig.

Den Beweis der Umkehrung starten wir mit einer Landkarte aus Streckenzügen. Da es aber für die Zahl der Länder nur auf die Neutralitätsmenge als Ganzes und nicht ihre spezielle Zerlegung in Kanten ankommt, können wir gleich ohne wesentliche Änderung zu der Landkarte übergehen, die aus den in den vorhandenen Streckenzügen auftretenden Strecken besteht. Es genügt also zu beweisen, daß kreislose Landkarten, deren Kanten alle Strecken sind, nur ein Land haben. Dies geschieht durch Induktion über die Zahl n der auftretenden Strecken.

Der Fall $n = 0$ ist klar (Beispiel 2.4.1). Sei nun die Behauptung für kreislose Landkarten aus n Strecken als gültig angenommen und sei $\mathcal{L}$ eine kreislose Landkarte, die aus $n + 1$ Strecken besteht. Wir wählen eine Endecke e von $\mathcal{L}$ und bezeichnen mit S die zugehörige Endkante in $\mathcal{L}$, sowie mit $\mathcal{L}'$ die Landkarte, die aus $\mathcal{L}$ durch Weglassen von S entsteht, das heißt, $\mathcal{L}' = \mathcal{L} \setminus \{S\}$. Ferner setzen wir $N = N_{\mathcal{L}}$ und $N' = N_{\mathcal{L}'}$. Wir haben nun je zwei Punkte im Komplement von N durch einen Jordanbogen zu verbinden, der N nicht trifft. Seien dazu $\boldsymbol{x}_1$, $\boldsymbol{x}_2 \in \mathbb{R}^2 \setminus N$ gegeben. Mit Hilfe der Induktionsvoraussetzung finden wir einen ganz in $\mathbb{R}^2 \setminus N'$ gelegenen Jordanbogen B', der $\boldsymbol{x}_1$ und $\boldsymbol{x}_2$ verbindet. Trifft B' die Strecke S nicht, so ist nichts mehr zu tun. Im andern Fall, wenn $B' \cap S \neq \emptyset$ ist, ändern wir B' in geeigneter Weise ab. Dazu bezeichne $\boldsymbol{z}$ den Punkt in $B' \cap S$, der am weitesten von e entfernt ist, und S' die Teilstrecke von K, die $\boldsymbol{z}$ mit e verbindet. Die Strecke S' liegt ganz in der offenen Menge $U = \mathbb{R}^2 \setminus (N' \cup \{\boldsymbol{x}_1, \boldsymbol{x}_2\})$ und wir wählen einen Rahmen R für S' in U. Da der Jordanbogen B' die Strecke S' trifft, müssen wir, wenn wir längs B' von $\boldsymbol{x}_1$ nach $\boldsymbol{x}_2$ laufen, den Rahmen mehrfach berühren, ja sogar queren. Es bezeichne nun $\boldsymbol{y}_1$ den Punkt von R, den wir als erstes erreichen, und $\boldsymbol{y}_2$ den Punkt, bei dem wir R endgültig, das heißt, ohne Wiederkehr, verlassen. Dann zerlegen wir B' in die drei Teilbögen B_a von $\boldsymbol{x}_1$ bis $\boldsymbol{y}_1$, B_m von $\boldsymbol{y}_1$ bis $\boldsymbol{y}_2$, und B_e von $\boldsymbol{y}_2$ bis $\boldsymbol{x}_2$ und wählen einen Streckenzug B_r, der ganz in R verläuft, $\boldsymbol{y}_1$ mit $\boldsymbol{y}_2$ verbindet und S nicht trifft; letzteres ist möglich, weil ein Endpunkt von S in $I(R)$ liegt und deshalb S mit R höchstens einen Punkt gemeinsam hat. Die Zusammensetzung von B_a, B_r und B_e liefert dann einen Jordanbogen B, der $\boldsymbol{x}_1$ mit $\boldsymbol{x}_2$ verbindet und N nicht trifft. $\square$

Ein Zwischenergebnis des vorstehenden Beweises verdient es, besonders festgehalten zu werden.

Lemma 2.4.5 *Ist $\mathcal{L}$ eine Landkarte und $\mathcal{K} \subset \mathcal{L}$ ein Kreis, so gibt es ein Land von $\mathcal{L}$, das ganz in $I(\mathcal{K})$ enthalten ist.* $\square$

Beispiel 2.4.6 Der Jordansche Kurvensatz (Satz 2.2.5) besagt in unserem Zusammenhang:

Eine Landkarte, die ein Kreis ist, hat genau zwei Länder, ein beschränktes und ein unbeschränktes.

Nun wollen wir eine Landkarte mit drei Ländern erzeugen. Dazu gehen wir von der geometrischen Situation des Satzes 2.2.11 aus.

Beispiel 2.4.7 Gegeben seien zwei Punkte x, y und drei diese beiden Punkte verbindende Jordanbögen B_1, B_2, B_3, die paarweise keine inneren Punkte gemeinsam haben. Dabei sei die Indizierung so gewählt, daß $\overset{\circ}{B}_2 \subset I(B_1 \cup B_3)$ gilt (Satz 2.2.11). Da diese drei Jordanbögen die gleichen Randpunkte haben, bilden sie keine Landkarte; eine solche erhalten wir erst durch das Setzen von Grenzsteinen: Wir wählen je einen inneren Punkt in B_1 und B_3 und erhalten vier Teilbögen; diese ergeben zusammen mit B_2 eine echte Landkarte mit vier Ecken und drei Ländern (Satz 2.2.11 und Beweis von Folgerung 2.2.12).

Beispiel 2.4.8 Wir wählen drei Punkte auf dem Einheitskreis. Die Landkarte $\mathcal{L}$ enthalte die drei entstehenden Kreisbögen und die Verbindungsstrecken vom Ursprung zu den drei gewählten Punkten.

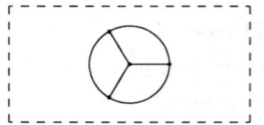
Wir erhalten vier Länder, die sich paarweise berühren, und damit wieder eine Landkarte, die sich nicht mit weniger als vier Farben zulässig färben läßt.

Wir werden später sehen (Satz von Weiske 4.5.1), daß es in einer Landkarte nie fünf Länder geben kann, die paarweise eine Grenzlinie gemeinsam haben.

Beispiel 2.4.9 Wir wählen n Punkte auf dem Einheitskreis, mit $n > 3$. Die Landkarte $\mathcal{L}$ enthalte die n entstehenden Kreisbögen und die Verbindungsstrecken vom Ursprung zu den n gewählten Punkten. Es ergeben sich $n + 1$ Länder und der Ursprung bildet ein n–Ländereck.

Dieses Beispiel zeigt einen wichtigen Gesichtspunkt bei der Behandlung des Vierfarbensatzes. Es kommt darauf an, daß bei einer zulässigen Färbung verschiedene Farben nur für Länder mit gemeinsamer „Grenzlinie" verlangt werden. Würde man verschiedene Farben schon dann verlangen, wenn Länder

einen „Grenzpunkt" gemeinsam haben, so bräuchte man für eine solche Karte
schon n Farben für die beschränkten Länder und eine weitere für das unbeschränkte Land, das ja von jedem anderen durch einen Kreisbogen abgegrenzt
ist, also insgesamt $n + 1 > 4$ Farben.

Ist n gerade, so kann man die beschränkten Länder dieser Karte abwechselnd
mit zwei Farben färben. Da für das unbeschränkte Land nur noch eine weitere
Farbe benötigt wird, gibt es in diesem Fall eine zulässige Färbung mit nur drei
Farben. Bei ungeradem n sind jedoch wie im vorigen Beispiel vier Farben für
eine zulässige Färbung nötig.

2.5 Landesgrenzen

Von der Intuition ausgehend haben wir Landkarten und Länder abstrakt definiert. Nun wollen wir zeigen, daß sich dabei wirklich die Grenzverhältnisse
ergeben, die wir uns vorstellen. Am Ende dieses Abschnitts werden wir dem
bislang anschaulich benutzten Begriff „gemeinsame Grenzlinie" einen strengen mathematischen Inhalt geben. Dabei setzen wir (wegen Satz 2.3.9 ohne
wesentliche Einschränkung) voraus, daß alle Landkarten, die wir in Beweisen
dieses Abschnittes und später in diesem Kapitel betrachten, aus Streckenzügen
bestehen.

Definition 2.5.1 Es seien $\mathcal{L}$ eine Landkarte und L ein Land von $\mathcal{L}$. Ein neutraler Punkt von $\mathcal{L}$ heißt *Grenzpunkt von L,* wenn er in L erreichbar ist.

Aus dem Bogenzusammenhang der Länder (Bedingung 2. der Definition 2.3.3)
und der Transitivität der Verbindbarkeit mittels Jordanbögen (Hilfssatz 2.2.6)
ergibt sich eine Variation der Folgerungen 2.2.8 und 2.2.9.

Lemma 2.5.2 *Es seien $\mathcal{L}$ eine Landkarte und L ein Land von $\mathcal{L}$.*

a) *Ein Grenzpunkt von L kann mit jedem Punkt von L durch einen Jordanbogen verbunden werden, dessen innere Punkte sämtlich zu L gehören.*

b) *Zwei Grenzpunkte von L können durch einen Jordanbogen verbunden
werden, dessen innere Punkte sämtlich zu L gehören.* □

Die Länder einer Landkarte bilden disjunkte, offene Mengen der Ebene (Teilaussage *b*) von Folgerung 2.3.5). Sie enthalten demnach keine Randpunkte und kein Punkt eines Landes ist Randpunkt eines anderen Landes. Das bedeutet, daß die Ränder jedes Landes Teilmengen der Neutralitätsmenge sind. Außerdem gilt:

Lemma 2.5.3 *Ist $\mathcal{L}$ eine Landkarte und L ein Land von $\mathcal{L}$, so sind die Grenzpunkte von L genau die Randpunkte von L (im topologischen Sinn).*

Beweis. Es sei x ein Grenzpunkt von L. Dann haben wir einen Jordanbogen, dessen einer Randpunkt x ist und dessen übrige Punkte alle zu L gehören. Jede Kreisscheibe mit x als Mittelpunkt enthält x und Punkte von $B \cap L$, also ist x ein Randpunkt von L.

Sei nun umgekehrt x ein Randpunkt von L. Dann ist x jedenfalls ein neutraler Punkt von $\mathcal{L}$. Wir nehmen eine elementare Umgebung D von x; sie wird durch $N_{\mathcal{L}}$ in endlich viele Sektoren, möglicherweise zwei Halbkreise, eingeteilt. Da x Randpunkt von L ist, muß einer dieser Sektoren Punkte von L enthalten, also bis auf die begrenzenden Radien ganz zu L gehören. Verbinden wir nun einen inneren Punkt dieses Sektors durch eine Strecke mit dem Kreismittelpunkt x, so haben wir einen Jordanbogen wie er zum Nachweis der Erreichbarkeit von x in L benötigt wird. $\square$

Auf Grund dieses Lemmas ist es nicht notwendig, für die Menge der Grenzpunkte eines Landes L einen eigenen Begriff einzuführen; es handelt sich um den Rand von L, bezeichnet durch $R(L)$.

Bemerkung. Wenn wir versuchen, uns den Rand der Länder in den Beispielen im vorigen Abschnitt klarzumachen, so stoßen wir auf einige Merkwürdigkeiten, die Vorsicht bei der Verwendung der Anschauung empfehlen.

 – Der Rand des einzigen Landes der Landkarte ohne Kanten (Beispiel 2.4.1) ist leer. Aber: Jedes Land einer Landkarte mit Kanten hat einen nichtleeren Rand. Das sieht man folgendermaßen ein: Durchläuft man die Verbindungsstrecke eines Punktes x eines Landes L mit einem dann sicher vorhandenen neutralen Punkt z von x aus, so erreicht man einen ersten Punkt y, der nicht zu L gehört. Es könnte $y = z$ gelten, aber darauf kommt es nicht an. In jedem Fall ist y ein Grenzpunkt von L.

– Ein Grenzpunkt braucht nicht Grenzpunkt verschiedener Länder zu sein. Das kann gar nicht sein, wenn eine Landkarte mit Kanten nur ein einziges Land hat (Beispiel 2.4.2).

Wichtig und anschaulich klar, aber nur mit einem gewissen Aufwand zu beweisen ist die folgende Aussage.

Satz 2.5.4 *Es sei $\mathcal{L}$ eine Landkarte. Dann ist der Rand eines jeden Landes von $\mathcal{L}$ eine Vereinigung von Kanten.*

Der Beweis, der beim ersten Lesen übersprungen werden kann, benötigt eine Vorbereitung.

Lemma 2.5.5 *Es seien $\mathcal{L}$ eine Landkarte, L ein Land und B eine Kante von $\mathcal{L}$. Ist ein innerer Punkt von B Grenzpunkt von L, so gehört ganz B zum Rand von L.*

Beweis. Wir haben $B \subset R(L)$ zu zeigen. Nach Voraussetzung haben wir einen Punkt $x \in \overset{\circ}{B} \cap R(L)$. Angenommen, es gibt einen Punkt $z \in B \setminus R(L)$. Da der Rand $R(L)$ eine abgeschlossene Teilmenge der Ebene ist, finden wir auf der Wanderung von x nach z auf dem Weg B einen letzten Punkt $y \in \overset{\circ}{B} \cap R(L)$. Wir betrachten nun eine elementare Umgebung von y. Sie wird durch B in zwei Sektoren zerlegt, von denen einer ganz in L liegt. Die beiden berandenden Radien dieses Sektors gehören zu $\overset{\circ}{B} \cap R(L)$ und damit können wir bei unserer Wanderung den Rand von L nicht an dem Punkt y verlassen. $\square$

Damit läßt sich der noch fehlende Beweis leicht führen.

Beweis *von Satz* 2.5.4. Es ist zu zeigen, daß jeder Grenzpunkt eines Landes L zu einer Kante von $\mathcal{L}$ gehört, die ganz in $R(L)$ enthalten ist. Das vorige Lemma erledigt das Problem für Grenzpunkte von L, die innere Punkte von Kanten sind. Sei nun der Grenzpunkt x von L eine Ecke von $\mathcal{L}$ und damit Randpunkt einer oder mehrerer Kanten von $\mathcal{L}$ (Definition 2.3.2). Noch einmal betrachten wir eine elementare Umgebung D von x. Da x Randpunkt von L ist, muß auch wieder einer der entstehenden Sektoren zu L gehören. Die berandenden Radien eines solchen Sektors gehören dann zu Kanten, die ihrerseits zu $R(L)$ gehören. Der Punkt $\boldsymbol{x}$ ist gemeinsamer Randpunkt dieser Kanten und damit Element von ganz in $R(L)$ liegenden Kanten. $\square$

Nun können wir die folgenden Begriffe einführen.

Definition 2.5.6 Es seien $\mathcal{L}$ eine Landkarte und L ein Land von $\mathcal{L}$.

a) Eine Kante, die ganz zum Rand von L gehört, heißt *Grenzlinie* von L.

b) Die Menge aller Grenzlinien von L – bezeichnet durch $\mathcal{G}_L$ – heißt *Grenze* von L.

c) Eine Menge von Kanten von $\mathcal{L}$ heißt *Landesgrenze,* wenn sie die Grenze eines Landes ist.

Die Grenze eines Landes ist selbst eine Landkarte, deren Neutralitätsmenge gerade der Rand des Landes ist. Wir bemerken noch, daß der für Landkarten eingeführte Zusammenhangsbegriff speziell für Landesgrenzen Bedeutung hat; man kann Länder mit zusammenhängenden und nicht zusammenhängenden Grenzen unterscheiden.

Im folgenden benötigen wir auch eine Art Umkehrung des Satzes 2.5.4. Aus der Erreichbarkeit (Folgerung 2.3.12) folgt, daß jeder neutrale Punkt einer Landkarte Grenzpunkt eines Landes ist. Darüberhinaus gilt:

Satz 2.5.7 *Eine Kante einer Landkarte gehört zu mindestens einer und höchstens zwei Landesgrenzen.*

Beweis. Sei B Kante einer Landkarte $\mathcal{L}$ und sei $\boldsymbol{x}$ ein innerer Punkt von B. Es genügt nachzuweisen, daß $\boldsymbol{x}$ Grenzpunkt mindestens eines, aber höchstens zweier Länder ist (Lemma 2.5.5). Dazu betrachten wir wieder eine elementare Umgebung von $\boldsymbol{x}$. Da $\boldsymbol{x}$ innerer Punkt einer Kante ist, wird sie durch die Neutralitätsmenge in genau zwei Sektoren zerlegt. Diese können entweder zum gleichen oder zu zwei verschiedenen Ländern gehören. $\square$

Später (Satz 2.6.8) werden wir sogar die Kanten einer Landkarte dahingehend charakterisieren, ob sie nur zu einer oder zwei Landesgrenzen gehören. Hier ergibt sich die fast selbstverständliche Tatsache:

Folgerung 2.5.8 *Eine Landkarte besitzt nur endlich viele Länder.*

Verschärfend können wir feststellen, daß die Zahl der Länder einer Landkarte höchstens doppelt so groß sein kann wie die Zahl der Kanten (falls überhaupt Kanten vorhanden sind). Das ist aber nur eine sehr grobe Abschätzung; eine genauere Aussage liefert die Euler – Cauchysche Formel (Satz 4.3.3), die wir im übernächsten Kapitel darstellen werden.

Über die Struktur der Landesgrenzen können wir noch zwei genauere Aussagen machen.

Satz 2.5.9 *Bei Landkarten mit mindestens zwei Ländern enthält jede Landesgrenze mindestens einen Kreis.*

Beweis. Es seien $\mathcal{L}$ eine Landkarte und L ein Land von $\mathcal{L}$, dessen Grenze $\mathcal{G}_L$ kreislos ist. Dann läßt sich ein fester Punkt $\boldsymbol{x} \in L$ mit jedem Punkt in $\mathbb{R}^2 \setminus R(L)$ durch einen Jordanbogen verbinden, der $R(L)$ nicht trifft (Satz 2.4.4). Also ist $L = \mathbb{R}^2 \setminus R(L)$, das heißt, die Landkarte $\mathcal{L}$ hat nur ein einziges Land, im Widerspruch zur Voraussetzung. $\square$

Satz 2.5.10 *Eine nicht zusammenhängende Landkarte besitzt ein Land mit nicht zusammenhängender Grenze.*

Beweis. Es sei $\mathcal{L}$ eine Landkarte mit nichtzusammenhängender Neutralitätsmenge N. Wir wählen zwei Punkte $\boldsymbol{x}_1, \boldsymbol{x}_2$, die in verschiedenen Komponenten N_1 beziehungsweise N_2 von N von $\mathcal{L}$ liegen. Durchlaufen wir die Verbindungsstrecke $[\boldsymbol{x}_1, \boldsymbol{x}_2]$ von $\boldsymbol{x}_1$ aus, so erreichen wir einen letzten Punkt, der zu N_1 gehört, und danach einen ersten Punkt, der in einer von N_1 verschiedenen Komponente von N liegt. Die Punkte dazwischen liegen in einem Land mit nicht zusammenhängender Grenze. $\square$

2.6 Gemeinsame Grenzlinien

Definition 2.6.1 Es sei $\mathcal{L}$ eine Landkarte. Eine Kante ist *gemeinsame Grenzlinie* zweier Länder von $\mathcal{L}$, wenn sie zu den Grenzen beider Länder gehört.

Gemeinsame Grenzlinien gibt es im allgemeinen viele.

Lemma 2.6.2 *Jede Kreiskante einer Landkarte ist gemeinsame Grenzlinie von zwei Ländern.*

Beweis. Es sei B eine Kreiskante einer Landkarte $\mathcal{L}$. Wir wählen einen Kreis $\mathcal{K}$ mit $B \in \mathcal{K} \subset \mathcal{L}$, einen Punkt $\boldsymbol{x} \in \overset{\circ}{B}$ und eine elementare Umgebung D von $\boldsymbol{x}$; sie wird durch B in zwei Sektoren, im allgemeinen Halbkreise, zerlegt. Diese Sektoren (ohne die berandenden Radien) $D^i = D \cap I(\mathcal{K})$ und $D^a = D \cap A(\mathcal{K})$ sind bogenzusammenhängend und treffen die Menge $N_{\mathcal{L}}$ nicht; also liegt jede von beiden ganz in einem Land L^i beziehungsweise L^a von $\mathcal{L}$. Jeder Jordanbogen, der einen Punkt von D^i mit einem Punkt D^a verbindet, muß $N_{\mathcal{K}}$ und damit $N_{\mathcal{L}}$ treffen; damit sind die Länder L^i und L^a verschieden und haben B als gemeinsame Grenzlinie. $\square$

Zwei verschiedene Länder können mehrere gemeinsame Grenzlinien haben. Wir beschreiben eine Situation, in der das sicher der Fall ist.

Lemma 2.6.3 *Es sei $\boldsymbol{x}$ eine Ecke einer Landkarte $\mathcal{L}$, die Endpunkt von genau zwei Kanten in $\mathcal{L}$ ist; eine dieser beiden Kanten sei eine Kreiskante. Dann sind beide Kanten gemeinsame Grenzlinien derselben zwei Länder.*

Beweis. Wir bezeichnen mit B und B' die beiden Kanten, die an der Ecke $\boldsymbol{x}$ zusammenstoßen. Nach Voraussetzung können wir annehmen, daß B eine Kreiskante ist. Wir wählen einen Kreis $\mathcal{K} \subset \mathcal{L}$, der B enthält; da B' die einzige Kante außer B in $\mathcal{L}$ ist, die $\boldsymbol{x}$ enthält, muß auch $B' \in \mathcal{K}$ sein, das heißt, auch B' ist eine Kreiskante. Nun wählen wir noch eine elementare Umgebung D von $\boldsymbol{x}$; sie wird durch die Kanten B und B' ähnlich wie im vorigen Beweis in zwei Sektoren $D^i = D \cap I(\mathcal{K})$ und $D^a = D \cap A(\mathcal{K})$ zerlegt. Jeder dieser Sektoren liegt ganz in einem Land und beide Kanten B und B' sind gemeinsame Grenzlinien dieser beiden Länder. $\square$

Die gegenseitige Lage der Länder und des Kreises in den beiden vorstehenden Beweisen beschreiben wir in der folgenden Definition.

Definition 2.6.4 Es sei $\mathcal{L}$ eine Landkarte. Der Kreis $\mathcal{K} \subset \mathcal{L}$ *trennt* zwei Länder von $\mathcal{L}$, wenn eines von ihnen in seinem Innengebiet, das andere in seinem Außengebiet liegt.

Der Beweis der folgenden Tatsache ist im Beweis des Lemmas 2.6.2 mit enthalten.

Lemma 2.6.5 *Ist $\mathcal{K}$ ein Kreis einer Landkarte, der eine gegebene Kreiskante B enthält, so trennt er die Länder, zu deren Grenze B gehört.* $\square$

Trennende Kreise gibt es aber noch in viel allgemeinerer Lage.

Satz 2.6.6 *Zu zwei verschiedenen Ländern einer Landkarte $\mathcal{L}$ gibt es immer einen trennenden Kreis in $\mathcal{L}$.*

Beweis. Es seien L_1 und L_2 verschiedene Länder der Landkarte $\mathcal{L}$. Wir wählen Punkte $\boldsymbol{x}_1 \in L_1$ und $\boldsymbol{x}_2 \in L_2$. Jeder Jordanbogen, der $\boldsymbol{x}_1$ mit $\boldsymbol{x}_2$ verbindet, muß die Ränder beider Länder treffen. Lassen wir nun eine Kante weg, die nicht gemeinsame Grenzlinie ist, so erhalten wir eine Landkarte $\mathcal{L}'$, für die gilt:

- Die Länder L_i, $i = 1, 2$, von $\mathcal{L}$ liegen in Ländern L_i' von $\mathcal{L}'$.

- Für mindestens ein $i \in \{1, 2\}$ ist $L_i' = L_i$ und $R(L_i') = R(L_i)$.

Wir können ohne wesentliche Einschränkung annehmen, daß letzteres für $i = 1$ gilt. Da jeder Jordanbogen, der $\boldsymbol{x}_1$ mit $\boldsymbol{x}_2$ verbindet, die Menge $R(L_1) = R(L_1')$ trifft, liegen die Punkte $\boldsymbol{x}_1$ und $\boldsymbol{x}_2$ in verschiedenen Ländern von $\mathcal{L}'$, das heißt, es gilt $L_1' \neq L_2'$. Wenn es nun einen Kreis $\mathcal{K} \subset \mathcal{L}'$ gibt, derart daß eines dieser Länder L_i' in $I(\mathcal{K})$, das andere in $A(\mathcal{K})$ liegt, so hat er dieselbe Eigenschaft in Bezug auf die Länder L_i. Es genügt also die Länder L_i' der Landkarte $\mathcal{L}'$ zu betrachten. Nun können wir wieder eine Kante weglassen, die nicht gemeinsame Grenzlinie der Länder L_i' ist. Und damit können wir fortfahren, bis wir nach endlich vielen Schritten bei einer Landkarte $\mathcal{L}^*$ angelangt sind, die nur noch aus gemeinsamen Grenzlinien von zwei Ländern L_i^* besteht. Aber Achtung: Wir dürfen nicht beim ersten Schritt alle Kanten auf einmal weglassen, die nicht gemeinsame Grenzlinie der Länder L_i sind. Eine Kante kann ja im Verlaufe des Verfahrens gemeinsame Grenzlinie werden, auch wenn sie es am Anfang nicht ist.

Da jedes Land einer nichtleeren Landkarte auch eine nichtleere Grenze hat, genügt es nunmehr die Behauptung unter der folgenden zusätzlichen Voraussetzung zu beweisen: Es gibt nur zwei Länder (Satz 2.5.7) und es ist

$$\mathcal{L} = \mathcal{G}_{L_1} = \mathcal{G}_{L_2} \, .$$

Da die Länder L_1 und L_2 verschieden sind, enthält $\mathcal{L}$ einen Kreis $\mathcal{K}$ (Satz 2.5.9). Da sowohl in $I(\mathcal{K})$ als auch in $A(\mathcal{K})$ ein Land von $\mathcal{L}$ liegen muß, bleibt für die beiden einzigen vorhandenen Länder gar nichts anderes übrig, als daß eines von ihnen in $I(\mathcal{K})$ und das andere in $A(\mathcal{K})$ liegt. □

Eine wichtige Konsequenz dieses Ergebnisses ist:

Folgerung 2.6.7 *Eine gemeinsame Grenzlinie zweier Länder einer Landkarte ist immer eine Kreiskante.*

Beweis. Es sei $\mathcal{L}$ eine Landkarte. Wir betrachten eine gemeinsame Grenzlinie B der verschiedenen Länder L_1, L_2 von $\mathcal{L}$ und wählen einen trennenden Kreis $\mathcal{K} \subset \mathcal{L}$; dabei können wir ohne wesentliche Einschränkung $L_1 \subset I(\mathcal{K})$ und $L_2 \subset A(\mathcal{K})$ annehmen. Ist nun $B \not\subset \mathcal{K}$, so ist entweder $\overset{\circ}{B} \subset I(\mathcal{K})$ oder $\overset{\circ}{B} \subset A(\mathcal{K})$. Im ersten Fall kann B aber nicht Grenzlinie von L_2 und im zweiten Fall nicht Grenzlinie von L_1 sein (Lemma 2.5.2); also ist B sicher nicht gemeinsame Grenzlinie. □

Nun haben wir endlich die lang angekündigte und anschaulich unmittelbar einleuchtende Verschärfung von Satz 2.5.7, die Klassifizierung der Kanten nach der Anzahl der Länder, zu deren Grenzen sie gehören.

Satz 2.6.8 *Eine Kante einer Landkarte gehört genau dann zu zwei Landesgrenzen, wenn sie eine Kreiskante ist. Brücken und Endkanten gehören jeweils nur zu einer Landesgrenze.*

Beweis. Er ergibt sich unmittelbar aus Lemma 2.6.2 und Folgerung 2.6.7. □

Eine Analyse des Beweises von Folgerung 2.6.7 zeigt auch noch:

Lemma 2.6.9 *Es seien zwei verschiedene Länder einer Landkarte $\mathcal{L}$ und ein sie trennender Kreis $\mathcal{K}$ gegeben. Dann gehören die gemeinsamen Grenzlinien beider Länder zu $\mathcal{K}$.*

Definition 2.6.10 Zwei Länder einer Landkarte, die eine gemeinsame Grenzlinie besitzen, heißen *benachbart*.

Im Hinblick auf die zu Beginn dieses Abschnitts aufgezeigten Merkwürdigkeiten stellen wir noch fest:

Lemma 2.6.11 *Bei Landkarten mit mindestens zwei Ländern gibt es zu jedem Land ein benachbartes Land.*

Beweis. Sei L ein Land einer Landkarte $\mathcal{L}$ mit mindestens zwei Ländern. Wir suchen ein zu L benachbartes Land. Dazu sei x ein Punkt von L und z ein Punkt eines anderen Landes. Wir konstruieren einen Jordanbogen B, der x und z verbindet, aber keine Ecke von $\mathcal{L}$ enthält. Ein solcher Jordanbogen muß Grenzpunkte von L enthalten. Der letzte von diesen, der bei einer Durchlaufung von x aus erreicht wird, muß innerer Punkt einer Kante sein, die der Grenze von L und eines zu L benachbarten Landes angehört. Zur Konstruktion von B wählen wir eine positive reelle Zahl r, die kleiner ist als der halbe Minimalabstand zweier Ecken von $\mathcal{L}$ und auch kleiner als sämtliche Abstände der Punkte x, z von den Ecken. Dann beginnen wir mit der Verbindungsstrecke B_o von x und z. Wenn immer B_o eine Ecke y von $\mathcal{L}$ trifft, ersetzen wir den auf B_o gelegenen Durchmesser des Kreises um y mit Radius r durch einen der beiden Halbkreisbögen, die die Endpunkte dieses Durchmessers verbinden. Das Ergebnis ist der gewünschte Jordanbogen B. $\square$

2.7 Erweiterung von Landkarten

Die folgenden Überlegungen befassen sich mit der Frage, wie sich Länder und Grenzen ändern, wenn man eine gegebene Landkarte um eine Kante erweitert. Induktiv ergibt sich daraus das Verhalten bei der Hinzufügung mehrerer Kanten und auch die Veränderungen beim Weglassen von Kanten kann man daraus ableiten.

Es seien $\mathcal{L}$ eine Landkarte und B ein Jordanbogen, derart daß bei der Hinzunahme von B zu $\mathcal{L}$ eine Landkarte $\mathcal{L}'$ entsteht. Diese Bedingung bedeutet, daß B höchstens Randpunkte mit der Neutralitätsmenge $N_{\mathcal{L}}$ gemeinsam hat

und es sich dabei gegebenenfalls um Ecken von $\mathcal{L}$ handeln muß. Damit gibt
es genau ein Land L von $\mathcal{L}$ mit $\overset{\circ}{B} \subset L$. Die von L verschiedenen Länder der
Landkarte $\mathcal{L}$ sind auch Länder der Landkarte $\mathcal{L}'$; auch ihre Grenzen ändern
sich beim Übergang von $\mathcal{L}$ zu $\mathcal{L}'$ nicht. Das Land L wird jedoch verändert;
dabei sind drei Fälle zu unterscheiden.

Fall 2.7.1 $B \cap N_{\mathcal{L}} = \emptyset$.

Dann liegt B ganz in L, ist also eine Endkante in $\mathcal{L}'$. Wäre die offene Menge
$L' = L \setminus B$ nicht bogenzusammenhängend, so müßte B gemeinsame Grenzlinie
von zwei verschiedenen Ländern von $\mathcal{L}'$ sein. Das geht aber nicht, da B keine
Kreiskante von $\mathcal{L}'$ ist (Folgerung 2.6.7). Also ist L' ein Land von $\mathcal{L}'$ (Definition
2.3.3), das heißt, das Land L wird auf das Land L' mit der Grenze $\mathcal{G}_{L'} =$
$\mathcal{G}_L \cup \{B\}$ verkleinert.

Fall 2.7.2 $B \cap N_{\mathcal{L}} = \{x\}$, *wobei x sowohl Randpunkt von B als auch Ecke*
von $\mathcal{L}$ ist.

Dann liegt der zweite Randpunkt von B in L, das heißt, B ist wieder eine
Endkante in $\mathcal{L}'$. Da auch jetzt B keine Kreiskante in $\mathcal{L}'$ ist, wird wieder das
Land L auf das Land $L' = L \setminus B$ mit der Grenze $\mathcal{G}_{L'} = \mathcal{G}_L \cup \{B\}$ verkleinert.

Fall 2.7.3 $B \cap N_{\mathcal{L}} = \{x, y\}$, *wobei x, y die Randpunkte von B, aber auch*
Ecken von $\mathcal{L}$ sind.

Nun gibt es zwei Möglichkeiten. B kann in $\mathcal{L}'$ eine Brücke oder eine Kreiskante
sein.

1. Ist B eine Brücke in $\mathcal{L}'$, so passiert dasselbe wie vorher: L wird auf
    $L' = L \setminus B$ mit $\mathcal{G}_{L'} = \mathcal{G}_L \cup \{B\}$ verkleinert.

2. Ist B eine Kreiskante in $\mathcal{L}'$, so finden wir einen Kreis $\mathcal{K}$ in $\mathcal{L}'$ mit $B \in \mathcal{K}$.
    Das Land L wird in die Länder $L^i = L \cap I(\mathcal{K})$ und $L^a = L \cap A(\mathcal{K})$ zerlegt.
    Die Grenze von L^i besteht aus B, den Grenzlinien von L, deren innere
    Punkte zu $I(\mathcal{K})$ gehören, und möglicherweise einigen Kanten in $\mathcal{K} \cap \mathcal{G}_L$,
    die Grenze von L^a aus B, den Grenzlinien von L, deren innere Punkte
    zu $A(\mathcal{K})$ gehören, und den übrigen Kanten in $\mathcal{K} \cap \mathcal{G}_L$.

Im letzten Fall müssen wir noch nachweisen, daß es sich bei den durch die Formeln definierten Punktmengen wirklich um Länder von $\mathcal{L}'$ handelt. Dabei muß allerdings wieder nur der Bogenzusammenhang geprüft werden, da dann die anderen Bedingungen an ein Land offensichtlich erfüllt sind (Definition 2.3.3). Wir können dazu voraussetzen, daß $I(\mathcal{K})$ die obere Halbkreisfläche der Einheitskreisscheibe ist, das heißt,

$$I(\mathcal{K}) = \{(x,y) \in B^2 \setminus S^1 : y > 0\},$$

und daß B der im Rand dieses Flächenstückes liegende Durchmesser des Einheitskreises ist (Satz von Schoenflies 2.2.7). Dann betrachten wir zwei Punkte $\boldsymbol{x}, \boldsymbol{y} \in L^i$. Da diese Punkte in L liegen, finden wir einen ganz in L liegenden Jordanbogen B', der sie verbindet. Liegt B' ganz in L^i, so ist nichts mehr zu tun. Andernfalls gibt es bei der Durchlaufung in der Richtung von $\boldsymbol{x}$ nach $\boldsymbol{y}$ einen ersten Punkt $\boldsymbol{x}' \in B' \cap \overset{\circ}{B}$ und einen letzten Punkt $\boldsymbol{y}' \in B' \cap \overset{\circ}{B}$. Die Verbindungsstrecke $[\boldsymbol{x}', \boldsymbol{y}']$ liegt ganz in der offenen Menge $L \setminus \{\boldsymbol{x}, \boldsymbol{y}\}$ und besitzt dort einen Rahmen R (Lemma 2.2.13). Nun ändern wir den Jordanbogen B' in folgender Weise ab zu einem Jordanbogen B'': Wir laufen von $\boldsymbol{x}$ längs B' bis wir in einem Punkt mit positiver zweiter Koordinate auf R treffen, dann laufen wir längs R immer durch Punkte mit positiver zweiter Koordinate bis zu dem letzten Punkt, den B' mit R gemeinsam hat, und von dort wieder längs B' nach $\boldsymbol{y}$. Damit haben wir einen ganz in L^i gelegenen Jordanbogen B'', der $\boldsymbol{x}$ und $\boldsymbol{y}$ verbindet. Das beweist den Bogenzusammenhang von L^i; für L^a schließt man ähnlich. $\square$

Wir schließen diesen Abschnitt mit einer Anwendung der vorstehenden Überlegungen, die vor allem für die Konstruktion von „dualen" Landkarten (Abschnitt 4.4) von Bedeutung ist.

Hilfssatz 2.7.4 *Es seien $\mathcal{L}$ eine Landkarte und L ein Land von $\mathcal{L}$. Ferner seien ein Punkt $\boldsymbol{x} \in L$ und endlich viele Grenzpunkte $\boldsymbol{y}_1, \boldsymbol{y}_2, \ldots, \boldsymbol{y}_n$ von L gegeben. Dann kann man $\boldsymbol{x}$ mit jedem $\boldsymbol{y}_i$ durch einen bis auf den Endpunkt $\boldsymbol{y}_i$ ganz in L verlaufenden Jordanbogen B_i so verbinden, daß diese Jordanbögen B_i paarweise keine inneren Punkte gemeinsam haben.*

Beweis. Durch Unterteilung der Kanten ändert sich die durch eine Landkarte gegebene Ländereinteilung der Ebene nicht. Also kann man ohne Einschränkung annehmen, daß es sich bei den Punkten y_i um Ecken von $\mathcal{L}$ handelt.
Da y_1 ein Grenzpunkt von L ist, finden wir zunächst einen Jordanbogen B_1
von x nach y_1, der bis auf den Endpunkt y_1 ganz in L verläuft (Teilaussage
a) von Lemma 2.5.2). Die Menge $\mathcal{L}_1 = \mathcal{L} \cup \{B_1\}$ ist nun wieder eine Landkarte
und zwar mit den gleichen Ländern bis auf L, das zu dem Land $L_1 = L \setminus B_1$
verkleinert wird (Fall 2.7.2). Die Punkte x und y_2 sind Grenzpunkte von L_1
und können durch einen Jordanbogen B_2 verbunden werden, der bis auf seine
Endpunkte ganz in L_2 verläuft (Teilaussage b) von Lemma 2.5.2). Wir bilden
die Landkarte $\mathcal{L}_2 = \mathcal{L}_1 \cup \{B_2\}$; dabei wird das Land L_1 entweder zu einem
Land $L_2 = L_1 \setminus B_2$ verkleinert oder in zwei Länder L_2', L_2'' mit B_2 als einer
gemeinsamen Grenzlinie zerlegt (Fall 2.7.3). Nun sind die Punkte x und y_3
Grenzpunkte eines der entstandenen Länder und können durch einen Jordanbogen B_3 verbunden werden, der bis auf seine Endpunkte ganz in diesem Land
verläuft. Dies Verfahren läßt sich fortsetzen, bis man schließlich den Jordanbogen B_n gefunden hat. Wichtig ist dabei nur, daß x Grenzpunkt *aller* in L
gelegenen Länder ist, die im Verlaufe des Prozesses entstehen, und jeder Punkt
y_i immer Grenzpunkt *eines* der Länder ist, in die L nach einem bestimmten
Schritt zerlegt ist. $\square$

Kapitel 3

Topologische Fassung des Vierfarbensatzes

3.1 Formulierung und Beweisansatz

Wenn man konkret von vier Farben spricht, nimmt man häufig die Farben *blau, gelb, grün* und *rot*[1]. Im Deutschen ergeben sich Schwierigkeiten, wenn man in Graphiken diese Farben durch ihre Anfangsbuchstaben abkürzen will, da man dann „gelb" und „grün" nicht mehr unterscheiden kann. Unter anderem deswegen nimmt man stattdessen gerne die Zahlen 1, 2, 3, 4 – manchmal auch 0, 1, 2, 3 – als Bezeichnungen für die vier Farben. Das hat weiter den Vorteil, daß man ohne Schwierigkeiten auch von mehr als vier Farben sprechen, also mit n Farben, $n \in \mathbb{N}$, färben kann. Ist $\mathcal{L}$ eine Landkarte, so bezeichnen wir mit $\mathcal{M}_{\mathcal{L}}$ die Menge der Länder von $\mathcal{L}$. Unter „Färben" einer Landkarte verstehen wir anschaulich, daß wir jedem Land eine Farbe zuordnen (vergleiche Seite 45).

Definition 3.1.1 Es seien $\mathcal{L}$ eine Landkarte und $n \in \mathbb{N}$. Eine n-*Färbung* von $\mathcal{L}$ ist eine Abbildung $\varphi : \mathcal{M}_{\mathcal{L}} \to \{1, \dots, n\}$. Eine n-Färbung ist *zulässig,* wenn benachbarte Länder immer verschiedene Werte („Farben") haben.

Im Verlaufe unserer Überlegungen wird manchmal ein „Umfärben" nötig sein. Eine triviale Möglichkeit dazu wollen wir gleich beschreiben.

---

[1] Diese Wahl ist – jedenfalls im englischen Sprachraum – so standardisiert, daß sie zu einem Wortspiel Anlaß gibt. Es betrifft K. Appel und W. Haken, die den Vierfarbensatz lösten. Äpfel sind rot und grün, also ist Appel der „red-green" Partner, und damit Haken der „blue-yellow".

Lemma 3.1.2 *Ist* $\varphi : \mathcal{M}_\mathcal{L} \to \{1, \ldots, n\}$ *eine zulässige n-Färbung einer Landkarte* $\mathcal{L}$ *und* $\pi : \{1, \ldots, n\} \to \{1, \ldots, n\}$ *eine Permutation (=bijektive Abbildung), so ist auch die Zusammensetzung* $\pi \circ \varphi$ *eine zulässige n-Färbung.* □

Wir bezeichnen zwei Färbungen einer Landkarte als *äquivalent,* wenn sie sich nur um eine Permutation der Farben unterscheiden.

Nun können wir formulieren:

Satz 3.1.3 (Vierfarbensatz) *Zu jeder Landkarte gibt es eine zulässige 4-Färbung.*

Der Ansatz für den überaus schwierigen Beweis dieses Satzes ist ganz simpel, eine durchaus gebräuchliche Variation der klassischen Induktion: die Untersuchung des „kleinsten Verbrechers". Dem Verfahren liegt folgender Gedanke zugrunde: Wenn es Landkarten gibt, die sich nicht mit vier Farben färben lassen, so muß es darunter eine mit kleinster Länderzahl f geben. Da sich Landkarten mit höchstens vier Ländern offensichtlich mit vier Farben färben lassen, muß $f > 4$ sein und jede Landkarte mit weniger Ländern besitzt eine 4-Färbung. Eine Landkarte mit f Ländern, die sich nicht mit vier Farben färben läßt, bezeichnen wir als *kleinsten Verbrecher* und der ganze Aufwand besteht in dem Nachweis, daß es keinen kleinsten Verbrecher geben kann.

3.2   Erste Beweisschritte

Wie schon früher gesagt, ist die Hauptproblematik des Vierfarbensatzes kombinatorischer Natur. Einige Bedingungen an kleinste Verbrecher lassen sich aber schon in dieser topologischen Situation herleiten. Dies wollen wir – sozusagen zur Appetitanregung – gleich hier tun. Ein Leser, der die topologische Grundlegung des vorigen Kapitels zunächst überschlagen hat, kann hier einsteigen, wenn er sich mit den benötigten Begriffen mit Hilfe des Registers vertraut macht.

Es geht jetzt darum, einige Landkarten, die offensichtlich „weiße Westen" haben, also keine kleinsten Verbrecher sein können, von der weiteren Verbrecherjagd auszunehmen.

Hilfssatz 3.2.1 *In einem kleinsten Verbrecher gibt es kein Land, das weniger als vier Nachbarn hat.*

Beweis. Da ein kleinster Verbrecher mindestens fünf Länder enthält, hat jedes Land einen Nachbarn (Lemma 2.6.11). Gibt es nun ein Land L mit höchstens drei Nachbarn, so vereinigt man L mit einem benachbarten Land L' (durch Entfernung einer gemeinsamen Grenzlinie). Man erhält eine Landkarte mit einem Land weniger, die man nach Voraussetzung mit vier Farben färben kann. Hebt man nun die Vereinigung wieder auf und behält man die Farbe des vereinigten Landes für L' bei, so hat man auf jeden Fall eine Farbe für L frei. $\square$

Im Zusammenhang mit dem Vierfarbensatz können wir uns also auf Landkarten beschränken, in denen jedes Land mindestens vier Nachbarn hat. Damit ist ein Land wie San Marino ausgeschlossen, das ganz im Inneren eines anderen Landes, Italien, liegt, oder ein Land wie Andorra, das nur Frankreich und Spanien als Nachbarn hat. Eine andere Einkreisung des Problems besteht darin festzustellen, daß, wenn es überhaupt kleinste Verbrecher gibt, solche mit bestimmten Eigenschaften existieren müssen. Das heißt, es genügt bei der Verbrecherjagd Landkarten zu betrachten, die zusätzliche Bedingungen erfüllen. Selbstverständlich können wir uns auf Landkarten aus Streckenzügen beschränken; eine weitere Bedingung werden wir gleich herleiten. Es handelt sich wie bei der vorangehenden Aussage um eine Art numerischer Bedingung. Dazu ist es bequem, einen weiteren graphentheoretischen Begriff zur Verfügung zu haben.

Definition 3.2.2 Es sei x eine Ecke einer Landkarte $\mathcal{L}$. Die Anzahl der Kanten in $\mathcal{L}$, die x als einen Endpunkt haben, heißt *Grad* von x in $\mathcal{L}$ und wird durch $d_{\mathcal{L}}(x)$ bezeichnet.

Abstrakt gesehen haben wir damit eine Funktion $d_{\mathcal{L}} : E \to \mathbb{N}$, von der Eckenmenge E in die Menge $\mathbb{N}$ der natürlichen Zahlen, definiert. Eine Endecke hat den Grad 1, jede andere Ecke einer Landkarte (ohne isolierte Punkte) einen Grad größer-gleich 2. Wir benutzen dabei noch die folgenden abkürzenden Sprechweisen für eine Ecke, deren Grad d ist: *Ecke vom Grad d, Ecke mit dem*

Grad d, d–Ecke. Aber Achtung: Man verwechsle nicht *Dreieck* und *3–Ecke*, *Viereck* und *4–Ecke*, *n–Eck* und *n–Ecke*!

Wir schließen nun noch einige weitere Landkarten von unserer Verbrecherjagd aus.

Lemma 3.2.3 *Wenn es einen kleinsten Verbrecher mit f Ländern gibt, so gibt es einen kleinsten Verbrecher mit f Ländern ohne Brücken und Endkanten.*

Beweis. Bei einer zulässigen Färbung spielen nur die Kanten einer Landkarte eine Rolle, die gemeinsame Grenzlinien von zwei Ländern sind, das heißt, nur die Kreiskanten (Folgerung 2.6.7). Beim Weglassen einer Brücke oder einer Endkante können zwar aus anderen Brücken Endkanten werden, aber die Eigenschaft einer der anderen Kanten, Kreiskante zu sein oder nicht, ändert sich nicht. Also erhält man aus einem kleinsten Verbrecher durch Entfernen aller möglicherweise vorhandenen Brücken und Endkanten einen solchen ohne Brücken und Endkanten. □

Als nächstes zeigen wir:

Lemma 3.2.4 *Ein kleinster Verbrecher ohne Brücken und Endkanten ist eine zusammenhängende Landkarte.*

Beweis. Es sei $\mathcal{L}$ ein kleinster Verbrecher ohne Brücken und Endkanten. Wir nehmen an, daß $\mathcal{L}$ unzusammenhängend ist. Dann gibt es ein Land L mit unzusammenhängender Grenze $\mathcal{G}_L$ (Satz 2.5.10). Durch zweimalige stereographische Projektion können wir erreichen, daß L das unbeschränkte Land ist. Wir wählen einen Kreis $\mathcal{K}_1 \subset \mathcal{G}_L$ (Satz 2.5.9); L liegt in seinem Außengebiet $A(\mathcal{K}_1)$. Dann bilden wir aus $\mathcal{L}$ die Landkarte $\mathcal{L}_1$ durch Weglassen der ganz in $A(\mathcal{K}_1)$ gelegenen Komponenten von $\mathcal{L}$ und die Landkarte $\mathcal{L}_2 = \mathcal{L} \setminus \mathcal{L}_1$; mit L_1 und L_2 bezeichnen wir die unbeschränkten Länder von $\mathcal{L}_1$ beziehungsweise $\mathcal{L}_2$. Wir bemerken, daß auch $\mathcal{L}_1$ und $\mathcal{L}_2$ nur Kreiskanten enthalten.

Da $\mathcal{G}_L$ unzusammenhängend ist, aber nur aus Kreiskanten besteht, finden wir auch noch einen Kreis $\mathcal{K}_2 \subset \mathcal{L}_2$. Daher liegen in $A(\mathcal{K}_1)$ noch von L verschiedene Länder der Landkarte $\mathcal{L}$, etwa in $I(\mathcal{K}_2)$; diese werden beim Übergang von $\mathcal{L}$ zu $\mathcal{L}_1$ mit L zu L' vereinigt. Daraus ergibt sich, daß $\mathcal{L}_1$ weniger Länder als $\mathcal{L}$

aufweist; damit finden wir eine 4-Färbung φ_1 von $\mathcal{L}_1$, wobei wir notfalls durch Umfärben (Lemma 3.1.2) $\varphi_1(L_1) = 1$ erreichen können.

Aber auch in $I(\mathcal{K}_1)$ liegen von L verschiedene Länder; diese werden beim Übergang von $\mathcal{L}$ zu $\mathcal{L}_2$ mit L zu L_2 vereinigt. Also hat auch $\mathcal{L}_2$ weniger Länder als $\mathcal{L}$ und wir finden eine 4-Färbung φ_2 von $\mathcal{L}_2$ mit $\varphi_2(L_2) = 1$.

Nun ist ein von L verschiedenes Land der Landkarte $\mathcal{L}$ ein beschränktes Land entweder von $\mathcal{L}_1$ oder von $\mathcal{L}_2$; aber kein beschränktes Land von $\mathcal{L}_1$ (als Land von $\mathcal{L}$) ist benachbart zu einem beschränkten Land von $\mathcal{L}_2$ (ebenfalls als Land von $\mathcal{L}$ betrachtet). Damit erhalten wir eine 4-Färbung von $\mathcal{L}$, indem wir L auf 1, ein beschränktes Land in $\mathcal{L}_1$ gemäß φ_1 und ein beschränktes Land in $\mathcal{L}_2$ gemäß φ_2 abbilden. Also ist $\mathcal{L}$ kein kleinster Verbrecher. $\square$

Die beiden folgenden technischen Bedingungen werden für den nächsten tieferliegenden Satz benötigt.

Lemma 3.2.5 *Es sei $\mathcal{L}$ ein kleinster Verbrecher. Dann gilt:*

a) *Es gibt keinen Kreis $\mathcal{K} \subset \mathcal{L}$ aus genau drei Kanten derart, daß sowohl das Innengebiet als auch das Außengebiet von $N_{\mathcal{K}}$ mehr als ein Land von $\mathcal{L}$ enthalten.*

b) *Ist $\boldsymbol{x}$ eine 2–Ecke von $\mathcal{L}$ und sind B_1, B_2 die beiden Kanten in $\mathcal{L}$, die an $\boldsymbol{x}$ zusammenstoßen, so sind die von $\boldsymbol{x}$ verschiedenen Endpunkte von B_1 und B_2 nicht durch eine Kante in $\mathcal{L}$ verbunden, das heißt, die Menge*

$$\mathcal{L}' = (\mathcal{L} \setminus \{B_1, B_2\}) \cup \{B_1 \cup B_2\}$$

ist wieder eine Landkarte und sogar ein kleinster Verbrecher.

Beweis. a) Es seien $\mathcal{L}$ ein kleinster Verbrecher und $\mathcal{K} = \{B_1, B_2, B_3\}$ ein Kreis in $\mathcal{L}$. Für B_j, $j = 1, 2, 3$ bezeichnen wir mit L_j^i das in $I(\mathcal{K})$ gelegene Land und mit L_j^a das in $A(\mathcal{K})$ gelegene Land, zu dessen Grenze die Kante B_j gehört (Lemmata 2.6.2 und 2.6.5). Die Behauptung besagt, daß entweder die drei Länder L_j^i oder die drei Länder L_j^a zusammenfallen. Zum Beweis durch Widerspruch nehmen wir an, daß es zwei verschiedene sowohl unter den L_j^i als auch unter den L_j^a gibt.

Wie im vorigen Beweis gehen wir zu Landkarten mit weniger Ländern über.

$$\mathcal{L}^i = \{B \in \mathcal{L} : \mathring{B} \not\subset A(\mathcal{K})\}$$
$$\mathcal{L}^a = \{B \in \mathcal{L} : \mathring{B} \not\subset I(\mathcal{K})\}.$$

Dann ist $A(\mathcal{K})$ ein Land von $\mathcal{L}^i$ und beim Übergang von $\mathcal{L}$ zu $\mathcal{L}^i$ werden alle Länder von $\mathcal{L}$, die in $A(\mathcal{K})$ liegen, zu $A(\mathcal{K})$ vereinigt. Da $\mathcal{L}$ mindestens zwei in $A(\mathcal{K})$ liegende Länder hat, hat $\mathcal{L}^i$ weniger Länder als $\mathcal{L}$ und wir finden eine 4-Färbung φ^i von $\mathcal{L}^i$. In analoger Weise ist $I(\mathcal{K})$ ein Land von $\mathcal{L}^a$ und beim Übergang von $\mathcal{L}$ zu $\mathcal{L}^a$ werden alle Länder von $\mathcal{L}$, die in $I(\mathcal{K})$ liegen, zu $I(\mathcal{K})$ vereinigt. Da $\mathcal{L}$ auch mindestens zwei in $I(\mathcal{K})$ liegende Länder hat, hat $\mathcal{L}^a$ gleichfalls weniger Länder als $\mathcal{L}$ und wir finden eine 4-Färbung φ^a von $\mathcal{L}^a$. Wir zeigen nun, daß wir durch Umfärben immer die Situation

$$\varphi^i(L_j^i) \neq \varphi^a(L_j^a)$$

für $j = 1, 2, 3$ erreichen können. Dazu sind verschiedene Fälle zu unterscheiden.

1. Sowohl für die Länder L_j^i, als auch für die Länder L_j^a sind durch φ^i beziehungsweise φ^a höchstens zwei Farben verbraucht. Dann können wir durch Umfärben erreichen (Lemma 3.1.2), daß die Länder L_j^i mit den Farben 1, 2 und die Länder L_j^a mit den Farben 3, 4 gefärbt sind.

2. Sowohl für die Länder L_j^i, als auch für die Länder L_j^a sind durch φ^i beziehungsweise φ^a drei Farben verbraucht. Dann können wir durch Umfärben $\varphi^i(L_j^i) = j$ für $j = 1, 2, 3$ und $\varphi^a(L_j^a) = j + 1$ erreichen.

3. Für die Länder L_j^i seien drei Farben verbraucht, für die Länder L_j^a nur zwei. Wir können $\varphi^i(L_j^i) = j$ für $j = 1, 2, 3$ und

$$\varphi^a(L_1^a) = \varphi^a(L_2^a) \neq \varphi^a(L_3^a)$$

annehmen und durch Umfärben $\varphi^a(L_1^a) = \varphi^a(L_2^a) = 3$, $\varphi^a(L_3^a) = 4$ erreichen. Analog verfahren wir, wenn für die Länder L_j^a drei Farben verbraucht sind und für die Länder L_j^i nur zwei.

4. Für die Länder L_j^i seien drei Farben verbraucht, für die Länder L_j^a nur eine. Dann können wir durch Umfärben $\varphi^i(L_j^i) = j$ für $j = 1, 2, 3$ und $\varphi^a(L_j^a) = 4$ erreichen. Analog verfahren wir, wenn für die Länder L_j^a drei Farben verbraucht sind und für die Länder L_j^i nur eine.

Damit ist die gewünschte Ungleichung hergestellt.

Da kein von den Ländern L_j^i verschiedenes, in $I(\mathcal{K})$ liegendes Land zu einem von den Ländern L_j^a verschiedenen, in $A(\mathcal{K})$ liegenden Land benachbart ist, erhalten wir nun eine 4-Färbung von $\mathcal{L}$, indem wir die in $I(\mathcal{K})$ liegenden Länder gemäß φ^i und die in $A(\mathcal{K})$ liegenden Länder gemäß φ^a färben: $\mathcal{L}$ ist kein kleinster Verbrecher.

b) Es sei $\boldsymbol{x}$ eine Ecke von $\mathcal{L}$, die Randpunkt von genau zwei Kanten B_1, $B_2 \in \mathcal{L}$ ist, deren andere Randpunkte durch eine Kante $B_3 \in \mathcal{L}$ verbunden sind. Die Kanten B_j, $j \in \{1, 2, 3\}$, bilden einen Kreis $\mathcal{K} \subset \mathcal{L}$ und wir haben Länder $L^i \subset I(\mathcal{K})$, $L^a \subset A(\mathcal{K})$ mit B_1, B_2 als gemeinsamen Grenzlinien (Lemmata 2.6.2 und 2.6.3), sowie Länder $L^{i'} \subset I(\mathcal{K})$, $L^{a'} \subset A(\mathcal{K})$ mit B_3 als gemeinsamer Grenzlinie (Lemmata 2.6.2 und 2.6.5).

Gäbe es nun keine Kanten $B \in \mathcal{L}$ mit $\overset{\circ}{B} \subset I(\mathcal{K})$, so wäre $L^i = L^{i'}$ und dieses Land hätte nur die beiden Nachbarn L^a und $L^{a'}$, was bei einem kleinsten Verbrecher nicht möglich ist (Hilfssatz 3.2.1). Analog können wir den Fall ausschließen, indem es keine Kanten $B \in \mathcal{L}$ mit $\overset{\circ}{B} \subset A(\mathcal{K})$ gibt.

Wegen a) genügt es nun zu zeigen, daß $I(\mathcal{K})$ durch $\mathcal{L}$ in mindestens zwei Länder zerlegt wird, was dann in analoger Weise auch für $A(\mathcal{K})$ gilt. Wir wissen bereits, daß es mindestens eine Kante B mit $\overset{\circ}{B} \subset I(\mathcal{K})$ gibt. Da alle Kanten Kreiskanten sind, finden wir auch einen Kreis $\mathcal{K}'$, der B enthält. Gilt $\overset{\circ}{B'} \subset I(\mathcal{K})$ für alle $B' \in \mathcal{K}'$, so folgt zunächst, daß die geschlossene Jordankurve $N_{\mathcal{K}'}$ in $I(\mathcal{K}) \cup N_{\mathcal{K}}$ und damit $A(\mathcal{K})$ in $A(\mathcal{K}')$ enthalten ist, sowie $I(\mathcal{K}) \supset I(\mathcal{K}')$ und schließlich $L^i \cup L^{i'} \subset A(\mathcal{K}')$. Es könnte zwar durchaus $L^i = L^{i'}$ sein, aber auf jeden Fall umfaßt $I(\mathcal{K}')$ ein weiteres, von L^i und $L^{i'}$ verschiedenes Land. Gibt es andererseits eine Kante $B' \in \mathcal{K}'$ mit $\overset{\circ}{B'} \not\subset I(\mathcal{K})$, so enthält $N_{\mathcal{K}'}$ einen Jordanbogen B'' mit $\overset{\circ}{B''} \subset I(\mathcal{K})$, der die Randpunkte von B_3 verbindet. In diesem Fall gilt aber $L^i \neq L^{i'}$ (Satz 2.2.11) und so haben wir auch wieder mindestens zwei Länder in $I(\mathcal{K})$. $\square$

Damit erhalten wir das folgende Resultat.

Satz 3.2.6 *Wenn es einen kleinsten Verbrecher $\mathcal{L}$ mit f Ländern gibt, so gibt es einen kleinsten Verbrecher mit f Ländern derart, daß jede Ecke mindestens den Grad 3 hat.*

Beweis. Es sei $\mathcal{L}$ ein kleinster Verbrecher ohne Brücken und Endkanten (Lemma 3.2.3). Isolierte Ecken, also 0–Ecken, haben wir in der Definition von Landkarten ausgeschlossen (Definition 2.3.1). 1-Ecken können nur zusammen mit Endkanten auftreten; also gibt es sie in $\mathcal{L}$ nicht. 2–Ecken werden wir durch Vereinigen der anliegenden Kanten los (Teilaussage b) von Lemma 3.2.5), wobei wir diesen Prozeß mehrfach durchführen müssen, wenn mehrere solche Ecken vorhanden sind. Das Ergebnis ist ein kleinster Verbrecher $\mathcal{L}'$ mit den gewünschten Eigenschaften. $\square$

Eine weitere Beschränkung der zu untersuchenden Landkarten liefert die folgende Aussage.

Lemma 3.2.7 *Bei einem kleinsten Verbrecher ohne Brücken, derart daß jede Ecke einen Grad größer-gleich 3 aufweist, haben zwei verschiedene Länder höchstens eine gemeinsame Grenzlinie.*

Beweis. Es seien $\mathcal{L}$ ein kleinster Verbrecher, der die angegebenen Voraussetzungen erfüllt, und L_1, L_2 zwei Länder von $\mathcal{L}$, die zwei verschiedene gemeinsame Grenzlinien B, B' besitzen. Wir wählen zunächst einen die beiden Länder trennenden Kreis $\mathcal{K} \subset \mathcal{L}$ (Satz 2.6.6); er enthält die Kanten B und B' (Lemma 2.6.9). Weiter wählen wir innere Punkte $\boldsymbol{x}$, $\boldsymbol{x}'$ von B beziehungsweise B' und für $j = 1, 2$ diese Punkte verbindende Jordanbögen B_j mit $\overset{\circ}{B}_j \subset L_j$; dann ist $K_{12} = B_1 \cup B_2$ eine geschlossene Jordankurve. Wir überlegen nun, daß sowohl das Innengebiet als auch das Außengebiet von K_{12} ganze Länder von $\mathcal{L}$ enthalten (die dann sicher von L_1 und L_2 verschieden sind).

Es genügt, dies für $I(K_{12})$ zu verifizieren, für $A(K_{12})$ ergibt sich das Ergebnis analog. Dazu suchen wir einen Kreis $\mathcal{K}' \subset \mathcal{L}$, der ganz in $I(K_{12})$ enthalten ist und damit ein Land der gewünschten Art umfaßt (Lemma 2.4.5).

Die geschlossene Jordankurve $N_{\mathcal{K}}$ wird durch die Punkte $\boldsymbol{x}$ und $\boldsymbol{x}'$ in zwei Teilbögen B_l, B_r zerlegt, von denen jeder je einen Endpunkt von B und B'

enthält. Da einer der Jordanbögen B_j in $I(\mathcal{K})$, der andere in $A(\mathcal{K})$ liegt (jeweils
bis auf die Endpunkte), liegt einer der Bögen B_l, B_r (wiederum bis auf die
Endpunkte) in $I(K_{12})$, der andere in $A(K_{12})$ (Folgerung 2.2.10). Damit haben
B und B' je genau einen in $I(K_{12})$ gelegenen Endpunkt; es bezeichne y den in
$I(K_{12})$ gelegenen Endpunkt von B und y' den in $I(K_{12})$ gelegenen Endpunkt
von B'. Wegen der Voraussetzung $d_{\mathcal{L}}(y) \geq 3$ finden wir eine von B und B'
verschiedene Kante B'' mit y als Endpunkt. Wiederum nach Voraussetzung
ist B'' eine Kreiskante; wir behaupten, daß B'' zu einem Kreis $\mathcal{K}'' \subset \mathcal{L}$ gehört,
dessen Kanten sämtlich in $I(K_{12})$ liegen.

Um dies einzusehen, wählen wir zunächst einen beliebigen Kreis $\mathcal{K}' \subset \mathcal{L}$, der B''
enthält. Dann durchlaufen wir die Jordankurve $N_{\mathcal{K}'}$ von y aus, zu Anfang längs
der Kante B''. Da es sich um eine geschlossene Jordankurve handelt, müssen
wir irgendwann einmal, spätestens am Ende des Durchlaufs, eine Ecke von
$\mathcal{K}$ erreichen; die erste Ecke dieser Art (in Durchlaufungsrichtung) sei y''. Die
einzigen Möglichkeiten, das Innengebiet von K_{12} längs der Neutralitätsmenge
von $\mathcal{L}$ zu verlassen, bieten die Punkte x und x'; um dorthin zu gelangen,
müssen wir erst eine der Ecken y, y' durchlaufen. Deshalb bewegen wir uns
bis y'' auf jeden Fall noch ganz in $I(K_{12})$. Ist $y'' = y$, so ist die Kurve bereits
geschlossen und wir setzen $\mathcal{K}'' = \mathcal{K}'$. Andernfalls ändern wir $\mathcal{K}'$ ab, indem wir
die noch nicht durchlaufenen Kanten entfernen und durch die Kanten von $\mathcal{K}$
ersetzen, die y'' in $I(K_{12})$ mit y verbinden, und erhalten so den gewünschten
Kreis $\mathcal{K}''$.

Damit ist das angegebene Zwischenergebnis erreicht. Jetzt konstruieren wir
zwei neue Landkarten $\mathcal{L}^i$ und $\mathcal{L}^a$. $\mathcal{L}^i$ entstehe aus $\mathcal{L}$, indem wir alle ganz in
$I(K_{12})$ gelegenen Kanten entfernen und im Fall $y \neq y'$ den in $I(K_{12})$ gelegenen
Teilbogen von K als Kante hinzunehmen. Dabei ändern sich die in $A(K_{12})$
gelegenen Länder nicht, während mindestes eines der Länder L_1, L_2 vergrößert
wird; jedes ganz in $I(K_{12})$ gelegene Land von $\mathcal{L}$ wird entweder mit L_1 oder
mit L_2 vereinigt. Da $\mathcal{L}$ ein kleinster Verbrecher ist und $\mathcal{L}^i$ wenigstens ein Land
weniger als $\mathcal{L}$ enthält, können wir $\mathcal{L}^i$ mit vier Farben färben, und zwar so,
daß für $j = 1,2$ das (vergrößerte) Land L_j mit der Farbe j gefärbt wird. In
gleicher Weise bilden und färben wir die Landkarte $\mathcal{L}^a$. Diese beiden Färbungen

zusammen liefern eine zulässige 4-Färbung von $\mathcal{L}$; also kann $\mathcal{L}$ kein Verbrecher sein. □

Die bisherigen Überlegungen zum Vierfarbensatz fassen wir mit Hilfe eines weiteren Begriffes zusammen.

Definition 3.2.8 Eine Landkarte ist *regulär*, wenn sie die folgenden Bedingungen erfüllt:

1. sie ist nicht leer,

2. sie ist zusammenhängend,

3. sie enthält keine Brücken und Endkanten,

4. je zwei verschiedene Länder haben höchstens eine gemeinsame Grenzlinie.

Damit können wir formulieren:

Satz 3.2.9 *Wenn es überhaupt kleinste Verbrecher gibt, so gibt es unter ihnen reguläre Landkarten.*

Beweis. Es sei $\mathcal{L}$ ein kleinster Verbrecher. Dann gibt es mindestens fünf Länder, also ist $\mathcal{L}$ nicht leer; insbesondere existieren Kreiskanten. Weiter können wir annehmen, daß keine Brücken und Endkanten vorhanden sind (Lemma 3.2.3); dann ist $\mathcal{L}$ aber auch zusammenhängend (Lemma 3.2.4). Die Vereinigung von zwei Kreiskanten, die an einer 2–Ecke zusammenstoßen ist immer möglich (Teilaussage b) von Lemma 3.2.5) und liefert wieder eine Kreiskante; also können wir annehmen, daß $\mathcal{L}$ nur Ecken vom Grad größer–gleich 3 enthält. Dann haben aber zwei verschiedene Länder höchstens eine gemeinsame Grenzlinie (Lemma 3.2.7). □

Der Satz bedeutet, daß wir uns bei der Analyse kleinster Verbrecher auf reguläre Landkarten beschränken können. Wir treffen daher die

Vereinbarung. Wenn im folgenden von kleinsten Verbrechern die Rede ist, setzen wir immer stillschweigend voraus, daß es sich um eine reguläre Landkarte handelt.

Wir weisen aber ausdrücklich darauf hin, daß trotzdem im Laufe der Verbrecherjagd nicht–reguläre Landkarten auftreten können; dabei wird es sich jedoch nicht um kleinste Verbrecher handeln. Wir bemerken noch, daß die Regularität die früher für kleinste Verbrecher gefundene untere Schranke für die möglichen Eckengrade (Satz 3.2.6) allgemein nach sich zieht.

Lemma 3.2.10 *Jede Ecke einer regulären Landkarte hat mindestens den Grad 3.*

Beweis. Das Fehlen von Endkanten verhindert die Existenz von 1–Ecken. Da je zwei verschiedene Länder höchstens eine gemeinsame Grenzlinie haben und alle Kanten Kreiskanten sind, gibt es auch keine 2–Ecken (Lemma 2.6.3). □
Darüberhinaus haben wir die folgende Reichhaltigkeitsaussage.

Lemma 3.2.11 *Eine reguläre Landkarte besitzt mindestens vier Länder.*

Daß diese untere Schranke für die Länderzahl einer regulären Landkarte wirklich scharf ist, zeigt das Beispiel 2.4.8.

Beweis. Es sei $\mathcal{L}$ eine reguläre Landkarte. Wegen $\mathcal{L} \neq \emptyset$ haben wir mindestens eine Kante, und wegen des Ausschlusses von Brücken und Endkanten muß es sich dabei um eine Kreiskante handeln. Also haben wir mindestens zwei Länder (Lemma 2.6.2). Damit enthält jede Landesgrenze einen Kreis (Satz 2.5.9), also mindestens drei Kreiskanten. Folglich hat jedes Land mindestens drei Nachbarn; diese müssen wegen der vierten Bedingung in der Definition der Regularität paarweise verschieden sein. Ein Land und mindestens drei Nachbarn, das sind zusammen mindestens vier Länder. □

Kleinste Verbrecher haben besonders schöne Landesgrenzen; sie haben keine Ausbuchtungen.

Satz 3.2.12 *Bei einem regulären kleinsten Verbrecher ist jede Landesgrenze ein Kreis.*

Beweis. Es seien $\mathcal{L}$ ein kleinster Verbrecher und L ein Land von $\mathcal{L}$. Da $\mathcal{L}$ mindestens vier Länder enthält, finden wir einen Kreis $\mathcal{K} \in \mathcal{G}_L$ (Lemma 2.5.9). Wir haben $\mathcal{K} = \mathcal{G}_L$ zu zeigen, wobei wir ohne wesentliche Einschränkung $L \subset I(\mathcal{K})$ voraussetzen können.

Angenommen, wir finden eine Kante $B \in \mathcal{G}_L \setminus \mathcal{K}$. Da alle Punkte von B in L erreichbar sind, gilt auch $\overset{\circ}{B} \subset I(\mathcal{K})$. Da B aufgrund der Regularität eine Kreiskante ist, haben wir ein weiteres Land L', zu dessen Grenze B gehört (Lemma 2.6.2). Aus der Erreichbarkeit von B in L' folgt weiter $L' \in I(\mathcal{K})$. Also enthält $I(\mathcal{K})$ mindestens zwei Länder.

Ein Kreis besteht aus mindestens drei Kanten. Da alle Kanten von $\mathcal{K}$ Grenzlinien von L sind, aber wegen der Regularität zwei Länder höchstens eine gemeinsame Grenzlinie haben, müssen auch in $A(\mathcal{K})$ mindestens zwei, sogar mindestens drei Länder liegen, und keines von ihnen kann eine gemeinsame Grenzlinie mit einem von L verschiedenen, in $I(\mathcal{K})$ liegenden Land haben.

Wir konstruieren nun zwei neue Landkarten $\mathcal{L}^i$ und $\mathcal{L}^a$, indem wir einmal alle in $I(\mathcal{K})$ liegenden Länder mit L zu einem Land L^i, und zum zweiten alle in $A(\mathcal{K})$ liegenden Länder mit L zu einem Land L^a vereinigen. Jede dieser beiden Landkarten hat weniger Länder als $\mathcal{L}$, besitzt also eine zulässige 4-Färbung. Wir wählen zulässige 4-Färbungen φ^i für $\mathcal{L}^i$ und φ^a für $\mathcal{L}^a$, derart daß $\varphi^i(L^i) = \varphi^a(L^a)$ gilt. Definieren wir nun $\varphi : \mathcal{M}_{\mathcal{L}} \to \{1, \dots, 4\}$ durch

$$\varphi(\tilde{L}) = \begin{cases} \varphi^a(\tilde{L}^a), & \text{für } \tilde{L} = L, \\ \varphi^a(\tilde{L}), & \text{für } L \neq \tilde{L} \subset I(\mathcal{K}), \\ \varphi^i(\tilde{L}), & \text{für } \tilde{L} \subset A(\mathcal{K}), \end{cases}$$

so erhalten wir eine zulässige 4-Färbung für $\mathcal{L}$ im Widerspruch zur Voraussetzung. $\square$

Folgerung 3.2.13 *Bei einem kleinsten Verbrecher ist der Grad einer Ecke gleich der Zahl der Länder, die diese Ecke zum Grenzpunkt haben.*

Beweis. Es seien $\mathcal{L}$ ein kleinster Verbrecher und $\boldsymbol{x}$ eine Ecke von $\mathcal{L}$. Wir wählen eine elementare Umgebung D von $\boldsymbol{x}$ und bezeichnen mit B_1, B_2, ..., B_d die Kreiskanten in $\mathcal{L}$, die an $\boldsymbol{x}$ zusammenstoßen; die Reihenfolge sei so gewählt, daß die Radien $D \cap B_t$ von D, $t \in \{1, \dots, d\}$, zyklisch gegen den Uhrzeigersinn angeordnet sind. Ferner bezeichnen wir mit S_1, S_2, ..., S_d die Sektoren, in die D durch die Radien $D \cap B_t$ zerlegt wird, und zwar so, daß der Sektor S_t gegen den Uhrzeigersinn an den Radius $D \cap B_t$ anschließt. Schließlich bezeichnen wir noch für alle $t \in \{1, \dots, d\}$ mit L_t das Land von $\mathcal{L}$, das die inneren Punkte des

Sektors S_t enthält. Da die Kanten B_t Kreiskanten sind, haben wir jedenfalls $L_t \neq L_{t+1}$ für $t \in \{1, \ldots, d-1\}$ und $L_d \neq L_1$ (Lemma 2.6.2). Wir haben zu zeigen, daß für $1 \leq t_1 < t_2 \leq d$ immer auch $L_{t_1} \neq L_{t_2}$ ist. Zum Beweis durch Widerspruch nehmen wir ohne wesentliche Einschränkung $L_1 = L_t$ für ein t mit $2 < t < d$ an. Dann stoßen in x vier verschiedene Grenzlinien von L_1 zusammen, nämlich B_1, B_2, B_t und B_{t+1}. Da nach dem vorangehenden Satz die Grenze von L_1 aber ein Kreis ist, können in einer Ecke höchstens zwei Grenzlinien von L_1 zusammentreffen, womit der gewünschte Widerspruch erzeugt ist. $\square$

æ

Kapitel 4

Von der Topologie zur Kombinatorik

In den vorangegangenen Kapiteln wurde schon mehrfach erwähnt, daß man das Vierfarbenproblem als eine rein kombinatorische Aufgabe ohne Bezug auf Geometrie und Topologie formulieren kann. Dieser Abstraktionsvorgang soll nun dargestellt werden.

4.1 Vollständige (ebene) Graphen

Wir untersuchen systematisch eine spezielle Sorte von Landkarten, und zwar genauer als es im Rahmen von Beispielen möglich ist. Die Resultate sind graphentheoretischer Natur, deswegen werden wir hauptsächlich die graphentheoretische Sprechweise benützen. Dabei ist es sinnvoll, auch Graphen mit isolierten Ecken zu betrachten; Mehrfachkanten und Schlingen schließen wir aber weiterhin aus. Ist $G = (E, \mathcal{L})$ ein Graph, so bezeichnen wir mit N_G die Neutralitätsmenge der zugehörigen Landkarte unter Einschluß der isolierten Ecken, also

$$N_G = N_{\mathcal{L}} \cup E.$$

Definition 4.1.1 Ein Graph heißt *vollständig,* wenn je zwei Ecken durch eine Kante verbunden sind.

Vollständige (ebene!) Graphen gibt es nur mit zwei, drei oder vier Ecken.

Hier sind typische Beispiele:

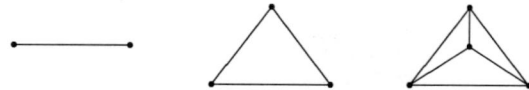

Satz 4.1.2 *Es gibt keinen vollständigen Graphen mit fünf Ecken.*

Beweis. Es seien $x_1, \ldots, x_5$ fünf verschiedene Punkte der Ebene. Für jedes Paar $i, j \in \{1, \ldots, 5\}$ mit $i < j$ sei ein Jordanbogen B_{ij} mit den Randpunkten x_i und x_j gegeben, der keinen der übrigen gegebenen Punkte trifft; insgesamt handelt es sich dabei um zehn Jordanbögen. Es sei angenommen, daß je zwei der sieben Jordanbögen B_{ij}, die entweder x_1 oder x_5 (oder beide Punkte) als Randpunkte haben, keine inneren Punkte gemeinsam haben. Es wird gezeigt, daß mindestens einer der drei übrigen Jordanbögen mit einem der sieben erstgenannten einen inneren Punkt gemeinsam hat.

Durch Zusammensetzung erhalten wir drei Jordanbögen $B_i = B_{1i} \cup B_{i5}$, $i = 2, 3, 4$, die wie B_{15} die Punkte x_1 und x_5 verbinden und weder untereinander noch mit B_{15} innere Punkte gemeinsam haben. Unter diesen gibt es genau einen, sagen wir B_3, derart daß von den beiden anderen einer im Innengebiet und der andere im Außengebiet der geschlossenen Jordankurve $K = B_{15} \cup B_3$ liegt (Satz 2.2.11). Damit muß der Jordanbogen B_{24}, der den inneren Punkt x_2 von B_2 mit dem inneren Punkt x_4 von B_4 verbindet, mindestens einen inneren Punkt y mit K, das heißt, entweder mit B_{15} oder mit B_{13} oder mit B_{35} gemeinsam haben (Teilaussage 3 des Jordanschen Kurvensatzes 2.2.5). Da B_{24} die Ecken x_1, x_3 und x_5 nicht trifft, muß y ein innerer Punkt von B_{15}, B_{13} oder B_{35} sein. $\square$

Sind zwei verschiedene Punkte der Ebene gegeben, so können wir einen beliebigen sie verbindenden Jordanbogen, zum Beispiel auch ihre Verbindungsstrecke, wählen und erhalten einen vollständigen Graphen mit zwei Ecken.

Ein vollständiger Graph mit drei Ecken wird auch als *(krummliniges) Dreieck* bezeichnet[1]. Drei verschiedene Punkte der Ebene sind auch immer Ecken eines

---

[1]Der Begriff *Dreieck* ist an sich schon vergeben (siehe Seite 71). Um aber zuviel „Begriffsakrobatik" zu vermeiden, nehmen wir die Mehrdeutigkeit bewußt in Kauf; aus dem Zusammenhang ist immer klar, welche Bedeutung *Dreieck* hat.

krummlinigen Dreiecks. Wenn die drei Punkte nicht auf einer Geraden liegen, haben wir immer das in der Figur vor Satz 4.1.2 gezeigte (geradlinige) Dreieck, andernfalls zeigt das folgende Bild eine mögliche Konstruktion:

Es gilt sogar

Satz 4.1.3 *Jeder Graph mit höchstens drei (auch isolierten) Ecken läßt sich zu einem krummlinigen Dreieck ergänzen.*

Beweis. Im Prinzip sind zahlreiche Fälle zu unterscheiden; wir beschränken uns auf den am wenigsten trivialen, das ist ein Graph mit drei Ecken und einer Kante (also einer isolierten Ecke). Da haben wir drei Punkte x_1, x_2, x_3 der Ebene und einen x_1, x_2 verbindenden Jordanbogen B_{12}, der x_3 nicht enthält. Der Punkt x_3 liegt also im einzigen Land der von dem Jordanbogen B_{12} gebildeten Landkarte (Beispiel 2.4.2) und kann deswegen mit der Ecke x_1 durch einen Jordanbogen B_{13} derart verbunden werden, daß auch die Menge $\{B_{12}, B_{13}\}$ eine Landkarte ist (Folgerung 2.3.12). Diese Landkarte ist immer noch kreislos, hat also auch nur ein Land L (Satz 2.4.4). Die Punkte x_2 und x_3 sind Grenzpunkte von L und können deswegen durch einen Jordanbogen B_{23} derart verbunden werden (Lemma 2.5.2, 2. Teil), daß das Paar

$$(\{x_1, x_2, x_3\}, \{B_{12}, B_{13}, B_{23}\})$$

ein krummliniges Dreieck ist, das den gegebenen Graphen ergänzt. $\square$

Vollständige Graphen mit vier Ecken gibt es ebenso in großer Zahl; wir wollen sie *vollständige Vierecke* nennen. Neben den vier Ecken haben sie sechs Kanten; zu jeder Kante B haben wir genau eine *Gegenkante*, das heißt, eine Kante B', die mit B keine Ecke gemeinsam hat. Auf diese Weise ergeben sich drei Paare von Gegenkanten. In Analogie zum vorherigen Satz gilt:

Satz 4.1.4 *Jeder Graph mit höchstens vier (auch isolierten) Ecken läßt sich zu einem vollständigen Viereck ergänzen.*

Beweis. Auch hier sind wieder verschiedene Fälle zu unterscheiden. Solange der zu ergänzende Graph kreislos ist, können wir wie im vorigen Beweis vorgehen. Man muß sich nur klarmachen, daß man bei der Wahl der benötigten Jordanbögen einzelne Punkte vermeiden kann.

Wir können also davon ausgehen, daß wir einen Graphen haben, der aus einem krummlinigen Dreieck mit den Ecken x_1, x_2, x_3 und einer zusätzlichen isolierten Ecke x_4 besteht. Die die Ecken x_i und x_j, $1 \leq i < j \leq 3$, verbindenden Kanten seien mit B_{ij} bezeichnet. Die Landkarte $\mathcal{L} = \{B_{12}, B_{23}, B_{13}\}$ ist ein Kreis und hat zwei Länder (Beispiel 2.4.6). In einem von ihnen liegt x_4; dieses Land sei mit L bezeichnet. Die Technik der stereographischen Projektion erlaubt uns anzunehmen, daß L das beschränkte Land der Landkarte $\mathcal{L}$ ist. Wir wählen einen x_1 und x_4 verbindenden Jordanbogen B_{14}, dessen innere Punkte ganz in L liegen (Folgerung 2.3.12); durch Hinzunahme von B_{14} entsteht aus $\mathcal{L}$ eine Landkarte $\mathcal{L}'$ mit B_{14} als Endkante. Nun ist $L' = L \setminus B_{14}$ ein Land von $\mathcal{L}'$ (Fall 2.7.2) mit x_4 und x_2 als Grenzpunkten. Deswegen finden wir einen x_4 und x_2 verbindenden Jordanbogen B_{24}, dessen innere Punkte alle zu L' gehören (wieder Lemma 2.5.2, Teil 2). Die Vereinigung $B = B_{13} \cup B_{14} \cup B_{24} \cup B_{23}$ ist eine geschlossene Jordankurve, deren Außengebiet nach Annahme die inneren Punkte von B_{12} enthält. Auf Grund des Satzes von Schönflies 2.2.7 können wir weiter annehmen, daß B der Einheitskreis ist. Dann ergänzt die Sehne B_{34}, die die Punkte x_4 und x_3 verbindet, die bereits konstruierte Konfiguration zum gesuchten vollständigen Viereck. $\square$

Bemerkung. Ein Leser des vorstehenden Beweises könnte fragen, warum wir den Satz von Schönflies nicht gleich auf die Neutralitätsmenge der Landkarte $\mathcal{L}$ angewandt haben. Das liegt daran, daß die hier dargestellte Konstruktion sich einfach modifizieren läßt, wenn außer den Kanten von $\mathcal{L}$ auch schon die Kante B_{14} oder die Kanten B_{14} und B_{24} gegeben sind.

Einigen Einschränkungen unterliegen die vollständigen Graphen mit vier Ecken aber doch. Wir bemerken zunächst:

Lemma 4.1.5 *Innere Punkte von zwei Gegenkanten eines vollständigen Vierecks lassen sich nur durch Jordanbögen verbinden, die mit mindestens einer weiteren Kante einen Punkt gemeinsam haben.*

Beweis. Es sei G ein vollständiges Viereck mit den vier Ecken $\boldsymbol{x}_i$, $i = 1, 2, 3, 4$; für alle i, j mit $i < j$ sei die die Ecken $\boldsymbol{x}_i$ und $\boldsymbol{x}_j$ verbindende Kante mit B_{ij} bezeichnet. Ferner seien Punkte $\boldsymbol{y} \in \overset{\circ}{B}_{13}$ und $\boldsymbol{z} \in \overset{\circ}{B}_{24}$ vorgegeben. Wir bezeichnen mit K die geschlossene Jordankurve $B_{12} \cup B_{23} \cup B_{34} \cup B_{14}$ und zeigen, daß einer der Punkte $\boldsymbol{y}$, $\boldsymbol{z}$ im Innengebiet und der andere im Außengebiet von B liegt, womit alles bewiesen ist.

Zunächst nehmen wir $\boldsymbol{y} \in I(K)$. Dann liegen alle inneren Punkte von B_{13} im Innengebiet von K. Da sich die Punktepaare $(\boldsymbol{x}_1, \boldsymbol{x}_3)$ und $(\boldsymbol{x}_2, \boldsymbol{x}_4)$ in K trennen, folgt $\overset{\circ}{B}_{24} \subset A(K)$ (Folgerung 2.2.12) und damit $\boldsymbol{z} \in A(K)$. Der zweite Fall ergibt sich analog. $\square$

Eine interessante Konsequenz dieser Tatsache ist die Unlösbarkeit des berühmten „Versorgungsproblems": Drei Häuser sollen mit drei Versorgungswerken (Elektrizitätswerk, Gaswerk, Wasserwerk) durch Leitungen verbunden werden, die sich nicht überschneiden, aber in einer Ebene liegen (eine für die Praxis unnötige Bedingung). Dudeney schreibt über dieses Problem bereits 1917: „...so alt wie die Hügel (*as old as the hills*) ...viel älter als elektrisches Licht, oder sogar Gas, aber das neue Kleid bringt es *up to date*" [DUDENEY 1958, Seite 73]. Das Problem ist nur mit einem unerlaubten Trick [DUDENEY 1958, Seite 200] lösbar.

Folgerung 4.1.6 *In der Ebene seien sechs verschiedene Punkte* $\boldsymbol{x}_1$, $\boldsymbol{x}_2$, $\boldsymbol{x}_3$, $\boldsymbol{y}_1$, $\boldsymbol{y}_2$, $\boldsymbol{y}_3$ *gegeben. Jeder der Punkte* $\boldsymbol{x}_i$, $i = 1, 2, 3$, *sei mit jedem der Punkte* $\boldsymbol{y}_j$, $j = 1, 2, 3$ *durch einen Jordanbogen* B_{ij} *verbunden, der außer seinen Randpunkten keinen der gegebenen Punkte enthält. Dann haben mindestens zwei der insgesamt neun Jordanbögen* B_{ij} *einen inneren Punkt gemeinsam.*

Beweis. Wir können annehmen, daß die acht Jordanbögen B_{ij} mit $ij \neq 33$ paarweise keine inneren Punkte gemeinsam haben. Dann bilden die Punkte $\boldsymbol{x}_1$, $\boldsymbol{x}_2$, $\boldsymbol{y}_1$, $\boldsymbol{y}_2$ zusammen mit den Jordanbögen B_{11}, B_{12}, B_{21}, B_{22}, $B_{13} \cup B_{23}$, $B_{31} \cup B_{32}$ ein vollständiges Viereck. Die Punkte $\boldsymbol{x}_3$ und $\boldsymbol{y}_3$ sind innere Punkte von Gegenkanten dieses Vierecks, also muß der Jordanbogen B_{33} einen der anderen Jordanbögen B_{ij} in einem inneren Punkt treffen. $\square$

Bei der zweiten Einschränkung für vollständige Vierecke handelt es sich um den Sachverhalt, in dem de Morgan – allerdings in einem Irrtum befangen (siehe Seite 16) – das Kernproblem des Vierfarbensatzes sah:

Satz 4.1.7 *Ein vollständiger Graph mit vier Ecken hat genau eine Ecke, die im Innengebiet der von den drei mit ihr nicht inzidenten Kanten gebildeten geschlossenen Jordankurve liegt.*

Beweis. Es sei G ein vollständiges Viereck mit den vier Ecken x_i, $i = 1, 2, 3, 4$; für alle i, j, $i < j$, sei die die Ecken x_i und x_j verbindende Kante mit B_{ij} bezeichnet. Die inneren Punkte genau eines der drei Jordanbögen B_{12}, $B_{13} \cup B_{23}$, $B_{14} \cup B_{24}$ liegen im Innengebiet der von den beiden anderen gebildeten geschlossenen Jordankurve (Satz 2.2.11). Handelt es sich dabei nicht um B_{12}, so liegt entweder x_3 oder x_4 im Innengebiet der von den nicht mit dieser Ecke inzidenten Kanten gebildeten geschlossenen Jordankurve. In beiden Fällen lassen sich die anderen Ecken mit Punkten weit draußen durch Jordanbögen verbinden, die N_G nicht treffen. Diese Ecken liegen also nicht im Innengebiet irgendeiner geschlossenen Jordankurve, die sich aus Kanten von G zusammensetzen läßt. Es bleibt der Fall zu betrachten, in dem die inneren Punkte von B_{12} im Innengebiet der geschlossenen Jordankurve $K = B_{13} \cup B_{23} \cup B_{24} \cup B_{14}$ liegen, woraus sich $\overset{\circ}{B}_{34} \subset A(K)$ ergibt (Folgerung 2.2.12). Nun müssen aber auch noch die inneren Punkte genau eines der drei Jordanbögen B_{34}, $B_{13} \cup B_{14}$, $B_{23} \cup B_{24}$ im Innengebiet der von den beiden anderen gebildeten geschlossenen Jordankurve liegen. Dabei kann es sich aber nicht um B_{34} handeln und so ist einer der Punkte x_1 oder x_2 der eingeschlossene Punkt. $\square$

Abstrakt gesehen hat dieser Satz etwas mit den Anordnungseigenschaften der Ebene zu tun, wie sie einige Jahrzehnte nach de Morgan von Pasch und Hilbert formuliert wurden. Die genauen Beziehungen zwischen dem Ansatz von de Morgan und dem sogenannten „Axiom von Pasch" sind bis heute nicht geklärt.

4.2 Der Satz von Wagner und Fáry

Im Zusammenhang mit Überlegungen zum Vierfarbenproblem zeigte Wagner 1936, daß sich von ihm benötigte Graphen in der Ebene so darstellen lassen, daß die Kanten Strecken sind. Fáry formulierte und bewies 1947 unabhängig von Wagner die gleiche Aussage für beliebige Graphen ohne Mehrfachkanten und Schlingen. Er gibt an, daß diese Aussage von Tibor Szele im Rahmen einer Diskussion der von Kuratowski 1930 angegebenen Charakterisierung der plättbaren (= planaren) Graphen vermutet wurde.

Wir beweisen in diesem Abschnitt eine etwas allgemeinere Fassung des Satzes von Wagner und Fáry, die die endgültige Befreiung aus dem Gruselkabinett beliebiger Jordankurven bringt und den Vierfarbensatz aus den Klauen der allgemeinen Topologie löst. Sie bedeutet, daß man sich auf die Untersuchung von Landkarten beschränken kann, deren Kanten Strecken sind. Vom Standpunkt der mathematischen Systematik aus betrachtet, gehört dieser Satz zu den Grundlagen der Graphentheorie. Deshalb verwenden wir auch in diesem Abschnitt im wesentlichen die übliche graphentheoretische Terminologie. Für die Durchführung des Beweises wird eine besondere Sorte von Graphen benötigt, die wir zunächst studieren wollen.

Gesättigte Graphen

Definition 4.2.1 Ein Graph heißt *gesättigt,* wenn Kanten ohne Vergößerung der Eckenmenge nicht mehr hinzugenommen werden können.

Statt „gesättigt" sagt man manchmal auch „maximal eben" oder „trianguliert"; die Begründung für die letztgenannte Terminologie wird im folgenden klar werden.

Vollständige Graphen sind gesättigt; die Umkehrung gilt im allgemeinen nicht, wie das folgende Bild zeigt:

Man sieht sofort: Wäre der dargestellte Graph nicht gesättigt, so hätte man einen vollständigen Graphen mit fünf Ecken, was nicht sein kann (Satz 4.1.2).

Lemma 4.2.2 *Bei einem gesättigten Graphen sind je zwei Ecken, die zum Rand ein- und desselben Gebietes gehören, durch eine Kante verbunden.*

Beweis. Zwei Punkte im Rand eines Gebietes lassen sich immer durch einen Jordanbogen verbinden, der – bis auf seine Endpunkte – ganz im Inneren dieses Gebietes verläuft (Lemma 2.5.2). □

Lemma 4.2.3 *Ein gesättigter Graph ist zusammenhängend.*

Beweis. Es sei G ein Graph, derart daß N_G aus verschiedenen Komponenten besteht. Dann gibt es ein Gebiet mit nichtzusammenhängendem Rand (Satz 2.5.10). Jede Randkomponente eines solchen Gebietes enthält Ecken von G (Satz 2.5.4). Zwei Ecken in verschiedenen Randkomponenten eines Gebietes können aber nicht durch eine Kante verbunden sein. □

Die Gebiete, in die ein gesättigter Graph die Ebene zerlegt, haben besonders einfache Ränder:

Satz 4.2.4 *Ein Graph mit mindestens drei Ecken ist genau dann gesättigt, wenn die Grenzen aller Gebiete (krummlinige) Dreiecke sind.*

Beweis. Wenn ein Graph nicht gesättigt ist, dann muß es zwei Ecken geben, die nicht Randpunkte ein- und derselben Kante sind und durch einen Jordanbogen verbunden werden können, der keinen inneren Punkt mit der Neutralitätsmenge gemeinsam hat. Die Existenz eines solchen Jordanbogens impliziert, daß diese beiden Ecken zum Rand ein- und desselben Gebietes gehören. Wenn die Grenze eines Gebietes aber ein krummliniges Dreieck ist, dann sind je zwei Ecken in seinem Rand durch eine Kante verbunden. Also ist die angegebene Bedingung hinreichend. Der Beweis für die Notwendigkeit ist etwas langwieriger und erfolgt in mehreren Schritten.

Ein gesättigter Graph mit drei Ecken ist ein krummliniges Dreieck (Satz 4.1.3) und die Vereinigung seiner Kanten ist eine geschlossene Jordankurve. Nach dem Jordanschen Kurvensatz (Satz 2.2.5) gibt es genau zwei Gebiete und alle drei Ecken gehören zu ihrem gemeinsamen Rand.

Ein gesättigter Graph mit vier Ecken ist ein vollständiges Viereck (Satz 4.1.4). Da eine der vier Ecken im Innengebiet der von den sie nicht berührenden Kanten gebildeten geschlossenen Jordankurve liegt (Satz 4.1.7), enthält jedenfalls der Rand des einzigen unbeschränkten Gebietes genau drei Ecken. Nun können wir mit zweimaliger stereographischer Projektion jedes Gebiet in das unbeschränkte Gebiet transformieren. Dabei verlieren wir weder die Vollständigkeit, noch ändern wir die Zahl der Ecken im Rand eines Gebietes, woraus sich die Behauptung für gesättigte Graphen mit vier Ecken ergibt.

Es sei G ein gesättigter Graph mit mehr als vier Ecken. Wäre er kreislos, so gäbe es drei Ecken im Rand des einziges Gebietes (Satz 2.4.4), die nicht paarweise durch Kanten von G verbunden sind; das kann nicht sein (Lemma 4.2.2). Also gibt es wenigstens einen Kreis und damit wenigstens zwei Gebiete. Daraus folgt, daß der Rand jedes Gebietes einen Kreis enthält (Satz 2.5.9), und zu jedem Kreis gehören mindestens drei Ecken.

Schließlich ist zu zeigen, daß der Rand eines Gebietes von G höchstens drei Ecken enthalten kann. Dazu nehmen wir an, daß G ein Gebiet L besitzt, zu dessen Rand $R(L)$ mehr als drei Ecken gehören. Da je zwei zu $R(L)$ gehörige Ecken durch eine Kante verbunden sind (Lemma 4.2.2), bilden vier verschiedene, in $R(L)$ gewählte Ecken zusammen mit den sie verbindenden sechs Kanten von G ein vollständiges Viereck G'. Das Gebiet L hat keinen Punkt mit $N_{G'}$ gemeinsam, liegt also – da es bogenzusammenhängend ist – ganz in einem Gebiet L' von G'. Da G' ein vollständiges Viereck ist, enthält der Rand $R(L')$ genau drei Ecken, also gehört eine der gewählten Ecken nicht zu $R(L')$. Diese Ecke kann wegen $L \subset L'$ auch nicht in $R(L)$ liegen, was den gewünschten Widerspruch ergibt. □

Aus diesem Satz ergibt sich eine andere interessante Eigenschaft gesättigter Graphen.

Folgerung 4.2.5 *Ein gesättigter Graph mit mehr als zwei Gebieten ist regulär.*

Beweis. Es sei $G = (E, \mathcal{L})$ ein gesättigter Graph mit mehr als zwei Gebieten; wir haben die Bedingungen der Regularität (Definition 3.2.8) für $\mathcal{L}$ nachzuprüfen. Ein Graph mit mehr als zwei Gebieten hat sicher Kanten, also ist $\mathcal{L} \neq \emptyset$; den Zusammenhang haben wir bereits nachgewiesen (Lemma 4.2.3). Da nach dem vorigen Satz als Landesgrenzen nur Dreiecke auftreten und eine

Seite eines Dreiecks immer eine Kreiskante ist, gibt es auch keine Brücken und Endkanten.

Wenn zwei Dreiecke genau zwei Seiten gemeinsam hätten, würden die voneinander verschiedenen dritten Seiten die gleichen Endpunkte haben. Mehrfachkanten haben wir aber in unserer Definition (ebener) Graphen ausgeschlossen. Also folgt aus dem vorigen Satz auch, daß keine zwei verschiedenen Gebiete genau zwei gemeinsame Grenzlinien haben können.

Da - wiederum nach dem vorigen Satz - keine Landesgrenze mehr als drei Kanten enthält, bleibt der Fall zu betrachten, in dem zwei Gebiete genau drei und damit alle Grenzlinien gemeinsam haben. Das tritt sicherlich bei einem gesättigten Graphen auf, der ein Dreieck ist. Aber dann haben wir nur zwei Gebiete, was in der Voraussetzung ausgeschlossen ist.

Seien nun L_1, L_2 zwei Gebiete von G mit drei gemeinsamen Grenzlinien; diese drei Kanten bilden einen Kreis $\mathcal{K}$, der die beiden Gebiete trennt (Satz 2.6.6 und Folgerung 2.6.7). Ohne wesentliche Einschränkung können wir annehmen, daß L_1 in $I(\mathcal{K})$ liegt. Wir behaupten, daß dann sogar $L_1 = I(\mathcal{K})$ gilt: Gäbe es nämlich einen Punkt $\boldsymbol{x} \in I(\mathcal{K}) \backslash L_1$, so ließe sich dieser mit einem Punkt $\boldsymbol{y} \in L_1$ durch einen ganz in $I(\mathcal{K})$ gelegenen Jordanbogen verbinden; ein solcher Jordanbogen müßte einen Grenzpunkt von L_1 enthalten, was wegen $L_1 \cap N_{\mathcal{K}} = \emptyset$ nicht möglich ist. Analog ergibt sich $L_2 = A(K)$; damit gibt es keinen Platz mehr für weitere Gebiete und wir haben einen Widerspruch zu der Voraussetzung der Existenz von mehr als zwei Gebieten. $\square$

Als nächstes müssen wir ein Hilfsmittel bereitstellen, das eigentlich nicht typisch graphentheoretischer Natur ist.

Exkurs: Sternförmige Polygone

Definition 4.2.6 Ein Punkt $\boldsymbol{z}$ ist ein *Zentrum* eines Polygons P, wenn $\boldsymbol{z}$ zum Innengebiet $I(P)$ von P gehört und für jeden Punkt $\boldsymbol{x} \in P$ die Verbindungsstrecke mit $\boldsymbol{z}$ bis auf $\boldsymbol{x}$ selbst nur Punkte von $I(P)$ enthält. Ein Polygon ist *sternförmig,* wenn es ein Zentrum besitzt.

Diese, inhaltlich auf [WAGNER 1936] zurückgehende, Begriffsbildung ist schärfer als sonst in der Topologie üblich, wo $\boldsymbol{z}$ selbst und auch Teile der Strecken

$[z, x]$ zu P gehören dürfen[2]. Sie wird in dieser Form benötigt, um die Gültigkeit der folgenden Aussage zu sichern.

Lemma 4.2.7 *Die Menge der Zentren eines Polygons ist offen.*

Beweis. Es sei P ein Polygon, zusammengesetzt aus den Strecken S_1, S_2, ..., S_n. Für jedes i wählen wir einen Punkt $x_i \in \overset{\circ}{S_i}$ und eine elementare Umgebung D_i von x_i. Jede Kreisfläche D_i wird durch die zugehörige Strecke S_i in zwei Halbkreise $D_i^+ = D_i \cap I(P)$ und $D_i^- = D_i \cap A(P)$ zerlegt. Dann bezeichnen wir mit H_i die den Halbkreis D_i^+ umfassende offene Halbebene[3], deren Rand die Strecke S_i enthält. Nun behaupten wir: *Die Menge Z der Zentren von P ist der Durchschnitt der offenen Halbebenen H_i und damit selbst offen.* Zu zeigen ist also:

$$Z = \bigcap_{i=1}^{n} H_i \, .$$

Sei zunächt ein Zentrum z von P gegeben. Nach Definition liegt die Strecke $S_i' = [z, x_i]$ bis auf x_i ganz in $I(P)$. Damit muß S_i' Punkte mit D_i^+ gemeinsam haben, also bis auf den Endpunkt x_i ganz in H_i liegen. Daraus folgt $z \in H_i$. Nun sei umgekehrt ein Punkt $z \in \bigcap_{i=1}^{n} H_i$ vorgegeben. Wir betrachten die Verbindungsstrecke S von z mit einem beliebigen Punkt $x \in P$; dabei ist $x \in S_i$ für (mindestens) einen Index $i \in \{1, \ldots, n\}$ und $S \subset H_i \cup \{x\}$. Aus $z \in H_i$ folgt weiter die Existenz von Teilstrecken von S mit x als einem Randpunkt, deren innere Punkte sämtlich zu $I(P)$ gehören. Wir bezeichnen mit S' die bezüglich dieser Eigenschaften maximale Teilstrecke von S und mit y den zweiten Randpunkt von S'. Es ist $y = z$ zu zeigen. Das ergibt sich durch Widerspruch: Wäre $y \in \overset{\circ}{S}$, so wäre $y \in S_j$ für ein $j \neq i$ und $\overset{\circ}{S'} \in H_j$; daraus würde $z \notin H_j$ folgen, was nicht sein kann. $\square$

Wir halten noch fest, daß mit den in diesem Beweis eingeführten Bezeichnungen gilt:

Folgerung 4.2.8 *Das Polygon P ist genau dann sternförmig, wenn die Halbebenen H_i, $i = 1, \ldots, n$, einen nichtleeren Durchschnitt besitzen, das heißt,*

---

[2]Siehe zum Beispiel [CIGLER – REICHEL 1987, Seite 159]
[3]Eine *Halbebene* ist eine Teilmenge der Ebene, die aus allen Punkten auf einer Seite einer Geraden besteht; sie ist abgeschlossen oder offen, je nachdem, ob die begrenzende Gerade dazu gehört oder nicht.

wenn gilt

$$\bigcap_{i=1}^{n} H_i \neq \emptyset.$$

Damit läßt sich die wichtige Zerlegungseigenschaft sternförmiger Polygone leicht beweisen.

Satz 4.2.9 *Es seien P ein sternförmiges Polygon, z ein Zentrum von P, x_1, x_2 zwei verschiedene Punkte von P und S einer der Streckenzüge, in die P durch x_1 und x_2 zerlegt wird. Dann ist auch das Polygon $P' = [z, x_1] \cup S \cup [x_2, z]$ sternförmig.*

Beweis. Für $j = 1, 2$ sei S'_j die zu S gehörige Strecke, deren einer Randpunkt x_j ist, und H'_j die von den Verbindungsgeraden der Punkte z und x_j berandete offene Halbebene, die die Strecke S'_j (bis auf den Randpunkt x_j) enthält; wegen $x_1 \neq x_2$ ist $H'_1 \cap H'_2$ ein nichtleeres offenes Winkelfeld. Im weiteren benutzen wir auch die im Beweis von Lemma 4.2.7 eingeführten Bezeichnungen. Damit sind die Strecken S'_j Teilstrecken von gewissen Strecken S_i und die entsprechenden Halbebenen H_i können zur Bestimmung der Menge der Zentren herangezogen werden. Genauer können wir feststellen, daß für die Menge Z' der Zentren von P' gilt

$$Z' \supset H'_1 \cap H'_2 \cap \bigcap_{i=1}^{n} H_i = H'_1 \cap H'_2 \cap Z.$$

Da Z offen ist (Lemma 4.2.7), finden wir eine offene Kreisscheibe U mit Mittelpunkt z, die ganz in Z enthalten ist. Da z zum Rand sowohl von H'_1 als auch von H'_2 gehört, ist $H'_1 \cap H'_2 \cap U$ ein nichtleerer offener in Z' enthaltener Kreissektor. Also ist $Z' \neq \emptyset$ und damit ist P' sternförmig (Folgerung 4.2.8). □

Bemerkung. (Geradlinige) Drei–, Vier–, und Fünfecke sind immer sternförmig. Der Beweis bleibt dem Leser überlassen, ebenso die Konstruktion eines nicht sternförmigen Sechsecks.

Der Satz

Definition 4.2.10 Ein *Streckengraph* ist ein Graph, dessen Kanten Strecken sind.

Satz 4.2.11 (Satz von Wagner und Fáry) *Jeder Graph kann durch einen Homöomorphismus der Ebene auf sich in einen Streckengraphen überführt werden.*

Beweis. Da wir jeden Graphen mit höchstens drei Ecken zu einem krummlinigen Dreieck ergänzen können (Satz 4.1.3) und ein solches nach dem Satz von Schoenflies (Satz 2.2.7) durch einen Homöomorphismus der Ebene auf sich in ein geradliniges Dreieck überführt werden kann, können wir uns auf die Betrachtung von Graphen mit mehr als drei Ecken beschränken.

Einen beliebigen Graphen können wir durch Hinzunahme von Kanten zu einem gesättigten Graphen ergänzen. Ein Homöomorphismus der Ebene auf sich, der den ergänzten Graphen in einen Streckengraphen überführt, tut das gleiche mit dem ursprünglichen. Also brauchen wir uns nur noch mit gesättigten Graphen zu beschäftigen.

Nun sei G ein gesättigter Graph mit v Ecken, $v \geq 4$. Der erste Schritt zur Konstruktion eines Homöomorphismus der gewünschten Art besteht in der geschickten Wahl einer Folge von Teilgraphen G_k, $k = 3, 4, \ldots, v$ von G. Diese Graphen G_k sollen folgende Bedingungen erfüllen:

1. G_3 besteht aus den Ecken und Kanten, die zum Rand des Außengebiets von G gehören; damit ist G_3 ein krummliniges Dreieck, dessen Ecken mit x_1, x_2, x_3 bezeichnet werden.

2. $G_v = G$.

3. Sind die Endpunkte einer Kante B von G Ecken von G_k, $k = 3, 4, \ldots, v$, so gehört B zu G_k.

4. Für $k = 4, \ldots, v$ hat G_k genau eine Ecke mehr als G_{k-1}; diese wird mit x_k bezeichnet. Das bedeutet, daß jeder Teilgraph G_k genau k Ecken hat.

5. Jede Ecke x_k, $k = 4, \ldots, v$ ist Randpunkt von mindestens zwei Kanten von G, deren andere Randpunkte Ecken von G_{k-1} sind.

Wir gewinnen eine solche Folge von Teilgraphen von G durch induktive Konstruktion. Der Induktionsanfang ist klar: G_3 ist durch die erste Bedingung festgelegt. Nun sei G_{k-1}, $k = 4, \ldots, v$, gegeben. Die Schwierigkeit des Induktionsschrittes liegt in der Auffindung einer Ecke x_k, die die (vierte und) fünfte Bedingung erfüllt. Die dritte Bedingung liefert dann den gesuchten Teilgraphen G_k: Man ergänzt G_{k-1} um die Ecke x_k und alle Kanten von G, die x_k mit einer Ecke von G_{k-1} verbinden. Da G_{k-1} genau $k-1$ Ecken hat und $k - 1 < v$ ist, finden wir sicher eine Ecke x von G, die nicht zu G_{k-1} gehört, also in einem Gebiet L' von G_{k-1} liegt. Wir wählen eine Kante B von G_{k-1}, die zur Grenze von L' gehört. Beim Übergang von G_{k-1} zu G wird L' weiter in Gebiete zerlegt. Wir finden ein Gebiet L von G, das in L' enthalten ist und zu dessen Grenze die Kante B ebenfalls gehört. Da G gesättigt ist, ist die Grenze $\mathcal{G}_L$ von L ein krummliniges Dreieck (Satz 4.2.4). Zwei Ecken von $\mathcal{G}_L$, nämlich die Randpunkte von B, gehören zu G_{k-1}, aber die dritte nicht: Andernfalls wäre wegen der dritten der obigen Bedingungen L auch ein Gebiet von G_{k-1}, also $L = L'$, was wegen $x \in L' \setminus L$ nicht sein kann. Da die Kanten in $\mathcal{G}_L$ zu G gehören, ist die Ecke von $\mathcal{G}_L$, die nicht zu G_{k-1} gehört, durch zwei verschiedene Kanten von G mit Ecken von G_{k-1}, den Randpunkten von B, verbunden und erfüllt damit die geforderten Eigenschaften; wir wählen sie als x_k.

Nach Vorgabe einer Folge G_k von Teilgraphen von G mit den genannten Eigenschaften können wir den gesuchten Homöomorphismus ebenfalls induktiv konstruieren. Wir verschaffen uns der Reihe nach Homöomorphismen $h_k : \mathbb{R}^2 \to \mathbb{R}^2$, $k = 3, 4, \ldots, v$, die jeweils G_k in einen Streckengraphen G'_k überführen, dessen Gebiete von sternförmigen (!) Polygonen berandet werden. Der auf diese Weise gewonnene Homöomorphismus h_v beweist dann den Satz.

Um dies durchzuführen, starten wir mit einem Homöomorphismus h_3, der das krummlinige Dreieck G_3 in ein geradliniges überführt und dessen Existenz durch den Satz von Schoenflies (Satz 2.2.7) gesichert ist; ein geradliniges Dreieck ist ein sternförmiges Polygon.

Sei dann h_{k-1} konstruiert; wir bezeichnen mit G''_k den Graphen, in den G_k durch h_{k-1} transformiert wird, und setzen zur Abkürzung $y_j = h_{k-1}(x_j)$ für $j = 1, 2, \ldots, k-1$. Die Ecke $y''_k = h_{k-1}(x_k)$ von G''_k liegt in einem Gebiet L' von G'_{k-1}, dessen Rand $R(L')$ ein sternförmiges Polygon ist. Sie ist in G''_k mit einigen der Ecken y_j durch Kanten B_j verbunden; wir bezeichnen mit J

die Menge der Indizes $1, 2, \ldots, k-1$, für die dies zutrifft. Das Gebiet L' ist in G_k'' in endlich viele Gebiete $L_1'', L_2'', \ldots, L_p''$ zerlegt, die von geschlossenen Jordankurven, zusammengesetzt aus einem Streckenzug in $R(L')$ und zwei der Kanten B_j, $j \in J$, berandet werden. Wir wählen ein Zentrum $\boldsymbol{y}_k$ des Polygons $R(L')$ und erhalten den gewünschten Streckengraphen G_k' durch Erweiterung von G_{k-1}': hinzu kommt der Punkt $\boldsymbol{y}_k$ als Ecke und für jedes $j \in J$ die Strecke $[\boldsymbol{y}_j, \boldsymbol{y}_k]$ als Kante. Das Gebiet L' wird dadurch in endlich viele Gebiete $L_1', L_2', \ldots, L_p'$ von G_k' mit sternförmigem Rand (Satz 4.2.9) zerlegt, wobei wir die Numerierung so wählen können, daß für $r = 1, 2, \ldots, p$ gilt:

$$R(L_r') \cap R(L') = R(L_r'') \cap R(L').$$

Die übrigen Gebiete von G_{k-1} ändern sich beim Übergang zu G_k nicht; sie werden nach Induktionsvoraussetzung ebenfalls von sternförmigen Polygonen berandet. Also besitzen alle Gebiete von G_k einen sternförmigen Rand.

Jetzt finden wir einen Homöomorphismus $h_k' : \mathbb{R}^2 \to \mathbb{R}^2$ in folgenden Schritten:

- Die außerhalb von L' gelegenen Punkte bilden wir auf sich selbst ab.

- Die Kanten B_j, $j \in J$, bilden wir auf die Strecken $[\boldsymbol{y}_j, \boldsymbol{y}_k]$ ab.

- Wir setzen die dadurch induzierten Homöomorphismen $R(L_r'') \to R(L_r')$, $r = 1, 2, \ldots, p$, mit Hilfe des Satzes von Schoenflies (Satz 2.2.7) auf die Ebene fort und bilden die Gebiete L_r'' durch die Einschränkungen der Fortsetzungen auf die Innengebiete homöomorph auf die Gebiete L_r' ab.

Schließlich setzen wir $h_k = h_k' \circ h_{k-1}$. $\square$

Bemerkung. Der hier dargestellte Beweis des Satzes von Wagner und Fáry lehnt sich an die Begründung von Wagner [WAGNER 1936] an (siehe auch die Darstellung in [WAGNER - BODENDIEK 1989, Satz 2.1]). Fárys Beweismethode [FÁRY 1947] ist vielleicht etwas kürzer, weil dabei die ausführliche Diskussion der sternförmigen Polygone nicht notwendig ist, aber auch indirekter: Man sieht nicht so gut, wie man den gesuchten Streckengraphen schrittweise aufbauen kann (siehe auch [ORE 1967, Theorem 1.3.3]). $\square$

æ

4.3   Die Eulersche Polyederformel

Für die kombinatorische Behandlung von Landkarten und graphentheoretischen Problemen spielen Abzählungen eine grundlegende Rolle. Dabei verwenden wir die folgenden Bezeichnungen.

$v_{\mathcal{L}}$ ist die Zahl der Ecken (v von lateinisch „vertex" = deutsch „Scheitelpunkt, Spitze"),

$k_{\mathcal{L}}$ die Zahl der Kanten,

$f_{\mathcal{L}}$ die Zahl der Länder (f von „Flächenstück") und

$z_{\mathcal{L}}$ die Zahl der Komponenten

einer Landkarte $\mathcal{L}$. Wir überlegen zunächst, wie sich diese Zahlen ändern, wenn man zu einer gegebenen Landkarte eine Kante hinzufügt (Abschnitt 2.7).

Lemma 4.3.1 *Entsteht die Landkarte $\mathcal{L}'$ aus der Landkarte $\mathcal{L}$ durch Erweiterung um eine Kante B, so berechnen sich die Anzahlen der Ecken, Kanten, Länder und Komponenten von $\mathcal{L}'$ aus den entsprechenden Anzahlen von $\mathcal{L}$ gemäß folgender Tabelle.*

Typ von B (als Kante in $\mathcal{L}'$)	$v_{\mathcal{L}'}$	$k_{\mathcal{L}'}$	$f_{\mathcal{L}'}$	$z_{\mathcal{L}'}$
Endkante mit zwei Endecken	$v_{\mathcal{L}}+2$	$k_{\mathcal{L}}+1$	$f_{\mathcal{L}}$	$z_{\mathcal{L}}+1$
Endkante mit einer Endecke	$v_{\mathcal{L}}+1$	$k_{\mathcal{L}}+1$	$f_{\mathcal{L}}$	$z_{\mathcal{L}}$
Brücke	$v_{\mathcal{L}}$	$k_{\mathcal{L}}+1$	$f_{\mathcal{L}}$	$z_{\mathcal{L}}-1$
Kreiskante	$v_{\mathcal{L}}$	$k_{\mathcal{L}}+1$	$f_{\mathcal{L}}+1$	$z_{\mathcal{L}}$

Beweis. Die Behauptung über $k_{\mathcal{L}'}$ ergibt sich unmittelbar aus der Konstruktion von $\mathcal{L}'$. Die anderen Anzahlen sind nach dem Typ von B getrennt zu diskutieren.

1. Ist B eine Endkante in $\mathcal{L}'$ mit zwei Endecken, so ist kein Randpunkt von B Randpunkt einer Kante in $\mathcal{L}$. Dann ist $\{B\}$ eine Komponente von $\mathcal{L}'$. Bei der Erweiterung kommen die beiden Randpunkte von B als Ecken und $\{B\}$

als Komponente hinzu. Aus unserer früheren allgemeinen Diskussion der Erweiterung von Landkarten folgt, daß die Zahl der Länder unverändert bleibt (Fall 2.7.1).

2. Ist B eine Endkante in $\mathcal{L}'$ mit einer Endecke, so ist genau ein Randpunkt von B Endecke von $\mathcal{L}'$. Dieser Randpunkt kommt bei der Erweiterung als Ecke hinzu; damit haben wir $v_{\mathcal{L}'} = v_{\mathcal{L}} + 1$. Die Zahl der Länder ändert sich wieder nicht (Fall 2.7.2). Zwei Ecken von $\mathcal{L}'$, die durch einen Jordanbogen aus Kanten in $\mathcal{L}$ verbunden werden können, können auch durch einen Jordanbogen aus Kanten in $\mathcal{L}'$ verbunden werden, woraus sich $z_{\mathcal{L}'} \leq z_{\mathcal{L}}$ ergibt. Ist $\tilde{B}$ ein Jordanbogen aus Kanten in $\mathcal{L}'$, der zwei Ecken von $\mathcal{L}$ verbindet, so kann $\tilde{B}$ - bis auf die Randpunkte - nur Ecken enthalten, die keine Endecken von $\mathcal{L}'$ sind. Also kann B keine Teilmenge von $\tilde{B}$ sein, das heißt, $\tilde{B}$ ist ein Jordanbogen aus Kanten in $\mathcal{L}$. Damit folgt auch $z_{\mathcal{L}'} \geq z_{\mathcal{L}}$, also $z_{\mathcal{L}'} = z_{\mathcal{L}}$.

3. Ist B eine Brücke in $\mathcal{L}'$, so sind beide Ecken von B keine Endecken von $\mathcal{L}'$, sie sind also Randpunkte von Kanten in $\mathcal{L}$. Damit ändert sich die Eckenzahl bei der Erweiterung nicht, ebenso bleibt die Länderzahl erhalten (Fall 2.7.3, 1. Möglichkeit). Die beiden Randpunkte von B können aber nicht durch einen Jordanbogen aus Kanten in $\mathcal{L}$ verbunden werden, denn die Kanten, die einen solchen Jordanbogen bilden, erzeugen zusammen mit B einen Kreis in $\mathcal{L}'$, das heißt, B wäre eine Kreiskante in $\mathcal{L}'$. Also gehören die Randpunkte von B zu zwei verschiedenen Komponenten $\mathcal{L}_1$, $\mathcal{L}_2$ von $\mathcal{L}$. Die Komponenten von $\mathcal{L}$, die die Randpunkte von B nicht als Ecken enthalten, bleiben bei der Erweiterung unverändert. Aber jede Ecke von $\mathcal{L}_1$ kann mit jeder Ecke von $\mathcal{L}_2$ durch einen Jordanbogen aus Kanten in $\mathcal{L}'$ verbunden werden: Ist eine Ecke von $\mathcal{L}_1$ gegeben, so finden wir zunächst einen Jordanbogen aus Kanten in $\mathcal{L}_1$, der sie mit einem Randpunkt von B verbindet, diesen verlängern wir um B und schließen einen Jordanbogen aus Kanten in $\mathcal{L}_2$ an, der den zweiten Randpunkt von B mit einer beliebigen Ecke in $\mathcal{L}_2$ verbindet. Es werden also bei der Erweiterung die beiden Komponenten $\mathcal{L}_1$, $\mathcal{L}_2$ von $\mathcal{L}$ in einer Komponente von $\mathcal{L}'$ vereinigt, die Zahl der Komponenten erniedrigt sich um eins.

4. Ist B eine Kreiskante in $\mathcal{L}'$, so sind beide Randpunkte von B wieder Randpunkte von Kanten in $\mathcal{L}$, und die Eckenzahl bleibt bei der Erweiterung un-

verändert. Das Land von $\mathcal{L}$, das $\overset{\circ}{B}$ enthält, wird in zwei Länder zerlegt; alle übrigen Länder ändern sich nicht (Fall 2.7.3, 2. Möglichkeit). Das bedeutet $f_{\mathcal{L}'} = f_{\mathcal{L}} + 1$. Da die beiden Randpunkte von B sich nach Definition der Kreiskante durch einen Jordanbogen aus Kanten in $\mathcal{L}$ verbinden lassen, ändert sich die Zahl der Komponenten nicht. $\square$

Da es für eine Kante in einer Landkarte nur die vier betrachteten Möglichkeiten gibt, erhalten wir die folgende wichtige Gleichung.

Folgerung 4.3.2 *Entsteht die Landkarte $\mathcal{L}'$ aus der Landkarte $\mathcal{L}$ durch Erweiterung um eine Kante, so gilt*

$$v_{\mathcal{L}'} - k_{\mathcal{L}'} + f_{\mathcal{L}'} - z_{\mathcal{L}'} = v_{\mathcal{L}} - k_{\mathcal{L}} + f_{\mathcal{L}} - z_{\mathcal{L}}. \tag{4.1}$$

Die Hinzunahme von endlich vielen Kanten ist nichts anderes als eine endliche Wiederholung des Prozesses der Hinzunahme einer Kante; also gilt die Gleichung 4.1 auch, wenn die Landkarte $\mathcal{L}'$ aus der Landkarte $\mathcal{L}$ durch Hinzunahme von endlich vielen Kanten entsteht. Da aber jede Landkarte aus der leeren Landkarte durch Hinzunahme von endlich vielen Kanten entsteht, ist die Zahl $v_{\mathcal{L}} - k_{\mathcal{L}} + f_{\mathcal{L}} - z_{\mathcal{L}}$ für jede Landkarte $\mathcal{L}$ dieselbe, nämlich gleich der Zahl, die sich für die leere Landkarte ergibt. Die leere Landkarte hat keine Ecken, keine Kanten und keine Komponenten, aber genau ein Land (Beispiel 2.4.1), also ist $v_{\emptyset} - k_{\emptyset} + f_{\emptyset} - z_{\emptyset} = 1$. Damit erhalten wir die erstmalig von Augustin–Louis Cauchy im Jahr 1813 veröffentlichte Formel:

Satz 4.3.3 *Für jede Landkarte $\mathcal{L}$ gilt*

$$e_{\mathcal{L}} - k_{\mathcal{L}} + f_{\mathcal{L}} - z_{\mathcal{L}} = 1. \ \square \tag{4.2}$$

Bei Spezialisierung auf nichtleere zusammenhängende Landkarten, das heißt Landkarten mit genau einer Komponente, ergibt sich daraus die berühmte

Eulersche Polyederformel. Ist $\mathcal{L}$ eine nichtleere zusammenhängende Landkarte, so gilt

$$e_{\mathcal{L}} - k_{\mathcal{L}} + f_{\mathcal{L}} = 2. \tag{4.3}$$

Der Name dieser Gleichung bedarf einer Erklärung. Zunächst kann man fragen: Warum „Polyeder"formel, da Landkarten ja ebene, Polyeder aber räumliche Gebilde sind. Allgemein versteht man unter einem *Polyeder* bekanntlich einen Körper, dessen Rand aus ebenen, von Polygonen begrenzten Flächenstücken besteht. Die berandenden Flächenstücke heißen *Seiten* des Polyeders, der Rand einer Seite besteht aus *Kanten* und *Ecken* des Polyeders. Die **Eulersche Polyederformel** gilt für Polyeder, die homöomorph zu einer Kugel sind. Der Rand eines solchen Polyeders läßt sich nämlich mit einer Landkarte auf dem Globus identifizieren, die wiederum mit Hilfe der stereographischen Projektion in eine ebene Landkarte überführt werden kann. Die bekanntesten Beispiele, auf die die Formel zutrifft, bilden die fünf *platonischen* Körper; die Anzahlen ihrer Ecken, Kanten und Seiten enthält die folgende Tabelle:

Typ	v	k	f
Tetraeder (dreiseitige Pyramide)	4	6	4
Hexaeder (Würfel)	8	12	6
Oktaeder	6	12	8
Dodekaeder	20	30	12
Ikosaeder	12	30	20

Außerdem möchte man natürlich wissen, wie sicher die Zuweisung zu Euler ist. Darüber wurde bereits viel geschrieben. Sicher ist, daß Euler die Formel kannte. Er erwähnt sie erstmalig in einem Brief an Goldbach [EULER 1750], allerdings mit der Einschränkung: „Folgende Proposition kann ich noch nicht recht rigorose demonstrieren". Einen, allerdings recht umständlichen, Beweis für konvexe Polyeder trägt Euler in der Sitzung der Petersburger Akademie am 9. September 1751 vor [EULER 1758]. Es ist ein Märchen, daß die Formel schon von Descartes entdeckt wurde; dieser konnte sie gar nicht formulieren, da er den Begriff der *Kante* überhaupt nicht erwähnt [FEDERICO 1982]. Noch mehr in den Bereich der Legende gehört die Zuweisung der Eulerschen Polyederformel zu dem Ulmer Rechenmeister Faulhaber, der sie Descartes mitgeteilt haben soll [WUSSING und ARNOLD 1978, Seite 168]; es ist höchst zweifelhaft, ob sich Faulhaber und Descartes überhaupt je begegnet sind [SCHNEIDER 1991, 1993].

4.4   Dualisierung

Am Ende seines ersten „Beweises" bemerkt Kempe, daß man das Färbungsproblem für Landkarten in einer Weise umformulieren kann, daß nur noch Ecken
und Kanten von (ebenen) Graphen vorkommen [KEMPE 1879a, Seite 200]. Es
handelt sich dabei um die uralte Idee der „Dualität", wie sie zwischen den
platonischen Körpern schon im sogenannten 15. Buch Euklids ([SCHREIBER
1987, Seite 74]) festgestellt wurde. Kempe könnte durch Arbeiten Maxwells
darauf gestoßen sein, in denen Spannungsverhältnisse in Netzwerken mit Hilfe der Dualität untersucht werden [MAXWELL 1864, 1869]. Er verfolgt aber
diesen Gedankengang für das Vierfarbenproblem nicht weiter, sondern spart
ihn sich für sein allgemeines graphentheoretisches Forschungsprogramm auf,
in dessen Rahmen er „zulässige Eckenfärbungen" von beliebigen Graphen mit
n Farben untersuchen will. Auch Tait denkt über die Dualisierung nach, ohne
aber damit Erfolge zu erzielen [TAIT 1880, Seite 502]. Den ersten wirklichen
Gebrauch von dualen Graphen machte Heffter [1891]. Voll bemerkt und aus-
genutzt hat Heesch den Prozeß der Dualisierung [HEESCH 1969, Seite 16].
Auch in diesem Zusammenhang empfiehlt es sich, die formale Konstruktion
durch eine anschauliche Überlegung vorzubereiten. Man wählt in jedem Land
eine Hauptstadt und verbindet die Hauptstädte benachbarter Länder durch
Eisenbahnstrecken, die sich nicht überkreuzen und genau einen Grenzpunkt
enthalten. Hauptstädte und Bahnstrecken bilden die Ecken und Kanten eines
neuen Graphen, eines zur Landkarte „dualen" Graphen.

Formal gehen wir nun folgendermaßen vor: Es sei eine Landkarte $\mathcal{L}$ gegeben.
Wir bezeichnen mit L_r, $r \in \{1, 2, \ldots, f_\mathcal{L}\}$, die Länder von $\mathcal{L}$ und mit $\tilde{k}$ die
Anzahl der Paare benachbarter Länder. In jedem Land L_r wählen wir einen
Punkt $\boldsymbol{x}_r$ und zu jedem Paar benachbarter Länder wählen wir eine gemein-
same Grenzlinie B_s, sowie einen Punkt $\boldsymbol{y}_s \in \overset{\circ}{B}_s$, $s \in \{1, 2, \ldots, \tilde{k}\}$. Schließlich
wählen wir noch zu jedem Land L_r und jedem Punkt $\boldsymbol{y}_s$ im Rand von L_r
einen Jordanbogen B_{rs}, der $\boldsymbol{x}_r$ mit $\boldsymbol{y}_s$ verbindet und bis auf den Endpunkt $\boldsymbol{y}_s$
ganz im L_r verläuft; die Wahl dieser Jordanbögen sei so getroffen, daß keine
zwei einen inneren Punkt gemeinsam haben (Hilfssatz 2.7.4). Für jedes Paar
L_{r_1}, L_{r_2} benachbarter Länder erhalten wir dann durch Zusammensetzung den

Jordanbogen

$$B^*_{r_1 r_2} = B_{r_1 s} \cup B_{r_2 s},$$

der $\boldsymbol{x}_{r_1}$ mit $\boldsymbol{x}_{r_2}$ verbindet. Die Menge der so konstruierten Jordanbögen bezeichnen wir mit $\mathcal{L}^*$.

Lemma 4.4.1 $\mathcal{L}^*$ *ist eine zusammenhängende Landkarte.*

Beweis. Da eine gemeinsame Grenzlinie zur Grenze von genau zwei Ländern gehört, ist jeder Punkt $\boldsymbol{y}_s$ Grenzpunkt von genau zwei Ländern L_{r_1}, L_{r_2} und damit innerer Punkt genau eines Jordanbogens $B^*_{r_1 r_2}$. Aus der Wahl der Jordanbögen B_{rs} folgt dann unmittelbar, daß keine zwei verschiedenen der Jordanbögen $B^*_{r_1 r_2}$ einen inneren Punkt gemeinsam haben. Da nach Konstruktion zu jedem Paar benachbarter Länder nur ein gemeinsamer Grenzpunkt $\boldsymbol{y}_s$ gewählt wurde, haben zwei verschiedene der Jordanbögen $B^*_{r_1 r_2}$ auch nur einen Randpunkt gemeinsam. Also ist $\mathcal{L}^*$ eine Landkarte.

Damit bleibt noch der Zusammenhang von $\mathcal{L}^*$ nachzuweisen. Hat $\mathcal{L}$ nur ein Land, so ist $\mathcal{L}^*$ leer und damit zusammenhängend. Im anderen Fall hat jedes Land von $\mathcal{L}$ einen Nachbarn (Lemma 2.6.11), also ist jeder der Punkte $\boldsymbol{x}_r$ eine Ecke von $\mathcal{L}^*$. Es ist zu zeigen, daß je zwei verschiedene dieser Punkte durch einen aus Kanten von $\mathcal{L}^*$ zusammengesetzten Jordanbogen verbunden werden können (Definition 2.3.6). Dazu seien $\boldsymbol{x}_{r_1}$ und $\boldsymbol{x}_{r_2}$ (mit $r_1 \neq r_2$) vorgegeben. Wir wählen einen Jordanbogen B, der $\boldsymbol{x}_{r_1}$ und $\boldsymbol{x}_{r_2}$ verbindet, aber keine Ecke von $\mathcal{L}$ enthält: Wir laufen im Prinzip geradlinig von $\boldsymbol{x}_{r_1}$ nach $\boldsymbol{x}_{r_2}$, umgehen dabei aber Ecken, auf die wir treffen würden, auf halbkreisförmigen Bögen. Damit treten wir immer, wenn wir ein Land verlassen, in ein dazu benachbartes Land über. Die zu diesen Nachbarschaften konstruierten Kanten von $\mathcal{L}^*$ setzen sich zu dem gesuchten Jordanbogen zusammen. $\square$

Die Landkarten $\mathcal{L}^*$, die wir auf diese Weise aus einer festen Landkarte $\mathcal{L}$ erhalten, nennen wir *zu $\mathcal{L}$ dual*. Wir betonen, daß die Konstruktion in keiner Weise eindeutig ist, sondern sehr viele zu einer festen Landkarte duale Landkarten existieren.

Die zu Beginn dieses Abschnitts erwähnte Dualität zwischen den platonischen Körpern ordnet sich hier ein. Um das zu erkennen, ist es besser, die Situation auf der Kugeloberfläche zu betrachten. Wir nehmen einen platonischen Körper her, er hat einen Mittelpunkt und eine Umkugel. Dann projizieren wir die Kanten des Körpers vom Mittelpunkt auf die Umkugel und erhalten eine Landkarte auf der Kugelfläche. Geometrisch betrachtet hat jedes so bestimmte Land auf der Kugel einen richtigen Mittelpunkt. Nun verbinden wir zwei Mittelpunkte in benachbarten Ländern durch den passenden Großkreisbogen und erhalten die duale Landkarte. Verbinden wir die entsprechenden Mittelpunkte stattdessen geradlinig, so erhalten wir wieder das Kantengerüst eines platonischen Körpers, und dieser liefert bei der Projektion vom Mittelpunkt aus gerade die duale Landkarte. Eine Wiederholung des Verfahrens liefert den ersten platonischen Körper zurück. Zwei platonische Körper, die in dieser Weise miteinander verbunden sind, heißen *dual zueinander*. Dabei ist das reguläre Tetraeder zu sich selbst dual, der Würfel und das Oktaeder sind dual zueinander, ebenso das Dodekaeder und das Ikosaeder. Letzteres erklärt vielleicht auch, daß das „icosian game" (siehe Seite 138) auf der zum Dodekaeder gehörigen Landkarte gespielt wird.

Im mathematischen Sprachgebrauch suggeriert der Begriff „dual" allgemein eine Art umkehrbarer Wechselbeziehung, wie wir sie eben für die platonischen Körper beschrieben haben. Man erwartet so etwas wie: bei der Bildung einer dualen Landkarte zu einer bereits dualen Landkarte erhält man die ursprüngliche Landkarte zurück, das heißt, die Landkarten $\mathcal{L}$ und $\mathcal{L}^*$ sollten einen engen Bezug zueinander haben. Allgemein kann das richtig sein, was man schon daraus erkennt, daß eine duale Landkarte immer zusammenhängend ist. Die Verwendung des Wortes „dual" ist aber trotzdem gerechtfertigt, weil unter gewissen, nicht zu speziellen Voraussetzungen, ein solches Hin- und Hergehen doch möglich ist. Für den Vierfarbensatz ist dies deswegen von Bedeutung, weil sich das Färbungsproblem der im nächsten Abschnitt beschriebenen vollständig regulären Landkarten als äquivalent zu einem gewissen Färbungsproblem gesättigter Graphen erweist und letzteres im allgemeinen übersichtlicher dargestellt werden kann.

Bevor wir diese Überlegungen im einzelnen ausführen, fassen wir den Begriff der dualen Landkarte noch etwas formaler.

Definition 4.4.2 Die Landkarte $\mathcal{L}^*$ heißt *dual* zu der Landkarte $\mathcal{L}$, wenn gilt:

1. keine Ecke von $\mathcal{L}^*$ ist ein neutraler Punkt von $\mathcal{L}$,

2. jedes Land von $\mathcal{L}$ enthält genau eine Ecke von $\mathcal{L}^*$,

3. zwei Ecken von $\mathcal{L}^*$ sind genau dann durch eine Kante in $\mathcal{L}^*$ verbunden, wenn sie in benachbarten Ländern liegen,

4. eine Kante von $\mathcal{L}^*$ enthält nur Punkte der beiden Länder von $\mathcal{L}$, denen ihre Ecken angehören, und genau einen inneren Punkt einer gemeinsamen Grenzlinie dieser Länder.

Das Lemma 4.4.1 sichert die Existenz dualer Landkarten im Sinn dieser Definition für Landkarten mit mindestens zwei Ländern. Darüberhinaus ist es bequem die leere Landkarte als dual zu den Landkarten mit genau einem Land anzusehen. Wir bemerken noch:

Lemma 4.4.3 *Ist die Landkarte $\mathcal{L}^*$ dual zu der Landkarte $\mathcal{L}$, so enthält eine Kante von $\mathcal{L}$ höchstens einen Punkt der Neutralitätsmenge von $\mathcal{L}^*$.*

Beweis. Würde die Kante $B \in \mathcal{L}$ von zwei Kanten B_1^*, $B_2^* \in \mathcal{L}^*$ geschnitten, so müßten B_1^* und B_2^* die gleichen Endpunkte haben, was wegen des Verbots von Mehrfachkanten unmöglich ist. $\square$

Bei der Betrachtung dualer Landkarten kann topologisch nichts Schlimmes passieren:

Lemma 4.4.4 *Sind eine Landkarte $\mathcal{L}$ und eine zu $\mathcal{L}$ duale Landkarte $\mathcal{L}^*$ gegeben, so gibt es eine Landkarte $\tilde{\mathcal{L}}$ mit*

$$N_{\tilde{\mathcal{L}}} = N_{\mathcal{L}} \cup N_{\mathcal{L}^*}.$$

Beweis. Wir müssen angeben, aus welchen Kanten die Landkarte $\tilde{\mathcal{L}}$ bestehen soll. Wir nehmen als Kanten von $\tilde{\mathcal{L}}$

1. die Kanten in $\mathcal{L}$, die keinen Punkt mit $N_{\mathcal{L}^*}$ gemeinsam haben,

2. die Teilbögen der Kanten in $\mathcal{L}$, in die sie durch einen Schnittpunkt mit einer Kante in $\mathcal{L}^*$ zerlegt werden,

3. die Teilbögen der Kanten in $\mathcal{L}^*$, in die sie durch einen Schnittpunkt mit einer Kante in $\mathcal{L}$ zerlegt werden.

Es ist unmittelbar klar, daß diese Menge von Kanten eine Landkarte mit den gewünschten Eigenschaften bildet. □

Die Bedeutung dieses Lemmas liegt darin, daß wir bei der gleichzeitigen Betrachtung von zwei Landkarten, von denen die eine dual zu der anderen ist, immer davon ausgehen können, daß beides Landkarten aus Streckenzügen sind (Satz 2.3.9). Nach dem Satz von Wagner und Fáry (Satz 4.2.11) können wir sogar annehmen, daß die angegebene Landkarte $\tilde{\mathcal{L}}$ aus Strecken besteht, also die Streckenzüge der Landkarten $\mathcal{L}$ und $\mathcal{L}^*$ sich aus höchstens zwei Strecken zusammensetzen lassen. Dies wollen wir im folgenden immer voraussetzen.

Eine Anwendung dieser Spezialisierung bietet das folgende

Lemma 4.4.5 *Ist $\mathcal{L}$ eine nichtleere Landkarte und $\mathcal{L}^*$ eine zu $\mathcal{L}$ duale Landkarte, so enthält jedes Land von $\mathcal{L}^*$ (mindestens) eine Ecke von $\mathcal{L}$.*

Beweis. Ist $\mathcal{L}^*$ die leere Landkarte, so enthält das einzige Land von $\mathcal{L}^*$ alle Ecken der nach Voraussetzung nichtleeren Landkarte $\mathcal{L}$.

Nun sei $\mathcal{L}^*$ nichtleer und L^* sei ein Land von $\mathcal{L}^*$. Wir wählen eine Grenzlinie B^* von L^* und bezeichnen mit B die eindeutig bestimmte Kante von $\mathcal{L}$, die B^* schneidet, sowie mit $\boldsymbol{y}$ den Schnittpunkt. Dabei können wir aufgrund des vorhergehenden Lemmas annehmen, daß $\boldsymbol{y}$ die Kanten B und B^* in *Strecken* $[\boldsymbol{x}_1, \boldsymbol{y}]$ und $[\boldsymbol{x}_2, \boldsymbol{y}]$ beziehungsweise $[\boldsymbol{x}_1^*, \boldsymbol{y}]$ und $[\boldsymbol{x}_2^*, \boldsymbol{y}]$ zerlegt. Wir wählen eine abgeschlossene Kreisscheibe D mit Mittelpunkt $\boldsymbol{y}$, die mit den vereinigten Neutralitätsmengen $N_{\mathcal{L}} \cup N_{\mathcal{L}^*}$ nur innere Punkte der Kanten B und B^* gemeinsam hat, und bezeichnen mit z_1, z_2, z_1^*, z_2^* die Schnittpunkte der eben genannten Strecken (in der angegebenen Reihenfolge) mit dem Randkreis K von D. Da z_1^* und z_2^* in verschiedenen Ländern von $\mathcal{L}$ liegen, trennen sich die Punktepaare $\{z_1, z_2\}$ und $\{z_1^*, z_2^*\}$ in K. Der Kreis K wird durch z_1^* und z_2^* in zwei Bögen K_1, K_2 zerlegt, von denen mindestens einer – das sei K_1 – in L^*

liegt. Aufgrund der Trennungseigenschaft können wir $z_1 \in K_1$ und $z_2 \in K_2$, also $z_1 \in L^*$ annehmen. Da das Intervall $[x_1, z_1]$ keinen Punkt mit der Neutralitätsmenge $N_{\mathcal{L}^*}$ gemeinsam hat (Lemma 4.4.3), folgt, daß L^* die Ecke x_1 von $\mathcal{L}$ enthält. $\square$

Wir zählen nun die Ecken, Kanten und Länder dualer Landkarten ab.

Lemma 4.4.6 *Es seien $\mathcal{L}$ eine Landkarte mit mindestens zwei Ländern und $\mathcal{L}^*$ eine zu $\mathcal{L}$ duale Landkarte. Dann gilt:*

$$v_{\mathcal{L}^*} = f_{\mathcal{L}}, \tag{4.4}$$

$$k_{\mathcal{L}^*} \leq k_{\mathcal{L}}, \tag{4.5}$$

$$f_{\mathcal{L}^*} \leq v_{\mathcal{L}}, \tag{4.6}$$

Ist $\mathcal{L}$ regulär, so gelten in den Gleichungen 4.5 und 4.6 die Gleichheitszeichen.

Beweis. Die Gleichung (4.4) ergibt sich unmittelbar aus Bedingung 2 der Definition dualer Landkarten (Definition 4.4.2).

Für jedes Paar benachbarter Länder von $\mathcal{L}$ haben wir genau eine Kante in $\mathcal{L}^*$. Jedes solche Länderpaar hat mindestens eine gemeinsame Grenzlinie; außerdem kann es in $\mathcal{L}$ noch Brücken und Endkanten geben. Daraus folgt die Ungleichung (4.5). Bei einer regulären Landkarte (Definition 3.2.8) hat jedes Paar benachbarter Länder genau eine gemeinsame Grenzlinie, Brücken und Endkanten treten nicht auf. Daraus ergibt sich die Gleichheit der Kantenzahlen bei regulären Landkarten.

Die Ungleichung (4.6) ergibt sich daraus, daß jedes Land von $\mathcal{L}^*$ mindestens eine Ecke von $\mathcal{L}$ enthält (Lemma 4.4.5). Da eine reguläre Landkarte $\mathcal{L}$ zusammenhängend ist, also $z_{\mathcal{L}} = 1$ gilt, und die Ungleichung (4.5) zu einer Gleichung wird, ergibt sich für ein solches $\mathcal{L}$ schließlich aus der Eulerschen Polyederformel (4.3)

$$f_{\mathcal{L}^*} = 2 + k_{\mathcal{L}^*} - v_{\mathcal{L}^*} =$$
$$= 2 + k_{\mathcal{L}} - f_{\mathcal{L}} = v_{\mathcal{L}}. \; \square$$

Diese, im Grunde recht simplen Abzählungen haben wichtige Konsequenzen.

Satz 4.4.7 *Es seien $\mathcal{L}$ eine reguläre Landkarte und $\mathcal{L}^*$ eine zu $\mathcal{L}$ duale Landkarte. Dann gilt:*

a) Die Landkarte $\mathcal{L}$ ist eine zu $\mathcal{L}^*$ duale Landkarte.

b) Die Landkarte $\mathcal{L}^*$ ist regulär.

Beweis. Da $\mathcal{L}$ nach Voraussetzung regulär ist, ist jede Kante $B \in \mathcal{L}$ immer einzige gemeinsame Grenzlinie zweier Länder von $\mathcal{L}$; es gibt also zu B genau eine Kante $B^* \in \mathcal{L}^*$, die B in einem Punkt schneidet. Dieser Punkt ist innerer Punkt sowohl von B als auch von B^*. Abstrakt gesehen haben wir damit eine Bijektion $\mathcal{L} \to \mathcal{L}^*$; wir bezeichnen allgemein mit B^* das Bild von $B \in \mathcal{L}$ bezüglich dieser Bijektion und treffen darüberhinaus folgende Vereinbarung: Beliebige Kanten von $\mathcal{L}^*$ bezeichnen wir durch Symbole, die mit einem * enden; das Symbol, das durch Weglassen von * entsteht, bezeichnet dann die zugehörige Kante in $\mathcal{L}$.

a) Es sind die Bedingungen der Definition 4.4.2 für $\mathcal{L}$ nachzuprüfen. Ein Ecke von $\mathcal{L}$ ist kein neutraler Punkt von $\mathcal{L}^*$, da die Kanten in $\mathcal{L}^*$ nur Punkte von Ländern und innere Punkte von Kanten in $\mathcal{L}$ enthalten (Bedingung 4 von Definition 4.4.2).

Da in jedem Land von $\mathcal{L}^*$ eine Ecke von $\mathcal{L}$ liegt (Lemma 4.4.5) und $\mathcal{L}^*$ genau so viele Länder hat wie $\mathcal{L}$ Ecken (Lemma 4.4.6), kann in jedem Land von $\mathcal{L}^*$ auch nur eine Ecke von $\mathcal{L}$ liegen, womit Bedingung 2 der Definition 4.4.2 nachgewiesen ist.

Als nächstes ist zu zeigen, daß zwei Ecken in $\mathcal{L}$ genau dann durch eine Kante in $\mathcal{L}$ verbunden sind, wenn sie in benachbarten Ländern von $\mathcal{L}^*$ liegen. Dazu seien zwei Ecken x_1, x_2 vorgelegt. Aufgrund des bereits Bewiesenen liegen sie in verschiedenen Ländern L_1^* beziehungsweise L_2^* von $\mathcal{L}^*$. Ist nun B eine Kante in $\mathcal{L}$, die x_1 und x_2 verbindet, so ist B^* eine gemeinsame Grenzlinie von L_1^* und L_2^*, und damit sind die beiden Länder benachbart. Ist umgekehrt B^* eine gemeinsame Grenzlinie von L_1^* und L_2^*, so liegen die Endpunkte von B in verschiedenen Ländern von $\mathcal{L}^*$, zu deren Grenze B^* gehört. Also müssen die Punkte x_1 und x_2 die Endpunkte von B sein, und damit sind sie durch eine Kante in $\mathcal{L}$ verbunden.

Damit ist auch klar, daß eine Kante von $\mathcal{L}$ nur Punkte enthält, die in den Ländern von $\mathcal{L}^*$ liegen, zu denen ihre Endpunkte gehören, und dazu genau einen Punkt auf der gemeinsamen Grenzlinie.

b) Nun sind die Bedingungen der Regularität (Definition 3.2.8) für $\mathcal{L}^*$ nachzuprüfen. Da $\mathcal{L}$ mindestens vier Länder hat (Lemma 3.2.11), gibt es benachbarte Länder (Lemma 2.6.11) und damit ist $\mathcal{L}^*$ nicht leer (Bedingung 3 von Definition 4.4.2). Den Zusammenhang von $\mathcal{L}^*$ haben wir bereits nachgewiesen (Lemma 4.4.1).

Aus dem Beweis zu a) ergibt sich, daß jede Kante von $\mathcal{L}^*$ gemeinsame Grenzlinie zweier verschiedener Länder und damit eine Kreiskante ist (Folgerung 2.6.7). Ist schließlich B^* gemeinsame Grenzlinie zweier Länder, so verbindet B die in diesen Ländern liegenden Ecken von $\mathcal{L}$. Da zwei Ecken von $\mathcal{L}$ höchstens durch eine Kante in $\mathcal{L}$ verbunden sind, haben zwei Länder von $\mathcal{L}^*$ höchstens eine gemeinsame Grenzlinie. □

Bemerkung. Eine etwas elegantere Dualitätstheorie ergibt sich, wenn man Mehrfachkanten und Schlingen zuläßt. Dann nimmt man bei der Konstruktion eines dualen Graphen zu *jeder* Kante eine „duale" Kante, für Brücken und Endkanten eben Schlingen; Länder mit mehreren gemeinsamen Grenzlinien führen dabei zu Mehrfachkanten. Dies gilt auch umgekehrt: Aus Schlingen werden in einem dualen Graphen Brücken und Endkanten; Mehrfachkanten verursachen Länder mit mehreren gemeinsamen Grenzlinien. Im Rahmen einer solchen Theorie ist dann ein Graph bereits dual zu jedem seiner dualen Graphen (vergleiche Teilaussage a) von Satz 4.4.7), wenn er nichtleer und zusammenhängend ist. Die Regularität wird dabei nicht mehr benötigt.

4.5 Kubische Landkarten

In diesem Abschnitt wollen wir die kleinsten Verbrecher weiter einkreisen. Wir beginnen mit einer wichtigen, aber in ihrer Bedeutung für den Vierfarbensatz manchmal überschätzten Anwendung der Konstruktion von dualen Landkarten.

Satz 4.5.1 (Satz von Weiske) *Es gibt keine Landkarte mit fünf paarweise benachbarten Ländern.*

Beweis. Es sei $\mathcal{L}$ eine Landkarte, die fünf paarweise benachbarte Länder enthält. Dann enthält eine zu $\mathcal{L}$ duale Landkarte $\mathcal{L}^*$ fünf Ecken, die paarweise durch Kanten verbunden sind, das heißt, einen vollständigen Graphen mit fünf Ecken. Einen solchen Graphen gibt es aber nicht (Satz 4.1.2)! □

Die Geschichte dieses Satzes wurde schon im 1. Kapitel ausführlich dargestellt (siehe Seite 26). Für den Vierfarbensatz ergibt sich daraus unmittelbar:

Folgerung 4.5.2 *Ein kleinster Verbrecher hat mindestens sechs Länder.*

Beweis. Ist eine Landkarte mit fünf Ländern gegeben, so färben wir zwei nicht benachbarte Länder mit der Farbe 1 und haben dann für die drei übrigen Länder noch drei Farben zur Verfügung. □

Eine tiefere Bedeutung gewinnt der Satz von Weiske durch die nächste Aussage.

Folgerung 4.5.3 *Wenn ein Land einer beliebigen Landkarte mehr als drei Nachbarn hat, so hat es zwei Nachbarn, die keine gemeinsame Grenzlinie haben.*

Beweis. In der Landkarte $\mathcal{L}$ habe das Land L_0 mindestens die paarweise verschiedenen Nachbarn $L_1, \ldots, L_4$. Nach dem Satz von Weiske muß es unter den fünf Ländern $L_0, \ldots, L_4$ zwei nicht benachbarte geben. Nach Voraussetzng kann keines von beiden L_0 sein. □

Wir notieren zwei interessante Konsequenzen für unsere Verbrecherjagd.

Satz 4.5.4 *Bei einem kleinsten Verbrecher hat kein Land weniger als fünf verschiedene Nachbarn.*

Beweis. Es sei $\mathcal{L}$ ein kleinster Verbrecher. Wir wissen schon, daß es in $\mathcal{L}$ Länder mit weniger als vier Nachbarn nicht geben kann (Hilfssatz 3.2.1). Es bleibt die Möglichkeit eines Landes L_0 mit genau vier verschiedenen Nachbarn $L_1, \ldots, L_4$ zu untersuchen; dabei können wir annehmen, daß L_1 und L_3 keine gemeinsame Grenzlinie haben (Folgerung 4.5.3). Durch Weglassen der gemeinsamen Grenzlinien von L_0 mit L_1 und L_3 erhalten wir eine Landkarte $\mathcal{L}'$, bei der die Länder L_0, L_1 und L_3 zu einem Land L' vereinigt sind; die übrigen Länder ändern sich bei dieser Konstruktion nicht. Da $\mathcal{L}'$ zwei Länder weniger als $\mathcal{L}$ aufweist, besitzt $\mathcal{L}'$ eine zulässige 4-Färbung. Daraus erhalten wir eine zulässige 4-Färbung für $\mathcal{L}$: Wir weisen zunächst L_1 und L_3 die Farbe von L' zu; die übrigen von L_0 verschiedenen Länder erhalten die Farbe, die ihnen bei der Färbung von $\mathcal{L}'$ zugeordnet ist. Damit sind für die Nachbarn von L_0 nur drei Farben verbraucht und die vierte steht für die Färbung von L_0 zur Verfügung. Also wäre $\mathcal{L}$ kein Verbrecher. □

Das nächste Ergebnis ist von grundsätzlicher Bedeutung.

Satz 4.5.5 *Bei einem kleinsten Verbrecher hat jede Ecke den Grad 3.*

Beweis. Jede Ecke einer regulären Landkarte hat mindestens den Grad 3 (Lemma 3.2.10); es bleibt zu zeigen, daß der Eckengrad bei einem kleinsten Verbrecher auch höchstens 3 sein kann.

Dazu sei $\mathcal{L}$ ein kleinster Verbrecher. Angenommen, es gibt eine Ecke in $\mathcal{L}$ mit $d_{\mathcal{L}}(x) > 3$. Wir wählen eine elementare Umgebung D von x und konstruieren eine neue Landkarte $\mathcal{L}'$, indem wir die Kanten in $\mathcal{L}$ mit x als Endpunkt um die in D hineinragenden Strecken kürzen und die Kreisbögen, in die der Randkreis von D durch diese Kanten zerlegt wird, als neue Kanten hinzunehmen. Damit werden die Länder mit x als Grenzpunkt um Sektoren von D verkleinert und das Innere L_0' von D kommt als neues Land hinzu.

Nun ist die Anzahl der Länder mit x als Grenzpunkt gleich dem Grad von x (Lemma 3.2.13) und nach unserer Konstruktion ist dies die Zahl der Nachbarn von L_0'. Wegen $d_{\mathcal{L}}(x) > 3$ finden wir Nachbarn L_1' und L_2' von L_0', die keine gemeinsame Grenzlinie haben (Folgerung 4.5.3); wir bemerken, daß auch die Länder L_1 und L_2, aus denen L_1' und L_2' beim Übergang von $\mathcal{L}$ zu $\mathcal{L}'$ durch Verkleinern entstanden sind, keine gemeinsame Grenzlinie haben, sondern nur an der Ecke x zusammenstoßen.

Jetzt verfahren wir ähnlich wie im vorherigen Beweis. Durch Weglassen der gemeinsamen Grenzlinien von L_0' mit L_1' und L_2' erhalten wir eine Landkarte $\mathcal{L}''$, bei der die Länder L_0', L_1' und L_2' zu einem Land L'' vereinigt sind; die übrigen Länder ändern sich beim Übergang von $\mathcal{L}'$ zu $\mathcal{L}''$ nicht. Da $\mathcal{L}''$ immer noch ein Land weniger als $\mathcal{L}$ aufweist, besitzt $\mathcal{L}''$ eine zulässige 4-Färbung φ''. Daraus erhalten wir eine zulässige 4-Färbung für $\mathcal{L}$, indem wir den Ländern L_1 und L_2 die Farbe von L'' zuweisen und allen anderen Ländern die Farben ihrer außerhalb von D gelegenen Landesteile bezüglich φ''. Also wäre $\mathcal{L}$ kein Verbrecher im Widerspruch zur Voraussetzung. Damit kann es keine solche Ecke geben. $\square$

Bemerkung. Die Idee, Ecken, an denen zu viele Kanten zusammenstoßen, „aufzublasen", hatte schon Cayley [CAYLEY 1879]; auch Kempe hat sie verwendet [KEMPE 1879a]. Aber beide entwickelten das Verfahren nur bis zur Konstruktion der Landkarte $\mathcal{L}'$. Damit erhöhten sie die Zahl der Länder. Story wies darauf hin, daß es auch „kostenneutral" geht [STORY 1879], indem er eines der an L_0' angrenzenden Länder von $\mathcal{L}'$ mit L_0' vereinigte. Die so konstruierte Karte wäre natürlich auch ein kleinster Verbrecher, wenn die ursprüngliche Karte $\mathcal{L}$ diese Eigenschaft hätte, und man könnte mit ihr weiterarbeiten. Unser wohl von Birkhoff erstmalig formuliertes Ergebnis [BIRKHOFF 1913] ist stärker, da es besagt, daß die Landkarte $\mathcal{L}$ überhaupt kein kleinster Verbrecher sein kann.

Satz 4.5.5 motiviert die folgende Begriffsbildung.

Definition 4.5.6 Eine Landkarte ist *kubisch,* wenn sie regulär ist und alle Ecken genau den Grad 3 haben.

Damit besagt der Satz 4.5.5, daß ein kleinster Verbrecher kubisch ist. Wir notieren die folgenden Eigenschaften kubischer Landkarten in Bezug auf die Dualisierung.

Satz 4.5.7 *Es seien $\mathcal{L}$ eine reguläre und $\mathcal{L}^*$ eine zu $\mathcal{L}$ duale Landkarte.*

a) $\mathcal{L}^*$ ist genau dann gesättigt, wenn $\mathcal{L}$ kubisch ist.

b) $\mathcal{L}^*$ ist genau dann kubisch, wenn $\mathcal{L}$ gesättigt ist.

Beweis. a) Es sei $\mathcal{L}$ kubisch. Es ist zu zeigen, daß die Landesgrenzen von $\mathcal{L}^*$ Dreiecke sind (Satz 4.2.4). Dazu betrachten wir ein Land L^* von $\mathcal{L}^*$. Mit $\boldsymbol{x}$ bezeichnen wir die in L^* gelegene Ecke von $\mathcal{L}$; sie ist Endpunkt von genau drei

Kanten B_1, B_2, B_3 in $\mathcal{L}$. Die Kanten B_1^*, B_2^* und B_3^* bilden einen Kreis in $\mathcal{L}^*$ und damit die Landesgrenze von L^*.

Umgekehrt sei $\mathcal{L}^*$ gesättigt. Dann ist zu zeigen, daß jede Ecke von $\mathcal{L}$ den Grad 3 hat. Dazu betrachten wir eine Ecke $\boldsymbol{x}$ von $\mathcal{L}$ und bezeichnen mit L^* das Land von $\mathcal{L}^*$, in dem sie liegt. Die Grenze von L^* besteht aus genau drei Kanten in $\mathcal{L}^*$. Jede von $\boldsymbol{x}$ ausgehende Kante in $\mathcal{L}$ muß eine Kante in $\mathcal{G}_{L^*}$ treffen, aber jede Kante in $\mathcal{G}_{L^*}$ wird von höchstens einer Kante in $\mathcal{L}$ getroffen; also ist $d_{\mathcal{L}}(\boldsymbol{x}) \le 3$. Da $\mathcal{L}$ als regulär vorausgesetzt ist, folgt $d_{\mathcal{L}}(\boldsymbol{x}) = 3$.

b) folgt aus a), weil $\mathcal{L}$ dual zu $\mathcal{L}^*$ ist (Teilaussage a) von Satz 4.4.7). $\square$

Achtung. Aufgrund des eben bewiesenen Satzes könnte man Äquivalenzen

$$\mathcal{L} \text{ kubisch} \quad \Leftrightarrow \quad \mathcal{L}^* \text{ gesättigt}$$
$$\mathcal{L} \text{ gesättigt} \quad \Leftrightarrow \quad \mathcal{L}^* \text{ kubisch}$$

vermuten. Aber diese gelten nicht allgemein, sondern – wie in unserem Satz formuliert – nur unter der Voraussetzung der Regularität von $\mathcal{L}$. Hier ist ein Gegenbeispiel:

Der gezeigte Graph ist offensichtlich nicht gesättigt, aber jeder dazu duale Graph ist kubisch. $\square$

4.6 Einige Abzählungen

Für die Anzahlen der Ecken, Kanten und Länder einer Landkarte gibt es grundlegende Abschätzungen; wichtiger sind aber noch einige Beziehungen zwischen diesen Zahlen. Dazu betrachten wir eine Landkarte $\mathcal{L}$ mit den Ecken $\boldsymbol{x}_1$, $\boldsymbol{x}_2$, ..., $\boldsymbol{x}_{v_{\mathcal{L}}}$ und den Ländern L_1, L_2, ..., $L_{f_{\mathcal{L}}}$. Außerdem setzen wir zur Abkürzung $d_r = d_{\mathcal{L}}(\boldsymbol{x}_r)$, für $r \in \{1, \ldots, v_{\mathcal{L}}\}$, und bezeichnen mit n_s die Zahl der Grenzlinien von L_s, für $s \in \{1, \ldots, f_{\mathcal{L}}\}$.

Ist $\mathcal{L}$ eine reguläre Landkarte, so gilt:

$$v_{\mathcal{L}} \geq 4\,, \quad k_{\mathcal{L}} \geq 6\,, \quad f_{\mathcal{L}} \geq 4\,, \tag{4.7}$$

$$d_r \geq 3 \text{ für alle } r\,, \qquad\qquad n_s \geq 3 \text{ für alle } s\,, \tag{4.8}$$

$$\sum_{r=1}^{v_{\mathcal{L}}} d_r = 2 \cdot k_{\mathcal{L}}\,, \qquad\qquad \sum_{s=1}^{f_{\mathcal{L}}} n_s = 2 \cdot k_{\mathcal{L}}\,, \tag{4.9}$$

$$3 \cdot v_{\mathcal{L}} \leq 2 \cdot k_{\mathcal{L}}\,, \qquad\qquad 3 \cdot f_{\mathcal{L}} \leq 2 \cdot k_{\mathcal{L}}\,; \tag{4.10}$$

$$\mathcal{L} \text{ kubisch } \Rightarrow \qquad\qquad \mathcal{L} \text{ gesättigt } \Rightarrow$$

$$3 \cdot v_{\mathcal{L}} = 2 \cdot k_{\mathcal{L}}\,, \qquad\qquad 3 \cdot f_{\mathcal{L}} = 2 \cdot k_{\mathcal{L}}\,. \tag{4.11}$$

Beweis. Daß eine reguläre Landkarte $\mathcal{L}$ mindestens vier Länder hat, haben wir bereits bewiesen (Lemma 3.2.11). Da sich die Regularität auf duale Landkarten überträgt (Teilaussage b) von Satz 4.4.7), gilt dies auch für $\mathcal{L}^*$ und damit hat $\mathcal{L}$ mindestens vier Ecken (Ungleichung (4.6)). Für die Kantenzahl ergibt sich aus der Eulerschen Polyederformel (4.3):

$$k_{\mathcal{L}} = v_{\mathcal{L}} + f_{\mathcal{L}} - 2 \geq 4 + 4 - 2 = 6\,,$$

und damit sind die unteren Schranken (4.7) bewiesen.

Von den Gleichungen und Ungleichungen (4.8) – (4.11) beweisen wir zunächst die linke Spalte. Daß an jeder Ecke einer regulären Landkarte mindestens drei Kanten zusammenstoßen, das heißt, die Abschätzung (4.8 links) gilt, haben wir bereits bewiesen (Lemma 3.2.10). Jede Kante hat zwei Randpunkte; folglich wird auf der linken Seite der Gleichung (4.9 links) jede Kante zweimal gezählt. Zum Nachweis von (4.10 links) bemerken wir zunächst, daß wir jede natürliche Zahl v als Summe von v Summanden 1 auffassen können:

$$v = \underbrace{1 + 1 + \cdots + 1}_{v \text{ Summanden}} = \sum_{r=1}^{v} 1\,.$$

Damit schätzen wir ab:

$$\begin{aligned}
3 \cdot v_{\mathcal{L}} &= 3 \cdot \sum_{r=1}^{v_{\mathcal{L}}} 1 = \sum_{r=1}^{v_{\mathcal{L}}} 3 \leq && \text{wegen (4.8 links)} \\
&\leq \sum_{r=1}^{v_{\mathcal{L}}} d_r = && \text{wegen (4.9 links)} \\
&= 2 \cdot k_{\mathcal{L}}\,.
\end{aligned}$$

Ist $\mathcal{L}$ kubisch, so ist $d_r = 3$ für alle $r \in \{1, \ldots, v_\mathcal{L}\}$, und wir erhalten (4.11 links).

Zum Nachweis von (4.8 rechts) bis zu (4.10 rechts) betrachten wir eine zu $\mathcal{L}$ duale Landkarte $\mathcal{L}^*$. Wir bezeichnen mit $\boldsymbol{x}_s^*$ die in L_s gelegene Ecke von $\mathcal{L}^*$ und mit d_s^* den Grad von $\boldsymbol{x}_s^*$, $s \in \{1, \ldots, v_{\mathcal{L}^*} = f_\mathcal{L}\}$, siehe Gleichung (4.4); da L_s aufgrund der vorausgesetzten Regularität n_s verschiedene Nachbarn hat, gilt $d_s^* = n_s$ für alle s (Bedingung 3 der Definition 4.4.2). Wegen der Regularität gilt ferner $k_{\mathcal{L}^*} = k_\mathcal{L}$ und $f_{\mathcal{L}^*} = v_\mathcal{L}$ (Lemma 4.4.6).

Nun schreiben wir die (Un-)Gleichungen (4.8 links) – (4.11 links) für $\mathcal{L}^*$ auf und ersetzen darin die gesternten Größen durch die ihnen gleichen ungesternten. Damit erhalten wir die (Un-)Gleichungen (4.8 rechts) – (4.10 rechts). □

Bemerkenswert ist die nachstehende Konsequenz der Gleichungen (4.11).

Folgerung 4.6.1 *Bei einer kubischen Landkarte ist die Anzahl der Ecken gerade, bei einer gesättigten die Anzahl der Länder.*

Beweis. Das folgt aus dem Satz von der eindeutigen Primfaktorzerlegung natürlicher Zahlen. In den Gleichungen (4.11) steht jeweils rechts eine gerade Zahl, dann müssen auch die linken Seiten gerade sein. □

Es gibt noch zwei weitere Abschätzungen, die für den Vierfarbensatz so fundamental wichtig sind, daß wir sie eigens aufführen.

Satz 4.6.2 *Für eine reguläre Landkarte gilt:*

$$\sum_{r=1}^{v_\mathcal{L}} (6 - d_r) \geq 12 \tag{4.12}$$

$$\sum_{s=1}^{f_\mathcal{L}} (6 - n_s) \geq 12 \tag{4.13}$$

Beweis. Die Betrachtung einer dualen Landkarte wie am Ende des vorherigen Beweises zeigt, daß es genügt eine dieser Ungleichungen zu verifizieren. Wir berechnen

$$\sum_{r=1}^{v_L}(6 - d_r) = 6 \cdot v_L - 2 \cdot k_L \qquad = \text{wegen (4.9 links)}$$
$$= 6 \cdot v_L - 6 \cdot k_L + 4 \cdot k_L \geq$$
$$\geq 6 \cdot v_L - 6 \cdot k_L + 6 \cdot f_L = \text{wegen (4.10 rechts)}$$
$$= 6 \cdot (v_L - k_L + f_L) = 12$$

wegen der Eulerschen Polyederformel (4.3). $\Box$

Etwas überspitzt kann man formulieren, daß der ganze Beweis des Vierfarbensatzes auf den eben bewiesenen Ungleichungen aufbaut. Eine wichtige Folgerung daraus hat bereits Kempe verwendet [KEMPE 1879a, Seite 198]. Die rechten Seiten der Ungleichungen (4.12) und (4.13) sind positiv, also müssen auch links positive Summanden auftreten. Daraus folgern wir:

Folgerung 4.6.3 *Jede reguläre Landkarte hat Ecken, in denen höchstens fünf Kanten zusammenstoßen, und Länder mit höchstens fünf Nachbarn.* $\Box$

Weiter ergibt sich eine gegenüber Folgerung 4.5.2 verbesserte untere Schranke für die Anzahl der Länder eines kleinsten Verbrechers.

Folgerung 4.6.4 *Ein kleinster Verbrecher hat mindestens dreizehn Länder.*

Beweis. Da jedes Land eines kleinsten Verbrechers mindestens fünf Nachbarn hat (Satz 4.5.4), sind die Summanden auf der linken Seite der Ungleichung (4.13) alle kleiner-gleich 1. Damit sich die Summe 12 ergibt (rechte Seite dieser Ungleichung) müssen mindestens zwölf Summanden auftreten.

Ein kleinster Verbrecher ist eine kubische Landkarte (Satz 4.5.5), bei der jedes Land mindestens fünf Nachbarn hat. Wir betrachten nun eine Landkarte mit diesen beiden Eigenschaften und genau zwölf Ländern. Dann muß jeder Summand auf der linken Seite der Abschätzung (4.13) positiv sein, das heißt, kein Land kann mehr als fünf Nachbarn haben. Also haben alle Länder genau fünf Nachbarn; es ergeben sich genau 30 Kanten (Gleichung (4.9) rechts) und 20 Ecken (Gleichung (4.11) links). Also muß es sich – bis auf Homöomorphie – um die sterographische Projektion der Oberfläche eines Dodekaeders handeln. Eine solche Landkarte läßt sich aber leicht mit vier Farben färben:

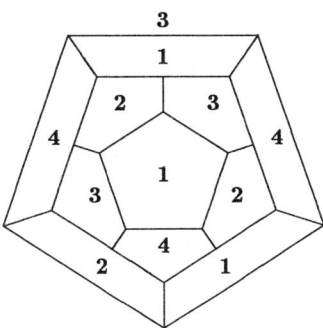

□

4.7 Intermezzo: Der Fünffarbensatz

Wir schieben an dieser Stelle Heawoods Beweis des Fünffarbensatzes ein.

Satz 4.7.1 (Fünffarbensatz) *Jede Landkarte besitzt eine zulässige 5-Färbung.*

Beweis. Auch hier bildet die Methode des kleinsten Verbrechers (Seite 88) den Beweisansatz. Bei kleinsten Verbrechern gegen den Vierfarbensatz konnten wir Länder mit nur drei Nachbarn ausschließen (Satz 3.2.1); auf die gleiche Art ergibt sich, daß es in einem kleinsten Verbrecher gegen den Fünffarbensatz weder Länder mit drei, noch solche mit vier Nachbarn geben kann. Auch die Reduktion auf reguläre Landkarten ist in diesem Fall möglich.

wir finden in einem kleinsten Verbrecher $\mathcal{L}$ ein Land L_0 mit fünf paarweise verschiedenen Nachbarn $L_1, \ldots, L_5$ (Folgerung 4.6.3). Unter den Nachbarn von L_0 gibt es zwei, sagen wir L_2 und L_4, die keine gemeinsame Grenzlinie haben (Satz 4.5.1). Durch Weglassen der Grenzlinien, die L_0 von L_2 und L_4 trennen, erhalten wir eine Landkarte $\mathcal{L}'$, zu der wir ein 5-Färbung finden. Bei dem Übergang von $\mathcal{L}$ zu $\mathcal{L}'$ haben wir die Länder L_0, L_2 und L_4 zu einem Land L' vereinigt; alle andern Länder bleiben unverändert. Wir färben nun $\mathcal{L}$, indem wir die von L_0, L_2 und L_4 verschiedenen Länder mit den durch 5-Färbung von LK' gegebenen Farben versehen, und die Länder L_2 und L_4 mit der Farbe von

L'. Damit sind für die Nachbarn von L_0 nur vier Farben verbraucht und die fünfte Farbe steht für L_0 zur Verfügung. □

4.8   Die Umformulierung von Tait

Wir schließen dieses Kapitel mit einer Überlegung von Tait zum Vierfarbenproblem, die er als alternativen Beweis des Vierfarbensatzes ansah. Sie liefert aber in Wirklichkeit nur eine äquivalente Fassung des Problems. Tait betrachtet statt Länderfärbungen Kantenfärbungen.

Definition 4.8.1 Es seien $\mathcal{L}$ eine Landkarte und $n \in \mathbb{N}$. Eine *n-Kantenfärbung* von $\mathcal{L}$ ist eine Abbildung $\psi : \mathcal{L} \to \{1, \ldots, n\}$. Eine n-Kantenfärbung ist *zulässig*, wenn Kanten mit gemeinsamen Randpunkten immer verschiedene Werte („Farben") haben.

Tait zeigte:

Satz 4.8.2 *Eine kubische Landkarte besitzt genau dann eine zulässige 4-Färbung, wenn sie eine zulässige 3-Kantenfärbung besitzt.*

Beweis. Es sei $\mathcal{L}$ eine kubische Landkarte. Ist eine 4-Färbung von $\mathcal{L}$ gegeben, so können wir leicht eine 3-Kantenfärbung angeben. Dazu betrachten wir eine Kante $B \in \mathcal{L}$; da $\mathcal{L}$ nur Kreiskanten enthält, ist B gemeinsame Grenzlinie von genau zwei Ländern (Lemma 2.6.2). Nun unterscheiden wir zwei Fälle:

1. Ist eines der anliegenden Länder mit der Farbe 4 gefärbt, so erhält B die Farbe des anderen anliegenden Landes.

2. Sind beide anliegenden Länder mit einer der Farben 1, 2, 3 gefärbt, so erhält B diejenige von diesen drei Farben, die nicht für die anliegenden Länder benutzt wurde.

Die Umkehrung, das heißt, die Konstruktion einer 4-Färbung aus einer 3-Kantenfärbung ist etwas schwieriger. Eine elegante Methode benutzt ein algebraisches Hilfsmittel, auf das wir hier nicht näher eingehen wollen, die *Kleinsche Vierergruppe* [AIGNER 1984, Seite 22]. Die seinerzeitige Argumentation von Tait [TAIT 1884] kann man nach unseren heutigen Ansprüchen an die Präzision mathematischer Beweise nur als Beweis*skizze* ansehen. Wir stellen die Begründung dar, die Errera [1927] gegeben hat.

Seien eine kubische Landkarte $\mathcal{L}$ und eine 3-Kantenfärbung von $\mathcal{L}$ gegeben. Wir bezeichnen mit $\mathcal{L}_1$ und $\mathcal{L}_2$ die Landkarten, die wir aus $\mathcal{L}$ durch Weglassen der mit 1 beziehungsweise 2 gefärbten Kanten erhalten. In den neuen Landkarten hat jede Ecke den Grad 2, ihre Neutralitätsmengen bestehen also aus paarweise disjunkten geschlossenen Jordankurven.

Betrachten wir nun die Landkarte $\mathcal{L}_1$. Wir versehen jedes Land mit einer Markierung, wobei wir die Buchstaben a und b als Marken wählen. Das unbeschränkte Land erhält die Marke a, jedes zum unbeschränkten Land benachbarte Land die Marke b. Dabei beachten wir, daß keine zwei zum unbeschränkten Land benachbarte Länder untereinander benachbart sind. Als nächstes erhalten die beschränkten Länder, die zu den bereits mit b markierten Länder benachbart sind, die Marke a, die zu ihnen benachbarten, noch nicht markierten Länder die Marke b, und so fort. Wir haben damit eine Markierung der Länder von $\mathcal{L}_1$, derart daß benachbarte Länder verschieden markiert sind. Ebenso konstruieren wir eine Markierung der Länder von $\mathcal{L}_2$ mit den Marken a und b, derart daß Nachbarn verschieden markiert sind.

Jedes Land L von $\mathcal{L}$ ist Durchschnitt je eines Landes L_1 von $\mathcal{L}_1$ und L_2 von $\mathcal{L}_2$. Wir markieren die Länder L von $\mathcal{L}$ mit geordneten Paaren (x,y), $x, y \in \{a,b\}$ in der Weise, daß x die Marke von L_1 und y die Marke von L_2 ist. Dabei haben wir die vier Marken (a,a), (a,b), (b,a) und (b,b). Für zwei benachbarte Länder L und L' von $\mathcal{L}$ sind folgende Fälle möglich:

- Die gemeinsame Grenzlinie hat die Farbe 1. Dann stimmen die Marken in den ersten Komponenten überein, aber ihre zweiten Komponenten sind verschieden.

- Die gemeinsame Grenzlinie hat die Farbe 2. Dann stimmen die Marken in den zweiten Komponenten überein, aber ihre ersten Komponenten sind verschieden.

- Die gemeinsame Grenzlinie hat die Farbe 3. Dann unterscheiden sich die Marken in beiden Komponenten.

Also haben benachbarte Länder immer verschiedene Marken. Wir färben nun die (a, a)–Länder mit der Farbe 1, die (a, b)–Länder mit der Farbe 2, die (b, a)–Länder mit der Farbe 3 und die (b, b)–Länder mit der Farbe 4. Damit haben wir die gesuchte zulässige 4–Färbung von $\mathcal{L}$ konstruiert. $\square$

Tait hat noch eine Situation angegeben, in der eine 3-Kantenfärbung leicht herzustellen ist.

Definition 4.8.3 Ein Kreis $\mathcal{K}$ in einer Landkarte $\mathcal{L}$ heißt *Hamiltonsch,* wenn er alle Ecken von $\mathcal{L}$ durchläuft, das heißt, wenn jede Ecke von $\mathcal{L}$ Endpunkt von (zwei) Kanten in $\mathcal{K}$ ist.

Die Begriffsbildung ehrt Hamilton[4], der als einer der ersten solche Kreise untersuchte, und zwar im Zusammenhang mit seinem „icosian game" (*icosian* von griechisch εἴκοσι, deutsch *zwanzig*). Dieses Spiel besteht in der Aufgabe, in dem zwanzig Ecken enthaltenden Kantengraphen eines Dodekaeders einen Hamiltonschen Kreis anzugeben [HAMILTON 1857].

Satz 4.8.4 *Gibt es in einer kubischen Landkarte einen Hamiltonschen Kreis, so besitzt die Landkarte eine 3-Kantenfärbung.*

Beweis. Es sei $\mathcal{L}$ eine kubische Landkarte. Der Schlüssel zu der zu beweisenden Behauptung ist die Tatsache, daß eine kubische Landkarte eine gerade Anzahl von Ecken hat (Folgerung 4.6.1).

Bei einem Kreis ist die Zahl der Kanten gleich der Zahl der Ecken. Also hat ein Hamiltonscher Kreis eine gerade Anzahl von Kanten, die wir abwechselnd mit zwei Farben färben können. Färben wir dann die übrigen Kanten mit der dritten Farbe, so haben wir eine zulässige 3-Kantenfärbung, da an jeder Ecke 2 Kanten des Hamiltonschen Kreises und eine weitere Kante zusammenstoßen. $\square$

---

[4]Nicht ganz zurecht, siehe [BIGGS - LLOYD - WILSON 1976, Seiten 28ff.].

Tait hatte vermutet, daß jede kubische Landkarte einen Hamiltonschen Kreis enthalten würde. Die Taitsche Vermutung ist jedoch falsch wie das folgende Gegenbeispiel von Tutte zeigt [TUTTE 1946], [AIGNER 1984, Seite 66].

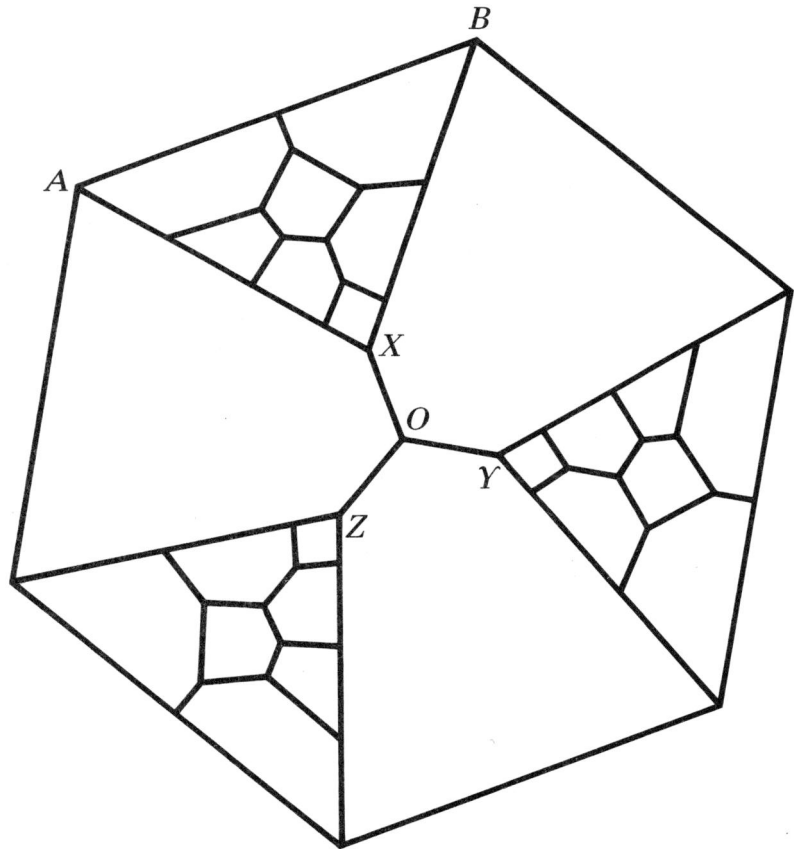

Beispiel einer kubischen Landkarte ohne Hamiltonschen Kreis mit 69 Kanten, 46 Ecken und 25 Ländern, 1946 von W. T. Tutte angegeben.

Kapitel 5

Kombinatorische Fassung
des Vierfarbensatzes

In diesem Kapitel soll eine rein kombinatorische Formulierung des Vierfarbensatzes angegeben werden (Satz 5.3.1). Dies bedarf jedoch noch einiger Vorbereitungen.

5.1 Eckenfärbungen

Vom graphentheoretischen Standpunkt aus bilden die Kanten und Ecken vorgegebene Elemente der Struktur eines Graphen, während die Länder, das heißt, die Gebiete, abgeleitete Objekte sind. Daher macht es Sinn, bei Graphen neben den am Ende des vorigen Kapitels eingeführten Kantenfärbungen (Definition 4.8.1) auch Eckenfärbungen zu betrachten.

Definition 5.1.1 Es seien $G = (E, \mathcal{L})$ ein Graph und $n \in \mathbb{N}$. Eine n-*Eckenfärbung* von G ist eine Abbildung $\chi : E \to \{1, \dots, n\}$[1]. Eine n-Eckenfärbung heißt *zulässig*, wenn zwei Ecken, die Endpunkt ein und derselben Kante in $\mathcal{L}$ sind, immer verschiedene Werte („Farben") haben.

Wir bemerken, daß für die Existenz von zulässigen n-Eckenfärbungen isolierte Ecken keine Rolle spielen; deshalb können wir solche Ecken aus unseren Überlegungen weiterhin ausschließen.

Der Zusammenhang von Eckenfärbungen mit dem Vierfarbensatz ist eng.

---

[1] Bei expliziten Berechnungen im Zusammenhang mit dem Vierfarbensatz verwendet man statt 1, 2, 3, 4 häufig auch die Zahlen 0, 1, 2, 3 als Farben.

Satz 5.1.2 *Eine Landkarte besitzt genau dann eine zulässige 4-Färbung, wenn jede zu ihr duale Landkarte eine zulässige 4-Eckenfärbung besitzt.*

Das ergibt sich unmittelbar aus der Definition der dualen Landkarten (Definition 4.4.2). □

Dieses Ergebnis läßt sich aber noch verschärfen.

Satz 5.1.3 *Der topologische Vierfarbensatz (Satz 3.1.3) ist genau dann wahr, wenn jeder Graph eine zulässige 4-Eckenfärbung besitzt.*

Beweis. Daß die Bedingung hinreichend ist, ergibt sich unmittelbar aus dem vorigen Satz. Der Beweis der Notwendigkeit erfolgt wieder mit der Methode des kleinsten Verbrechers.

Wir nehmen an, daß der topologische Vierfarbensatz wahr ist, und betrachten einen kleinsten Verbrecher $G = (E, \mathcal{L})$ gegen die Existenz einer 4-Eckenfärbung, wobei sich „kleinst" jetzt auf die Eckenzahl bezieht. Wir zeigen, daß wir die Landkarte $\mathcal{L}$ als regulär und gesättigt annehmen können. Ist $\mathcal{L}$ nicht gesättigt, so können wir endlich viele Kanten hinzufügen, um einen gesättigten Graphen $G' = (E, \mathcal{L}')$ zu erreichen. Das geht unter Beibehaltung der Eckenzahl; allenfalls wird das Färbungsproblem schwieriger, weil mehr Bedingungen zu erfüllen sind. Wir können also voraussetzen, daß G gesättigt ist.

Ein kleinster Verbrecher hat mindestens fünf Ecken, ein gesättigter Graph mit höchstens zwei Gebieten hat höchstens drei Ecken. Damit hat G mehr als zwei Gebiete und ist regulär (Folgerung 4.2.5).

Nun wählen wir eine zu $\mathcal{L}$ duale Landkarte $\mathcal{L}^*$. Sie besitzt nach Voraussetzung eine zulässige 4-(Länder-) Färbung. Da $\mathcal{L}$ regulär ist, ist $\mathcal{L}$ auch dual zu $\mathcal{L}^*$ (Teilaussage a) von Satz 4.4.7) und damit erhalten wir aus der 4-Färbung von $\mathcal{L}^*$ eine 4-Eckenfärbung von G (Satz 5.1.2). Also ist G kein Verbrecher und der Satz ist bewiesen. □

Bei der Frage nach Eckenfärbungen treten zwar nur die graphentheoretischen Grundbegriffe Ecken und Kanten auf, aber diese besitzen als Punkte der Ebene und Jordanbögen immer noch eine topologische Struktur. Im folgenden soll gezeigt werden, daß man sich auch davon befreien kann.

5.2 Plättbare Graphen

Der Klarheit halber werden wir in diesem Abschnitt ausdrücklich von ebenen
Graphen (im Gegensatz zu kombinatorischen Graphen) sprechen, obwohl wir
einmal vereinbart hatten, daß das Wort „Graph" allein für ebene Graphen
benutzt werden sollte (Seite 63).

Zur Beschreibung eines Streckengraphen (Definition 4.2.10) benötigt man nur
die Eckenmenge als endliche Punktmenge und die Menge der Paare von Ecken,
die durch eine Kante verbunden sind; die Kanten selber sind als die Verbin-
dungstrecken ihrer Endpunkte eindeutig bestimmt. Dies führt zur rein kombinatorischen Graphendefinition.

Definition 5.2.1 Ein *kombinatorischer Graph* ist ein Paar $G = (E, \mathcal{L})$, bestehend aus einer endlichen Menge E und einer (dann ebenfalls endlichen)
Menge $\mathcal{L}$ von zweielementigen Teilmengen von E. Wie bei ebenen Graphen
heißen die Elemente von E *Ecken,* die Elemente von $\mathcal{L}$ *Kanten* von G.

Einige Begriffe der topologische Graphentheorie lassen sich ohne Schwierigkeiten auf die kombinatorische Situation übertragen.

Definition 5.2.2   a) Ein kombinatorischer Graph $G = (E, \mathcal{L})$ heißt *vollständig* (vergleiche Definition 4.1.1), wenn $\mathcal{L}$ alle zweielementigen Teilmengen von E enthält.

b) Der *Grad* $\mathrm{d}_G(x)$ einer Ecke x eines kombinatorischen Graphen G ist
die Anzahl der Kanten vom G, denen x angehört (vergleiche Definition 3.2.2).

c) Der kombinatorische Graph $G' = (E', \mathcal{L}')$ ist ein *Untergraph* des kombinatorischen Graphen $G = (E, \mathcal{L})$, wenn $E' \subset E$ und $\mathcal{L}' \subset \mathcal{L}$ ist; dies ist
das Analogon zur Teilmengenbeziehung zwischen Landkarten (Seite 64).

d) Die kombinatorischen Graphen $G' = (E', \mathcal{L}')$ und $G = (E, \mathcal{L})$ sind *isomorph,* wenn es eine bijektive Abbildung $\gamma : E' \to E$ gibt, die ei-
ne Bijektion $\mathcal{L}' \to \mathcal{L}$ induziert; die Isomorphie tritt an die Stelle der
Homöomorphie von Landkarten, die wir schon an vielen Stellen benutzt

haben, zum Beispiel bei der Reduktion auf Landkarten aus Streckenzügen (Satz 2.3.9).

e) Es seien $G = (E, \mathcal{L})$ ein Graph und $n \in \mathbb{N}$. Eine n-*Eckenfärbung* von G ist eine Abbildung $\chi : E \to \{1, \ldots, n\}$. Eine n-Eckenfärbung heißt *zulässig*, wenn zwei Ecken, die Endpunkt ein und derselben Kante in $\mathcal{L}$ sind, immer verschiedene Werte („Farben") haben, das heißt, wenn für alle $x, y \in E$ gilt:

$$(x, y) \in \mathcal{L} \Rightarrow \chi(x) \neq \chi(y) .$$

Jeder ebene Graph, jede Landkarte bestimmt einen kombinatorischen Graphen.

Definition 5.2.3 Es sei $G = (E, \mathcal{L})$ ein ebener Graph. Der G *unterliegende* kombinatorische Graph ist der Graph $G^b = (E, \mathcal{L}^b)$, wobei $\mathcal{L}^b$ die Menge der Paare von Ecken von G bezeichnet, die durch eine Kante in G verbunden sind.

Es liegt die Frage nahe, ob jeder kombinatorische Graph unterliegender Graph eines ebenen Graphen ist. Allgemein ist das sicher nicht richtig, denn eine beliebige endliche Menge E braucht keine Punktmenge der Ebene zu sein. Aber so streng stellen wir die Frage gar nicht. Da wir isomorphe kombinatorische Graphen als gleichwertig betrachten können, interessiert in Wirklichkeit nur, ob jeder kombinatorische Graph vielleicht isomorph zu dem unterliegenden Graphen eines ebenen Graphen ist. Auch hierauf ist die Antwort nein. Dazu betrachten wir die kombinatorischen Graphen K_5 und $K_{3,3}$, die folgendermaßen definiert sind[2]:

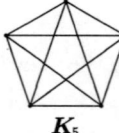 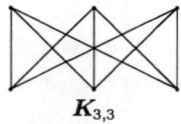

$$K_5 \qquad K_{3,3}$$

K_5 ist der vollständige kombinatorische Graph mit den Zahlen 1,2,3,4,5 als Ecken;

---

[2]Wir überlassen dem Leser eine Erklärung für die Symbole zu finden, die von den Graphentheoretikern standardmäßig verwendet werden.

$K_{3,3}$ hat als Ecken die Zahlen 1, 2, 3, 4, 5, 6 und als Kanten die Paare $\{g, u\}$ von Ecken mit g gerade und u ungerade.

Diese, manchmal als *Kuratowskische Graphen* bezeichneten, kombinatorischen Graphen können auch nicht bis auf Isomorphie einem ebenen Graphen unterliegen, da es einerseits keinen vollständigen ebenen Graphen mit fünf Ecken gibt (Satz 4.1.2) und andererseits das Versorgungsproblem unlösbar ist (Satz 4.1.6); für die Anschauung benutzt man dennoch die gezeigten Darstellungen der Kuratowskischen Graphen. Man muß sich nur klar darüber sein, daß aufgrund der genannten Sätze eine überschneidungsfreie Zeichnung dieser Graphen nicht möglich ist, auch wenn man statt Strecken beliebige Jordankurven zuläßt. Der Satz von Wagner und Fáry (Satz 4.2.11) erlaubte gegebenenfalls eine Darstellung als Streckengraph; das bedeutete, daß man Versuche, eine bessere Darstellung zu finden, auf eine andere Verteilung der Ecken in der Ebene beschränken könnte. Der Leser überzeuge sich, daß die kombinatorischen Graphen, die man aus den Kuratowskischen Graphen durch Weglassen jeweils einer Kante erhält, tatsächlich isomorph zu unterliegenden Graphen von Streckengraphen sind.

Die angeschnittene Frage rechtfertigt einen weiteren Begriff.

Definition 5.2.4 Ein *plättbarer Graph* ist ein kombinatorischer Graph, der isomorph zum unterliegenden Graphen eines ebenen Graphen ist.

Die vollständigen kombinatorischen Graphen mit höchstens vier Ecken sind plättbare Graphen, die mit mehr als vier Ecken nicht. Vom Ansatz her scheint es sich bei der Plättbarkeit um einen topologischen Begriff zu handeln. Kuratowski konnte jedoch 1930 die rein kombinatorische Natur der Plättbarkeit zeigen. Das soll im folgenden erläutert werden, wobei wir für den Beweis des Hauptsatzes auf die Literatur verweisen.

Zunächst benötigen wir den Begriff der Unterteilung eines kombinatorischen Graphen. Wir ahmen dazu den geometrischen Prozeß des Setzens von Grenzsteinen (Seite 62) nach.

Definition 5.2.5 a) Der kombinatorische Graph $G' = (E', \mathcal{L}')$ entsteht durch *einfache Unterteilung* aus dem kombinatorischen Graphen $G = (E, \mathcal{L})$, wenn gilt:

1. E' entsteht aus E durch Hinzunahme einer Ecke z',

2. $\mathcal{L}'$ entsteht aus $\mathcal{L}$ durch Entfernen einer Kante $\{x, y\}$ und durch Hinzunahme der zwei Kanten $\{x, z'\}$, $\{y, z'\}$.

b) Der kombinatorische Graph $\tilde{G}$ ist eine *Unterteilung* des kombinatorischen Graphen G, wenn $\tilde{G}$ durch endliche Wiederholung des Prozesses der einfachen Unterteilung aus G erzeugt werden kann.

Wir bemerken, daß sich bei einer Unterteilung der Grad vorhandener Ecken nicht ändert und die neu hinzukommenden Ecken immer den Grad 2 haben. Damit ist zum Beispiel der unterliegende Graph des hier gezeigten ebenen Graphen nicht isomorph zur einer Unterteilung von K_5.

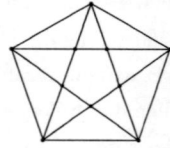

Satz 5.2.6 (Satz von Kuratowski) *Ein kombinatorischer Graph ist genau dann plättbar, wenn er keinen zu einer Unterteilung von K_5 oder $K_{3,3}$ isomorphen Untergraphen besitzt.*

Daß die angegebene Bedingung notwendig ist, folgt aus den bisherigen Überlegungen dieses Abschnitts. Als hinreichend ist sie erstmalig in [KURATOWSKI 1930] nachgewiesen worden. Moderne Variationen und andere Beweisansätze findet man in [AIGNER 1984, Satz 4.6], [WAGNER - BODENDIEK 1989, Kapitel 3], [WAGNER - BODENDIEK 1990, Kapitel 9]. Wir müssen hier auf die Ausführung verzichten, wollen aber noch einmal die Bedeutung dieses Ergebnisses betonen: Die Begriffe „Unterteilung", „isomorph", „Untergraph" sind rein kombinatorischer Natur, sie enthalten keine topologischen Elemente. Um dies ganz klar zu machen, deuten wir ein algorithmisches Verfahren zur Prüfung eines kombinatorischen Graphen auf Plättbarkeit an. Wir bemerken von vorneherein, daß dieses Verfahren nur die Möglichkeit einer solchen Überprüfung aufweisen soll, aber eine tatsächliche Durchführung viel zu umständlich wäre;

bessere Algorithmen sind in [WAGNER - BODENDIEK 1990, Abschnitt 9.8] genannt. Dazu führen wir noch einige Begriffe ein, die teilweise erst später von Bedeutung sein werden.

Definition 5.2.7 Es sei $G = (E, \mathcal{L})$ ein (ebener oder kombinatorischer) Graph.

a) Zwei Ecken von G heißen *benachbart,* wenn sie verschieden, aber Endpunkte einer Kante in $\mathcal{L}$ sind.

b) Eine Folge $(x_1, x_2, \ldots, x_r)$ von Ecken heißt *Kette (von x_1 nach x_r),* wenn die auftretenden Ecken paarweise verschieden, aber je zwei aufeinanderfolgende benachbart sind; die Zahl r ist die *Länge* der Kette und die Kanten, die zwei aufeinanderfolgende Ecken verbinden, heißen *Glieder* der Kette.

c) Eine Kette $(x_1, x_2, \ldots, x_r)$ heißt *einfach,* wenn zwei ihrer Ecken nur dann benachbart sind, wenn sie in der Kette aufeinanderfolgen, das heißt, wenn für Indizes $j_1, j_2 \in \{1, \ldots, r\}$ mit $|j_1 - j_2| > 1$ die Ecken x_{j_1} und x_{j_2} nicht benachbart sind.

d) Eine Kette $(x_1, x_2, \ldots, x_r)$ heißt $d_1 - d_2 - \ldots - d_r$-*Kette* mit $d_1, d_2, \ldots,$ $d_r \in \mathbb{N}$, wenn für alle $j \in \{1, \ldots, r\}$ gilt

$$d_j = \mathrm{d}_G(x_j).$$

e) Zwei Ketten $(x_1, x_2, \ldots, x_r)$, $(x'_1, x'_2, \ldots, x'_{r'})$ heißen *disjunkt,* wenn sie keine inneren Ecken gemeinsam haben, das heißt, wenn $x_j \neq x'_{j'}$ für alle $j \in \{2, \ldots, r-1\}$ und $j' \in \{2, \ldots, r'-1\}$ gilt.

Ist ein kombinatorischer Graph $G = (E, \mathcal{L})$ gegeben, so verfahre man folgendermaßen:

1. Man schreibe alle Ketten auf. Dazu bemerken wir, daß es nur endlich viele Ketten gibt. Die Länge r einer Kette ist durch die Anzahl v der Ecken beschränkt; die Anzahl der Ketten einer festen Länge $r \in \{2, \ldots, v\}$ läßt sich folgendermaßen abschätzen: Es gibt höchstens $\binom{v}{r}$ Möglichkeiten für

die Menge der Ecken einer solchen Kette, und bei feststehender Eckenmenge hat man höchstens r! Möglichkeiten für die Anordnung zu einer
Kette; also gibt es höchstens

$$\binom{v}{r} \cdot r! = \frac{v!}{(v-r)!}$$

Ketten der Länge r. Für die Gesamtzahl der Ketten in G ergibt sich
damit der Wert $v! \cdot \sum_{r=2}^{v} 1/(v-r)! = v! \sum_{r=0}^{v-2} 1/r! < 3 \cdot v!$ als obere
Schranke. Diese Schranke ist scharf; sie wird angenommen, wenn G ein
vollständiger Graph ist.

2. Für jede Wahl von fünf Ecken $x_1, \ldots, x_5$ versuche man zehn paarweise
   disjunkte Ketten $C_{j_1 j_2}$ von x_{j_1} nach x_{j_2}, $1 \leq j_1 < j_2 \leq 5$, zu finden. Da
   es nur endlich viele Ketten gibt, hat man bei diesem Test nur endlich
   viele 10-Tupel von Ketten zu überprüfen, ist also nach endlich vielen
   Schritten fertig. Wird man dabei fündig, so enthält G eine Unterteilung
   von K_5 und ist nicht plättbar. Andernfalls fahre man fort.

3. Für jede Wahl von sechs Ecken $x_1, \ldots, x_6$ versuche man neun paarweise
   disjunkte Ketten $C_{j_1 j_2}$ von x_{j_1} nach x_{j_2}, $j_1 \in \{1,3,5\}$, $j_2 \in \{2,4,6\}$,
   zu finden. Gelingt dies, so enthält G eine Unterteilung von $K_{3,3}$ und ist
   nicht plättbar. Andernfalls ist G plättbar.

Wir schließen diesen Abschnitt mit dem Nachweis, daß eine „Kontraktion" die
Plättbarkeit nicht zerstört.

Definition 5.2.8 Es sei $G = (E, \mathcal{L})$ ein kombinatorischer Graph. Der kombinatorische Graph $G' = (E', \mathcal{L}')$ entsteht aus G durch

a) *einfache Kontraktion,* wenn zwei durch eine Kante verbundene Ecken
   miteinander identifiziert werden, das heißt, wenn es Ecken a und $b \in E$
   gibt, derart daß gilt:

   1. $\{a, b\} \in \mathcal{L}$,
   2. $E' = E \setminus b$,

3. $\mathcal{L}' = \{\{x, y\} \in \mathcal{L} : x \neq b \neq y\} \cup \{\{a, x\} \in E' : x \neq a \wedge \{x, b\} \in \mathcal{L}\}$.

(Achtung: Die Vereinigung braucht nicht disjunkt zu sein!)

b) *durch Kontraktion,* wenn G' aus G durch wiederholte einfache Kontraktionen gewonnen wird.

Nun zeigen wir

Satz 5.2.9 *Entsteht der kombinatorische Graph G' durch Kontraktion aus dem plättbaren Graphen G, so ist G' plättbar.*

Zum Beweis benötigen wir einen topologischen Hilfssatz.

Hilfssatz 5.2.10 *Es sei S eine Strecke in $\mathbb{R}^2$. Dann gibt es eine stetige Abbildung $k : \mathbb{R}^2 \to \mathbb{R}^2$ mit folgenden Eigenschaften.*

1. *S wird auf einen Endpunkt zusammengezogen, das heißt, $k(S)$ besteht nur aus einem einzigen Punkt a, einem vorgegebenen Endpunkt von S,*

2. *k bildet das Komplement von S homöomorph auf das Komplement von a ab, das heißt, k induziert einen Homöomorphismus $\mathbb{R}^2 \setminus S \longrightarrow \mathbb{R}^2 \setminus \{a\}$.*

Beweis. Ohne wesentliche Einschränkung nehmen wir an, daß S das Einheitsintervall auf der x-Achse ist, das heißt,

$$S = \{(t, 0) \in \mathbb{R}^2 : t \in [0, 1]\} \, .$$

Dann können wir k explizit angeben:

$$k(x, y) = \begin{cases} (x, y), & \text{falls } x \leq 0, \\ \dfrac{|y|}{\sqrt{x^2 + y^2}} (x, y), & \text{falls } 0 < x \leq 1, \\ \dfrac{\sqrt{(x-1)^2 + y^2}}{\sqrt{x^2 + y^2}} (x, y), & \text{falls } 1 \leq x. \end{cases}$$

Es ist nicht schwer, die Stetigkeit dieser Abbildung nachzuweisen und die Umkehrabbildung $\mathbb{R}^2 \setminus \{0\} \longrightarrow \mathbb{R}^2$ auszurechnen; das bleibt dem Leser überlassen. Man muß sich nur klar machen, wie diese Abbildung k anschaulich wirkt. Sie bildet die Ursprungsgeraden von $\mathbb{R}^2$ in sich selbst ab, wobei die in der Nähe des

Ursprungs gelegenen Teile kontrahiert werden und dies umso mehr, je geringer die Steigung dem Betrage nach ist. □

Beweis von Satz 5.2.9. Es genügt, die Behauptung für eine einfache Kontraktion zu beweisen. Es sei $\tilde{G}$ ein ebener Graph, dessen unterliegender kombinatorischer Graph isomorph zu G ist. Auf Grund des Satzes von Wagner und Fáry können wir annehmen, daß $\tilde{G}$ ein Streckengraph ist. Ferner sei S die Kante von $\tilde{G}$, deren Ecken a und b – als Ecken von G betrachtet – beim Übergang zu G' identifiziert werden. Der eben bewiesene Hilfssatz liefert eine stetige Abbildung $k : \mathbb{R}^2 \to \mathbb{R}^2$, die S zu a kontrahiert, aber das Komplement von S homöomorph auf die an der Stelle a gelochte Ebene, das heißt, die Menge $\mathbb{R}^2 \setminus \{a\}$, abbildet. Wir bemerken, daß k alle Kanten von $\tilde{G}$ – außer S – auf Jordanbögen abbildet.

Nun liefert die folgende Festsetzung einen ebenen Graphen $\tilde{G}'$, dessen unterliegender Graph isomorph zu G' ist:

- als Ecken von $\tilde{G}'$ nehmen wir die Bilder der Ecken von $\tilde{G}$ unter der Abbildung k;

- als Kanten nehmen wir zunächst die k-Bilder der Kanten von $\tilde{G}$, die b nicht enthalten;

- als Kanten nehmen wir zusätzlich noch die k-Bilder der Kanten von $\tilde{G}$, die b enthalten, deren zweiter Endpunkt aber von a verschieden und mit a noch nicht durch eine Kante von $\tilde{G}$ verbunden ist. (Damit werden in $\tilde{G}'$ Mehrfachkanten ausgeschlossen.) □

Bemerkungen. Von einem anderen Standpunkt aus erweist sich der Satz fast als Trivialität. Wir brauchen dazu allerdings eine zusätzliche Voraussetzung: Es gebe einen Graphen H, derart daß G dual zu H ist, das heißt, $G = H^*$; die Dualisierungstheorie in Abschnitt 4.4 zeigt, daß diese Voraussetzung nicht sehr einschränkend ist. Entsteht nun G' aus G durch Identifizierung der benachbarten Ecken x und y, so entspricht das dem Weglassen einer Grenzlinie zwischen den diesen Ecken entsprechenden Gebieten in H, also der Vereinigung von zwei Nachbarländern. Dualisiert man den durch diese Vereinigung entstandenen Graphen $\boldsymbol{H}$, so erhält man einen ebenen Graphen, dessen unterliegender kombinatorischer Graph $\boldsymbol{G}'$ ist. Das beweist die Plättbarkeit von $\boldsymbol{G}'$. Das Übersetzen einer einfachen Kontraktion in eine Vereinigung von Ländern liefert häufig eine für das Verständnis sehr hilfreiche Anschauung.

Für den vollständigen Beweis des Vierfarbensatzes braucht man eine ausgefeiltere Kontraktionstheorie (siehe [APPEL und HAKEN 1989, Seiten 178–180]); darauf wird in diesem Buch nicht weiter eingegangen.

Wir führen nun noch eine in diesen Zusammenhang gehörige Sprechweise ein. Die praktische Anwendung der Kontraktion geschieht meist in folgender Weise: Gegeben sind ein ebener Graph $\tilde{G}$, eine Kante B von $\tilde{G}$ und ein Punkt $\boldsymbol{x} \in B$. Ist $\boldsymbol{x}$ kein Endpunkt von B, so gehen wir zu dem Graphen über, der durch Unterteilung von B an der Stelle $\boldsymbol{x}$ entsteht. Bilden wir wie im vorangehenden Beweis den Graphen $\tilde{G}'$, indem wir B oder die beiden aus B entstandenen Kanten auf $\boldsymbol{x}$ zusammenziehen und eventuell auftretende Mehrfachkanten weglassen, so sagen wir: *Der Graph $\tilde{G}'$ entsteht aus $\tilde{G}$ durch geometrische Kontraktion von B auf $\boldsymbol{x}$.*

5.3 Formulierung des kombinatorischen Vierfarbensatzes und weiteres Vorgehen

Im vorigen Abschnitt haben wir gesehen, daß die Plättbarkeit eines kombinatorischen Graphen ein rein kombinatorisches Phänomen ist, und damit erhalten wir die kombinatorische Fassung des Vierfarbensatzes:

Satz 5.3.1 *Jeder plättbare Graph besitzt eine zulässige 4-Eckenfärbung.*

Die Äquivalenz dieser Behauptung mit dem topologischen Vierfarbensatz (Satz 3.1.3) ergibt sich unmittelbar aus dem zu Beginn dieses Kapitels bewiesenen Satz 5.1.3.

Es ist an dieser Stelle sinnvoll, den Unterschied zwischen Kombinatorik und Topologie grundsätzlich darzustellen, jedenfalls so, wie wir ihn hier verstehen wollen. In der *Kombinatorik* untersuchen wir endliche Mengen zusammen mit (dann notwendigerweise auch endlichen) Systemen von Teilmengen ohne weitere Struktur; in der *Topologie* geht es um die Geometrie der Ebene, um unendliche Punktmengen in der Ebene, offene, abgeschlossene und kompakte Mengen, sowie um stetige Abbildungen zwischen solchen, wobei der Umgebungsbegriff eine wesentliche Rolle spielt. Es sei noch hingewiesen auf die *Algebraische Topologie,* in der man geometrische Probleme mit algebraischen Methoden zu behandeln versucht, und auf die *Kombinatorische Topologie,* deren wir uns für den Fortgang unserer Überlegungen bedienen werden: Wir werden geometrische Anschauung mit kombinatorischer Abstraktion verbinden, bildliche Vorstellung mit formaler Einfachheit.

Das bedeutet, daß wir nicht rein kombinatorisch weiterarbeiten werden. Dieses würde erfordern, die Überlegungen des dritten und vierten Kapitels vollständig in die Kombinatorik zu übersetzen. Das wäre sicherlich möglich, man hat eine Vielfalt an Charakterisierungen und Eigenschaften plättbarer Graphen zur Verfügung [WAGNER - BODENDIEK 1990, Kapitel 9], aber das Denken in rein formalen Strukturen ist doch ungleich schwieriger als wenn man sich ebener Figuren bedienen kann. Dem kombinatorischen Gesichtspunkt tragen wir vor allem dadurch Rechnung, daß wir kleinste Verbrecher gegen die Existenz zulässiger 4-Eckenfärbungen suchen, wobei „kleinst" sich auf die Eckenzahl bezieht, und daß wir uns auf eine spezieller Klasse ebener Graphen beschränken. Bevor wir diese einführen, beweisen wir noch eine wichtige Aussage über kleinste Verbrecher.

Lemma 5.3.2 *In einem kleinsten Verbrecher (gegen die Existenz einer 4-Eckenfärbung) ist jedes Dreieck Grenze eines Gebietes.*

Beweis. Es seien $G = (E, \mathcal{L})$ ein kleinster Verbrecher und $\mathcal{K} \subset \mathcal{L}$ ein Dreieck in G. Wir bemerken zunächst, daß je zwei Ecken von $\mathcal{K}$ durch eine Kante in $\mathcal{K}$ verbunden sind, also keine weitere Kante in $\mathcal{L}$ sie beide als Endpunkte haben kann. Es ist zu zeigen, daß entweder das Innengebiet $I(\mathcal{K})$ oder das Außengebiet $A(\mathcal{K})$ von $\mathcal{K}$ keine weiteren Grenzpunkte von $\mathcal{L}$ enthält.

Betrachten wir zunächst $I(\mathcal{K})$. Es sei x ein in $I(\mathcal{K})$ gelegener Grenzpunkt von $\mathcal{L}$. Dann gehört x zu einer Kante $B \in \mathcal{L}$, deren innere Punkte sämtlich in $I(\mathcal{K})$ liegen müssen. Da B nicht zwei Ecken des Dreiecks $\mathcal{K}$ verbinden kann, muß wenigstens ein Endpunkt von B in $I(\mathcal{K})$ liegen. Das bedeutet: Wenn $I(\mathcal{K})$ einen Grenzpunkt von $\mathcal{L}$ enthält, so enthält $I(\mathcal{K})$ eine Ecke von G. Genau so ergibt sich: Wenn $A(\mathcal{K})$ einen Grenzpunkt von $\mathcal{L}$ enthält, so enthält $A(\mathcal{K})$ eine Ecke von G.

Nehmen wir an, daß sowohl $I(\mathcal{K})$ als auch $A(\mathcal{K})$ eine Ecke von G enthalten. Dann konstruieren wir zwei Graphen G^i und G^a mit kleineren Eckenzahlen, indem wir aus G einerseits alle in $A(\mathcal{K})$ gelegenen Ecken, sowie alle Kanten, die mindestens eine solche Ecke als Endpunkt haben, und andererseits alle in $I(\mathcal{K})$ gelegenen Ecken, sowie alle Kanten, die mindestens eine solche Ecke als Endpunkt haben, entfernen.

Da G nach Voraussetzung ein kleinster Verbrecher ist, besitzen beide Graphen G^i und G^a eine 4-Eckenfärbung. Die Ecken x_1, x_2, x_3 von $\mathcal{K}$ sind sowohl in G^i als auch in G^a paarweise durch die Kanten in $\mathcal{K}$ verbunden, müssen also bei beiden Färbungen paarweise verschiedene Farben erhalten. Durch Permutation der Farben können wir dann 4-Färbungen für G^i und G^a finden, derart daß für $j = 1, 2, 3$ die Ecke x_j die Farbe j erhält. Diese beiden Färbungen lassen sich zu einer 4-Eckenfärbung von G zusammensetzen, womit der gesuchte Widerspruch erreicht ist. (Man vergleiche die ähnliche Argumentation im Beweis von Lemma 3.2.5.) □

Damit können wir die Graphen beschreiben, auf die wir uns bei unserer Verbrecherjagd konzentrieren wollen.

Definition 5.3.3 Ein Graph $G = (E, \mathcal{L})$ heißt *normal*, wenn er ein regulärer, gesättigter Streckengraph ist, bei dem jedes Dreieck Rand eines Gebietes ist.

Die Kanten eines normalen Graphen sind also Strecken (Definition 4.2.10) und die beschränkten Gebiete sind von (geradlinigen) Dreiecken begrenzt. Das unbeschränkte Gebiet ist das Außengebiet eines Dreiecks (Satz 4.2.4) und die beschränkten Gebiete, zu deren Rand die Seiten dieses Dreiecks gehören, sind paarweise verschieden, denn andernfalls hätten wir insgesamt nur zwei Gebiete, im Widerspruch zur Regularität. Wir erinnern daran, daß eine Ecke eines Graphen G als *innere* Ecke (von G) bezeichnet wird, wenn sie nicht zum Rand des unbeschränkten Gebietes gehört; in Ergänzung dieser Begriffsbildung nennen

wir eine Ecke im Rand des unbeschränkten Gebietes *Außenecke* (von **G**). Zur
Vermeidung von eventuell notwendigen Fallunterscheidungen bemerken wir,
daß wir uns bei der Betrachtung von Eigenschaften einzelner Ecken in normalen Graphen immer auf innere Ecken beschränken können: Ist eine Außenecke
gegeben, so liegt sie sicher nicht im Rand des beschränkten Gebietes, zu dessen
Rand die Verbindungsstrecke der beiden anderen Außenecken gehört. Durch
zweifache stereographische Projektion können wir erreichen, daß dieses Gebiet
in das unbeschränkte Gebiet transformiert wird. Dabei bleibt die kombinatorische Struktur des Graphen und die Normalität erhalten, aber die ursprünglich
betrachtete Außenecke ist eine innere Ecke geworden. Wir bemerken, daß die
Normalität eine viel zu starke Voraussetzung für diesen Schluß ist; es würde
genügen, daß es zu der betrachteten Außenecke ein beschränktes Gebiet gibt,
dessen Rand diese Außenecke nicht enthält.

Normale Graphen sind dual zu kubischen Graphen (Satz 4.5.7). Deshalb muß
es, wenn es überhaupt kleinste Verbrecher gegen die Existenz einer 4-Ecken-
färbung gibt, darunter normale Graphen geben (Sätze 4.5.5 und 5.1.2, sowie
Lemma 5.3.2). Wir können uns damit bei der weiteren Verbrecherjagd auf die
Untersuchung normaler Graphen konzentrieren. Wir betonen jedoch noch einmal (vergleiche Seite 97), daß trotzdem im Laufe unserer Überlegungen nicht
normale Graphen auftreten werden, jedoch stets solche, die weniger Ecken haben als der gerade auf seine Verbrechereigenschaft untersuchte Graph. Um das
Wort „Verbrecher" nicht allzusehr zu strapazieren, übernehmen wir für die
Verbrecherjagd bei Eckenfärbungen die von Heesch [1969] benutzte Terminologie, das heißt, wir nennen von jetzt an einen normalen Graphen, den wir als
kleinsten Verbrecher gegen die Existenz einer 4-Eckenfärbung betrachten, eine
Minimaltriangulation.

5.4   Ringe und Konfigurationen

Zum Beweis des Vierfarbensatzes ist es notwendig, gewisse Graphen, die vor
allem als Untergraphen von normalen Graphen auftreten, sehr detailliert zu
untersuchen. Diese Graphen werden üblicherweise als „Konfigurationen" bezeichnet; ihre genaue Definition erfordert einige technische Vorbereitungen.

Definition 5.4.1 Es sei $G = (E, \mathcal{L})$ ein Graph.

a) Eine Kette $K = (x_1, x_2, \ldots, x_r)$ in G aus mindestens drei Ecken heißt *geschlossen*, wenn auch die End- und die Anfangsecke der Kette, das heißt, x_r und x_1, benachbart sind; in diesem Fall gehört auch die Kante, die die beiden Randecken verbindet, zu den *Gliedern* der Kette.

b) Eine Kette $K = (x_1, x_2, \ldots, x_r)$ in G heißt *einfach geschlossen*, wenn sie geschlossen ist, aber x_{j_1} und x_{j_2} für $1 < |j_1 - j_2| < r - 1$ nicht benachbart sind.

c) Eine Menge R von Ecken heißt *Ring*, wenn sich ihre Elemente zu einer einfach geschlossenen Kette anordnen lassen; in diesem Fall bezeichnet man die Anzahl der Elemente von R auch als die *Größe* des Ringes R.

Der Begriff des Ringes ist als einer der wesentlichen Beiträge Birkhoffs zur Klärung des Vierfarbenproblems anzusehen [BIRKHOFF 1913].

Die Glieder einer Kette K in einem (ebenen) Graphen G setzen sich zu dem *zugehörigen* Jordanbogen $B(K)$ zusammen. Die Glieder einer geschlossenen Kette K bilden einen Kreis $\mathcal{K}$; damit haben wir die *zu K gehörige* geschlossene Jordankurve $J(K)$, die die Ebene in das *Innengebiet $I(K)$* und das *Außengebiet $A(K)$* zerlegt.

Analog bestimmt ein Ring R einen Kreis $\mathcal{R}$ und eine zugehörige geschlossene Jordankurve $J(R)$, deren Innengebiet (Außengebiet) wir als *Innengebiet $I(R)$* (*Außengebiet $A(R)$*) bezeichnen.

Aufgrund der Definition hat ein Ring immer mindestens drei Ecken. Umgekehrt bilden die Ecken eines Dreiecks immer einen Ring. Wir verwenden von nun an den Begriff Dreieck noch in einer dritten Bedeutung[3], nämlich als Bezeichnung für einen Ring mit genau drei Ecken, das heißt, einer Menge von drei paarweise benachbarten Ecken eines Graphen. Von der Wortzusammensetzung her ist das eigentlich die naheliegendste Begriffsbildung. Außer den Dreiecken haben normale Graphen viele Ringe, wie der folgende Satz zeigt.

---

[3]Vergleiche Fußnote 1 auf Seite 102.

Satz 5.4.2 *In einem normalen Graphen bilden die Nachbarn einer Ecke stets einen Ring, dessen Größe mit dem Grad der Ecke übereinstimmt. Handelt es sich um eine innere Ecke, so liegt sie im Innengebiet der zugehörigen geschlossenen Jordankurve und ist die einzige Ecke des Graphen mit dieser Eigenschaft.*

Beweis. Es seien G ein normaler Graph und y eine Ecke von G. Wir setzen $d = \mathrm{d}_G(y)$ und bezeichnen die d Kanten von G, die y als einen Endpunkt haben, so mit $B_1, \ldots, B_d$, daß sie – als Strecken mit dem gemeinsamen Endpunkt y betrachtet – zyklisch aufeinander folgen; ihre zweiten Endpunkte seien $x_1, \ldots, x_d$. Für jedes $j \in \{1, \ldots, d-1\}$ gehören die drei Ecken y, x_j und x_{j+1} jeweils zum Rand eines Gebietes von G, ebenso die drei Ecken y, x_d und x_1. Da die Gebiete eines normalen Graphen von Dreiecken begrenzt werden, handelt es sich dabei jeweils um sämtliche Ecken im Rand eines Gebietes, das heißt, für jedes $j \in \{1, \ldots, d-1\}$ sind x_j und x_{j+1} benachbart, ebenso x_d und x_1. Damit ist $K = (x_1, \ldots, x_d)$ eine geschlossene Kette. Bevor wir die Einfachheit (Teil b) der Definition 5.4.1) nachweisen, zeigen wir den zweiten Teil der Behauptung.

Dafür haben wir die Voraussetzung, daß y eine innere Ecke von G ist. Wir beweisen durch Widerspruch, daß y im Innengebiet $I(K)$ liegt. Würde y zum Außengebiet $A(K)$ gehören, so müßten auch die inneren Punkte aller in y zusammenstoßenden Kanten zu $A(K)$ gehören. Dann könnten wir einen Punkt $z \in I(K)$ wählen und die von y ausgehende Halbgerade H betrachten, die z enthält. Durchlaufen wir H von y aus, so erreichen wir vor z einen Punkt x' der zu K gehörigen geschlossenen Jordankurve $J(K)$, an dem wir von $A(K)$ nach $I(K)$ übertreten; beim Weiterlaufen kommen wir wegen der Beschränktheit von $I(K)$ hinter y zu einem Punkt $x'' \in J(K)$, an dem wir $I(K)$ wieder verlassen. Der Punkt x'' kann kein Element von K, das heißt, kein Nachbar von y, sein, denn sonst wäre die Verbindungsstrecke $S = [y, x'']$ eine Kante von G, deren innere Punkte – wie eben festgestellt – sämtlich in $A(K)$ liegen, im Widerspruch zu $z \in I(K) \cap S$. Also ist x'' innerer Punkt eines Gliedes B' von K. Wir können ohne wesentliche Einschränkung annehmen, daß die Ecken x_1 und x_2 die Endpunkte von B' sind. Die Kanten B', B_1 und B_2 bilden dann ein Dreieck in G, dessen Inneres den Grenzpunkt x' von $\mathcal{L}$ enthält. Da G

nach Voraussetzung ein normaler Graph ist, muß das Dreieck $\{B', B_1, B_2\}$ die Grenze des unbeschränkten Gebietes von $\boldsymbol{G}$ sein (Definiton 5.3.3), und folglich ist $\boldsymbol{y}$ keine innere Ecke von $\boldsymbol{G}$, im Widerspruch zur Voraussetzung.

Damit ist $\boldsymbol{y} \in I(K)$ nachgewiesen. Das Innengebiet $I(K)$ besteht aus $\boldsymbol{y}$, den inneren Punkten der Kanten $B_1, \ldots, B_d$ und den Innengebieten der geschlossenen Jordankurven $B_j \cup B'_j \cup B_{j+1}$ für $j \in \{1, \ldots, d-1\}$, beziehungsweise $B_d \cup B'_d \cup B_1$, wobei B'_j für jedes $j \in \{1, \ldots, d-1\}$ das Glied von K, das $\boldsymbol{x}_j$ und $\boldsymbol{x}_{j+1}$ verbindet, sowie B'_d das Glied mit den Endpunkten $\boldsymbol{x}_d$ und $\boldsymbol{x}_1$ bezeichnet. Damit liegt keine weitere Ecke von $\boldsymbol{G}$ in $I(K)$.

Es bleibt die Einfachheit von K zu verifizieren. Dazu können wir annehmen, daß $\boldsymbol{y}$ innere Ecke von $\boldsymbol{G}$ ist (siehe Seite 154) und damit in $I(K)$ liegt[4]. Gäbe es $j_1, j_2 \in \{1, \ldots, d\}$ mit $1 < j_1 - j_2 < d - 1$, derart daß $\boldsymbol{x}_{j_1}$ und $\boldsymbol{x}_{j_2}$ benachbart sind, so müßten nach der eben gegebenen Beschreibung von $I(K)$ die inneren Punkte der $\boldsymbol{x}_{j_1}$ und $\boldsymbol{x}_{j_2}$ verbindenden Kante B in $A(K)$ liegen. Die Kanten B_{j_1}, B und B_{j_2} setzen sich zu einer geschlossenen Jordankurve K' zusammen, derart daß mindestens eine der Ecken $\boldsymbol{x}_j$ in $I(K')$ und mindestens eine in $A(K')$ liegt (Folgerung 2.2.10). Damit bilden die Kanten B_{j_1}, B und B_{j_2} ein Dreieck, das nicht Rand eines Gebietes von $\boldsymbol{G}$ ist, im Widerspruch zur Normalität. $\square$

Bemerkungen. 1. Dieses Ergebnis werden wir noch erweitern; im nächsten Kapitel werden wir zeigen, daß bei einer Minimaltriangulation auch die „zweite Nachbarschaft" einer Ecke einen Ring bildet (Folgerung 6.1.8).

2. Daß ein Ring mindestens drei Ecken enthält, paßt mit dem vorangehenden Satz zusammen, weil wir in der Definition normaler Graphen 0–Ecken, 1–Ecken und 2–Ecken ausgeschlossen haben.

3. Von einer geschlossenen Kette kann man unter Unständen Ecken weglassen, ohne daß die Geschlossenheit verloren geht; in der folgenden Figur sind sowohl $(\boldsymbol{y}_1, \boldsymbol{y}_2, \boldsymbol{y}_3, \boldsymbol{y}_4)$ als auch $(\boldsymbol{y}_1, \boldsymbol{y}_2, \boldsymbol{y}_3)$ geschlossene Ketten:

---

[4]Dem Leser, der die Situation voll verstehen will, empfehlen wir, sich die Argumentation für den Fall, daß $\boldsymbol{y}$ eine Außenecke von $\boldsymbol{G}$ ist, explizit zu überlegen.

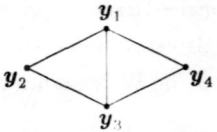

Andererseits ist eine echte Teilmenge eines Ringes nie wieder ein Ring.

Jetzt können wir den zu Beginn dieses Abschnitts angekündigten Begriff einführen.

Definition 5.4.3 Ein Graph C heißt *Konfiguration*, wenn

1. er regulär ist,

2. die Außenecken einen Ring der Größe größer–gleich 4 bilden,

3. innere Ecken existieren,

4. die beschränkten Gebiete von Dreiecken begrenzt werden,

5. jedes Dreieck Grenze eines Gebietes ist.

Die erste dieser Bedingungen folgt aus den übrigen. Wir haben sie aufgenommen, weil wir uns den etwas langwierigen Nachweis sparen wollen; er bleibt dem Leser überlassen.

Ein nichttriviales Beispiel für eine Konfiguration ist der *Birkhoff-Diamant*,

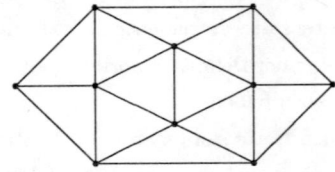

der in der Graphentheorie eine ähnliche Berühmtheit genießt, wie der Kohinoor in der Kriminalliteratur.

Spezielle, ganz einfache Konfigurationen sind die Sterne, die in der Literatur manchmal auch als Räder („wheels" [WHITNEY und TUTTE 1972]) bezeichnet werden.

Definition 5.4.4 Eine Konfiguration heißt *Stern*, wenn sie nur eine innere Ecke („Radnabe", englisch: „hub") enthält. Wir haben speziell einen *k–Stern*, wenn ein Stern mit genau k Außenecken, also insgesamt $k + 1$ Ecken vorliegt ($k \geq 4$).

Unter der *Ringgröße* einer Konfiguration versteht man die Größe des Rings ihrer Außenecken. In diesem Sinn hat der Birkhoff–Diamant die Ringgröße 6 und ein k–Stern die Ringgröße k. Das Innengebiet des Ringes der Außenecken einer Konfiguration C bezeichnet man kurz als *Innengebiet von C*. Von diesem topologischen Begriff zu unterscheiden ist der kombinatorische Begriff des *Inneren* einer Konfiguration; dabei handelt es sich um den von den inneren Ecken der Konfiguration aufgespannten Untergraphen. Hier verstehen wir unter dem von einer Eckenmenge *aufgespannten* Untergraphen eines Graphen G den Graphen, der aus den gegebenen Ecken und allen sie in G verbindenden Kanten besteht. Bei einer Konfiguration unterscheiden wir drei Sorten von Kanten:

- *Innenkanten,* die zwei innere Ecken verbinden;

- *Außenkanten,* die zwei Außenecken verbinden;

- *Beine,* die eine innere Ecke mit einer Außenecke verbinden.

Insbesondere sprechen wir von einem *Bein B der inneren Ecke y*, wenn y Randpunkt des Beines B ist. Wir nennen den Untergraphen einer Konfiguration C, der von den Außenecken von C aufgespannt wird, *Randkreis* von C; seine Kanten sind die Außenkanten von C.

Bemerkung. Die Einteilung der Ecken einer Konfiguration in innere Ecken und Außenecken, und die unterschiedlichen Arten von Kanten sind rein kombinatorischer Natur, das heißt, sie lassen sich allein am unterliegenden kombinatorischen Graphen ablesen: Außenkanten sind genau die Kanten, die sich nur auf eine Weise zu einem Dreieck ergänzen lassen. Außenecken sind genau die Randpunkte von Außenkanten; alle anderen Ecken sind Innenecken, wodurch auch innere Kanten und Beine festgelegt sind. Wir bemerken noch, daß die inneren Kanten sich auf genau zwei Weisen zu einem Dreieck ergänzen lassen.

Der Leser möge sich überlegen, wie man auf diese Weise die Konfiguration rein kombinatorisch charakterisieren kann.

Lemma 5.4.5 *Der Rand jedes beschränkten Gebietes einer Konfiguration enthält immer mindestens eine innere Ecke.*

Beweis. Die beschränkten Gebiete einer Konfiguration werden von Dreiecken begrenzt. Da die Außenecken einen Ring bilden, können drei von ihnen nur dann zu einem Dreieck gehören, wenn überhaupt nur drei Außenecken vorhanden sind. Das ist aber bei einer Konfiguration nicht möglich. □

Das Innere eines Sterns besteht nur aus einer einzigen Ecke, ist also ein „entarteter" Graph; auch bei allgemeineren Konfigurationen braucht das Innere kein regulärer Graph zu sein. Die Figur auf Seite 158 stellt das Innere des Birkhoff–Diamanten dar; der Graph ist nicht regulär, weil das unbeschränkte Gebiet mit den beiden beschränkten Gebieten je zwei Grenzlinien gemeinsam hat, im Widerspruch zur Definition der Regularität (Defintion 3.2.8). Das folgende Bild zeigt eine Konfiguration, deren Inneres nur aus einer Kante und ihren beiden Ecken besteht, also eine Endkante enthält, was ebenfalls bei einem regulären Graphen nicht auftreten darf.

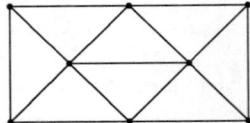

Eine Eigenschaft regulärer Graphen erfüllt das Innere einer Konfiguration aber immer:

Satz 5.4.6 *Das Innere einer Konfiguration ist ein zusammenhängender Graph.*

Beweis. Es sei C eine Konfiguration. Wir haben zu zeigen, daß zwei innere Ecken durch einen Kantenzug ohne Beine und Außenkanten verbunden werden können. Es seien y_1 und y_2 zwei verschiedene innere Ecken von C. Wir wählen einen ganz im Innengebiet von C verlaufenden, aber sonst zunächst beliebigen Jordanbogen B, der y_1 mit y_2 verbindet. Diesen können wir so abändern, daß er ganz in der Neutralitätsmenge von C liegt. Dazu sei L ein beschränktes Gebiet von C, das einen Punkt von B enthält. Auf dem Weg von y_1 nach y_2 längs B erreichen wir einen ersten Punkt z_1 und einen letzten Punkt z_2 im Rand von L. Wir ersetzen nun das zwischen z_1 und z_2 gelegene Stück von B durch einen Streckenzug im Rand von L, der die beiden Punkte verbindet, aber ganz im Innengebiet von C verläuft; einen solchen gibt es, weil zum Rand von L mindestens eine innere Ecke gehört (Lemma 5.4.5). Damit enthält jedenfalls L keinen Punkt von B mehr. Gibt es noch ein anderes Gebiet von C, das einen Punkt von B enthält, so ändern wir B wieder ab. Das Verfahren setzen wir fort; da es nur endlich viele Gebiete gibt, müssen wir nach endlich vielen solchen Abänderungen unser Ziel erreicht haben.

Ein Jordanbogen, der ganz in der Neutralitätsmenge eines Graphen verläuft und dessen Endpunkte Ecken des Graphen sind, muß mit einem inneren Punkt einer Kante die ganze Kante einschließlich ihrer Endpunkte enthalten. Damit können Beine und Außenkanten zu dem gefundenen Jordanbogen gehören. Er durchläuft also einen Kantenzug ohne Beine, der y_1 mit y_2 verbindet. $\square$

Bei dem Beweis des Vierfarbensatzes betrachtet man Konfigurationen in einer Minimaltriangulation. Wir wollen präzisieren, was das bedeutet. Dazu müssen wir zunächst vereinbaren, wann wir zwei Konfigurationen als „im wesentlichen gleich" ansehen wollen, das heißt, wir brauchen einen Äquivalenzbegriff für Konfigurationen.

Definition 5.4.7 Zwei Konfigurationen $C' = (E', \mathcal{L}')$ und $C'' = (E'', \mathcal{L}'')$ heißen *äquivalent*, wenn es eine bijektive Abbildung $\varphi : E' \to E''$ gibt, die in beiden Richtungen die Nachbarrelation erhält.

Die angegebene Bedingung ist rein kombinatorischer Natur, sie bedeutet die Isomorphie der unterliegenden Graphen. Wir haben die Definition, um leicht damit umgehen zu können, technisch möglichst einfach gehalten. Man sieht zum Beispiel unmittelbar, daß eine Äquivalenzrelation auf der Menge der Konfigurationen gegeben ist und daß alle k–Sterne (bei festem k) untereinander äquivalent sind.

Lemma 5.4.8 *Es seien* $C' = (E', \mathcal{L}')$ *und* $C'' = (E'', \mathcal{L}'')$ *äquivalente Konfigurationen; mit* $\mathcal{G}'$ *und* $\mathcal{G}''$ *seien die Mengen der beschränkten Gebiete von* C' *beziehungsweise* C'' *bezeichnet. Ferner sei eine bijektive Abbildung* φ : $E' \to E''$ *vorgegeben, die die Äquivalenz vermittelt, das heißt, die in beiden Richtungen die Nachbarrelation erhält. Dann gibt es bijektive Abbildungen* $\varphi_1 : \mathcal{L}' \to \mathcal{L}''$ *und* $\varphi_2 : \mathcal{G}' \to \mathcal{G}''$, *derart daß das Abbildungstripel* $(\varphi, \varphi_1, \varphi_2)$ *in beiden Richtungen mit den Inzidenzrelationen Randecke einer Kante und Grenzlinie eines Gebietes verträglich ist. Diese Abbildungen erhalten auch die speziellen Sorten von Ecken und Kanten in beiden Richtungen.*

Beweis. Wir konstruieren zuerst $\varphi_1 : \mathcal{L}' \to \mathcal{L}''$: Es sei $B' \in \mathcal{L}'$ vorgelegt. Wir bezeichnen mit z_1 und z_2 die Randecken von B'; da sie in C' benachbart sind, sind die Ecken $\varphi(z_1)$ und $\varphi(z_2)$ in C'' benachbart. Es gibt also genau eine Kante $B'' \in \mathcal{L}''$, die $\varphi(x)$ und $\varphi(y)$ verbindet. Die Zuordnung $B' \mapsto B''$ definiert φ_1 in der gewünschten Weise.

Aus der Konstruktion ergibt sich unmittelbar, daß φ_1 genau die Außenkanten von C' in die Außenkanten von C'' überführt. Damit erhält φ die Eigenschaften „Außenecke" und „innere Ecke" in beiden Richtungen, und φ_1 erhält „Beine" und „innere Kanten".

Zur Konstruktion von φ_2 betrachten wir $L' \in \mathcal{G}'$. Die drei Ecken im Rand von L' sind paarweise benachbart und mindestens eine von ihnen ist innere Ecke (Lemma 5.4.5); also sind auch die Bilder dieser Ecken unter φ paarweise benachbart und mindestens eine von ihnen ist innere Ecke. Da eine Konfiguration regulär ist und jedes ihrer Dreiecke ein Gebiet begrenzt (Definition 5.4.3), gehören diese Bilder zum Rand genau eines Gebietes L'' von C''. Da der Rand von L'' eine innere Ecke enthält, muß L'' beschränkt, das heißt, $L'' \in \mathcal{G}''$ sein. So definiert die Zuordnung $L' \mapsto L''$ die Abbildung φ_2 in der gewünschten Weise. $\square$

Bemerkung. Insbesondere sind zwei Konfigurationen äquivalent, wenn sie durch einen Homöomorphismus der Ebene auf sich ineinander überführt werden können. Nach dem Satz von Wagner und Fáry (Satz 4.2.11) ist damit jede Konfiguration äquivalent zu einem Streckengraphen. Wir überlassen dem Leser den nicht schwierigen Nachweis der Umkehrung: *Äquivalente Konfigura-*

tionen können durch einen Homöomorphismus der Ebene ineinander überführt werden.

Nun sind wir endlich für folgende grundlegende Definition bereit.

Definition 5.4.9 Der Graph **G** *enthält* die Konfiguration **C**, wenn es in **G** eine geschlossene Kette K gibt, derart daß der von den Ecken von K und den im Innengebiet von K liegenden Ecken aufgespannte Untergraph C_K von **G** eine zu **C** äquivalente Konfiguration ist.

Die Konfiguration **C** ist *richtig in* **G** *eingebettet*, wenn K einfach geschlossen ist.

Bemerkungen. 1. Der beschriebene Begriff der „Einbettung" einer Konfiguration in einen Graphen wurde für den vollständigen Beweis des Vierfarbensatzes noch verallgemeinert („Immersion"). Auf diese sehr technischen Details wollen wir im Rahmen unserer Darstellung nicht eingehen.

2. Unter dem *Randkreis* einer in einen Graphen **G** eingebetteten Konfiguration **C** verstehen wir das Bild des ursprünglichen Randkreises. Bei nicht richtiger Einbettung treten Kanten auf, die Außenecken von **C** in **G** verbinden, aber nicht zu **C** gehören. Solche Kanten werden nicht zum Randkreis von **C** gerechnet.

Als einfachste Beispiele nennen wir die k–Sterne, die in normale Graphen richtig eingebettet sind (Satz 5.4.2). Da ein normaler Graph genau drei Außenekken hat, besitzt er genau $v - 3$ Sterne, wenn $v(> 3)$ die Anzahl seiner Ecken bezeichnet. Darüberhinaus gilt

Satz 5.4.10 *Eine Minimaltriangulation enthält keinen 4–Stern, aber mindestens zwölf 5–Sterne.*

Beweis. Wenn ein normaler Graph einen 4-Stern als Konfiguration enthält, so hat die duale Landkarte ein Land mit vier Nachbarn und kann damit kein kleinster Verbrecher (gegen die Existenz einer 4-Länderfärbung) sein (Satz 4.5.4). Damit ist der Ausgangsgraph keine Minimaltriangulation.

Der zweite Teil der Behauptung ergibt sich unmittelbar aus der Ungleichung (4.12). □

Wir halten noch fest:

Satz 5.4.11 *Der zu einem Ring mit mindestens 4 Ecken gehörige Kreis in einer Minimaltriangulation ist Randkreis einer richtig eingebetteten Konfiguration.*

Wenn man sehr viele Konfigurationen untersuchen und dabei auch zeichnen muß, dann empfiehlt es sich, einfache Darstellungen zu wählen. Solche wurden von Heesch angegeben. Er bezeichnet sie als *geschälte Bilder,* wobei er von der Grundidee ausgeht, daß eine Konfiguration im wesentlichen durch ihr Inneres und gewisse Eckengrade bestimmt ist. Wir formulieren zunächst einen Begriff für den etwas schwierigen Ausnahmefall.

Definition 5.4.12 Eine innere Ecke x einer Konfiguration C heißt *Artikulation,* wenn der Restgraph, der aus dem Inneren von C durch Entfernen von x und der von x berandeten Kanten entsteht, nicht mehr zusammenhängend ist.

Die Wortwahl „Artikulation" hat sich zwar eingebürgert, ist aber im Deutschen ziemlich unverständlich. Das englische Wort „articulation" bezeichnet auch so etwas wie eine „kritische Verbindung", woraus sich die Begriffsbildung erklären läßt[5]. Anschaulicher – jedenfalls für den deutschen Sprachgebrauch – wäre wohl die frühere Bezeichnung „Schnittecke" („cutpoint").

Über die Geometrie einer Konfiguration lassen sich mit Hilfe des Begriffes der Artikulation folgende Aussagen machen.

Lemma 5.4.13 *Die zum Ring der Außenecken gehörenden Randpunkte der Beine einer Artikulation lassen sich nicht zu einer Kette anordnen, das heißt, der von ihnen aufgespannte Untergraph von C ist nicht zusammenhängend. Insbesondere hat eine Artikulation mindestens zwei Beine.*

Beweis. Es seien C eine Konfiguration und y eine Artikulation von C; wir setzen $d_C(y) = d$ und bezeichnen mit $B_1, \ldots, B_d$ in zyklischer Reihenfolge die Kanten von C, die y als einen Randpunkt haben, sowie mit $z_1, \ldots, z_d$ die jeweils zweiten Randpunkte dieser Kanten. Nun wählen wir zwei innere Ecken

---

[5]Im *Webster,* dem berühmten englischen Lexikon, werden dem Wort „articulation" auch die Bedeutungen „the joint or juncture between bones", „a joint between two separable plant parts" beigelegt [Webster's 1989].

y_1 und y_2 von C, die durch y getrennt werden, das heißt, nach Entfernen von y (und der Außenecken) zu verschiedenen Komponenten des Restgraphen gehören, und einen Kantenzug ohne Beine, der y_1 mit y_2 verbindet. Wegen der Trennungseigenschaft von y muß dieser Kantenzug über y laufen, das heißt, zwei der Kanten mit y als Randpunkt enthalten, sagen wir B_1 und B_j mit $j \in \{2, \ldots, d\}$. Dann sind z_1 und z_j innere Ecken von C, aber nicht benachbart zueinander, denn andernfalls könnte die sie verbindende Kante die Kanten B_1 und B_j in dem gegebenen Kantenzug von y_1 nach y_2 ersetzen und wir hätten einen Kantenzug von y_1 nach y_2 ohne Beine, der y nicht trifft. Damit haben wir $j \in \{3, \ldots, d-1\}$. Eine entsprechende Abänderung des gegebenen Kantenzuges wäre möglich, wenn alle Ecken z_k mit $k \in \{2, \ldots, j-1\}$ oder alle Ecken z_l mit $l \in \{j+1, \ldots, d\}$ innere Ecken von C wären. Also finden wir k und l, derart daß z_k und z_l Außenecken von C sind.

Nun sei r die Ringgröße von C und die Außenecken seien so durch $x_1, \ldots, x_r$ bezeichnet, daß $(x_1, \ldots, x_r)$ eine (einfach geschlossene) Kette ist und $x_1 = z_k$ gilt; für ein $m \in \{2, \ldots, r\}$ gilt dann auch $x_m = z_l$. Es ist zu zeigen, daß es ein $p \in \{2, \ldots, m-1\}$ und ein $q \in \{m+1, \ldots, r\}$ gibt, derart daß x_p und x_q beide nicht zu y benachbart sind.

Dazu nehmen wir an, daß kein p mit der gewünschten Eigenschaft existiert. Das bedeutet, daß die Kette $(x_1, \ldots, x_m)$ nur aus Nachbarn von y besteht. Da diese einen Ring bilden (Satz 5.4.2), müssen die Ecken $x_1, \ldots, x_m$ entweder mit den Ecken $z_k, z_{k+1}, \ldots, z_l$ oder mit den Ecken $z_l, \ldots, z_r, z_1, \ldots, z_k$ zusammenfallen. Damit wäre entweder z_1 oder z_j Außenecke von C, im Widerspruch zur Konstruktion. Analog ergibt sich die Existenz eines q mit der gewünschten Eigenschaft. $\square$

Lemma 5.4.14 *Die zum Ring der Außenecken gehörenden Randpunkte der Beine einer inneren Ecke, die keine Artikulation ist, lassen sich zu einer (möglicherweise leeren) Kette anordnen.*

Beweis. Es seien C eine Konfiguration und y eine innere Ecke von C, die keine Artikulation ist; ferner sei wieder r die Ringgröße von C und die Außenecken seien so durch $x_1, \ldots, x_r$ bezeichnet, daß $(x_1, \ldots, x_r)$ eine (einfach geschlossene) Kette ist. Wir nehmen an, daß die Ecken x_1 und x_m mit

$m \in \{2, \ldots, r\}$ zu y benachbart sind; die verbindenden Kanten bezeichnen wir mit B_1 beziehungsweise B_m. Es ist zu zeigen, daß entweder alle x_p mit $p \in \{1, 2, \ldots, m\}$ oder alle x_q mit $q \in \{m, m+1, \ldots, r, 1\}$ zu y benachbart sind. Dazu betrachten wir die zu den geschlossenen Ketten $(y, x_1, \ldots, x_p, \ldots, x_m)$ und $(y, x_m, \ldots, x_q, \ldots, x_r, x_1)$ gehörenden geschlossenen Jordankurven K_+ und K_-. Würden beide Innengebiete Ecken von C enthalten, so wäre y eine Artikulation. Also können wir annehmen, daß keine Ecke von C in $I(K_+)$ liegt. Zum Rand der beschränkten Gebiete, zu deren Rand die Glieder der Kette $(x_1, x_2, \ldots, x_m)$ gehören und die deshalb in $I(K_+)$ liegen müssen, gehört aber eine innere Ecke (Lemma 5.4.5). Das kann nur y sein! Da es sich bei diesen Gebieten um Dreiecke handelt, muß jede von y verschiedene Ecke im Rand zu y benachbart sein. □

Lemma 5.4.15 *Jede Konfiguration besitzt innere Ecken, die mindestens zwei Beine haben, aber keine Artikulationen sind.*

Beweis. Die Außenecken der Konfiguration C seien zu der einfach geschlossenen Kette $K = (x_1, \ldots, x_r)$ angeordnet. Das Paar (x_r, x_1) werde durch die innere Ecke y_1 zu einem Dreieck ergänzt. Handelt es sich bei y_1 nicht um eine Artikulation, so sind wird fertig, da y_1 nach Konstruktion mindestens zwei Beine hat. Im andern Fall finden wir Indizes s_1', s_1'' mit $1 \leq s_1' < s_1'' \leq r$ und $s_1'' - s_1' > 1$, derart daß die Ecken $x_{s_1'}$ und $x_{s_1''}$ zu y_1 benachbart sind, dies aber für keine Außenecke zwischen ihnen gilt. Damit bilden wir die geschlossene Kette $K_1 = (y, x_{s_1'}, \ldots, x_{s_1''})$. Die innere Ecke y_2 von C, die das Paar $(x_{s_1'}, x_{s_1'+1})$ zu einem Dreieck ergänzt, liegt im Innengebiet von K_1, die Randpunkte ihrer Beine sind Außenecken x_t mit $s_1' \leq t \leq s_1''$. Ist y_2 keine Artikulation, so sind wir nun fertig. Andernfalls finden wir Indizes s_2', s_2'' mit den entsprechenden Eigenschaften und der Zusatzbedingung $s_2'' - s_2' < s_1'' - s_1'$. Durch Fortsetzung des Verfahrens kann die Differenz $s_k'' - s_k'$ immer kleiner gemacht werden. Da sie aber nicht negativ werden kann, bricht das Verfahren mit Auffindung einer inneren Ecke y_{k+1} mit den gewünschten Eigenschaften ab. □

Die vereinfachte Darstellung der Konfigurationen beruht auf folgendem Sachverhalt.

Satz 5.4.16 *Eine Konfiguration mit Artikulationen, die genau zwei Beine haben, ist durch ihr Inneres und die Grade der inneren Ecken (bezüglich der ganzen Konfiguration) bis auf Äquivalenz bestimmt.*

Beweis. Seien C' und C'' Konfigurationen mit gemeinsamem Inneren, derart daß alle inneren Ecken den gleichen Grad bezüglich C' und C'' haben und die Artikulationen nur zwei Beine aufweisen. Wir haben eine geeignete Bijektion zwischen den Außenecken der beiden Konfigurationen anzugeben. Dazu beginnen wir mit einer inneren Ecke y_1, die mindestens zwei Beine hat, aber keine Artikulation ist; die Existenz einer solchen Ecke ist durch das vorhergehende Lemma gesichert. Aufgrund der gemachten Voraussetzungen hat y_1 bezüglich C' und C'' den gleichen Grad d und die gleiche Zahl $s \geq 2$ von Beinen. Ist $s = d$, so sind C' und C'' Sterne der gleichen Ringgröße und damit äquivalent. Wir können also $s < d$ annehmen. Dann können wir die Nachbarn von y_1 in C' und C'' so zu Ketten $(z'_1, \ldots, z'_d)$, $(z''_1, \ldots, z''_d)$ anordnen, daß diese Ketten den gleichen Umlaufsinn aufweisen, die jeweils ersten s Ecken Außenecken sind und $z'_t = z''_t$ für $t > s$ gilt.

Für die weitere Konstruktion wichtig ist die folgende Beobachtung: *Zum Rand eines Dreiecks einer Konfiguration, das eine Außenecke enthält, gehören genau zwei Beine; die dritte Seite kann eine Außenkante oder eine innere Kante sein.* Nun konstruieren wir für $i = 1, 2$ induktiv (endliche) Folgen $(B_k^{(i)})^6$, von Beinen und endliche Folgen $(L_k^{(i)})$ von Dreiecken in $C^{(i)}$ mit den Beinen $B_k^{(i)}$, $B_{k+1}^{(i)}$ als Seiten. Für $k = 1, 2$ sei $B_k^{(i)}$ das Bein, das y_1 mit $z^{(i)}_k$ verbindet; diese Festsetzung ist wegen $s \geq 2$ möglich. Das Dreieck $L_1^{(i)}$ werde von den Ecken y_1, $z^{(i)}_1$, $z^{(i)}_2$ gebildet. Sind $L_{k-1}^{(i)}$ und $B_k^{(i)}$ gefunden, so nehmen wir als $L_k^{(i)}$ das zweite (von $L_{k-1}^{(i)}$ verschiedene) Dreieck mit der Seite $B_k^{(i)}$ und als $B_{k+1}^{(i)}$ das zweite (von $B_k^{(i)}$ verschiedene) Bein unter den Seiten des Dreiecks $L_k^{(i)}$. Da eine Konfiguration nur endlich viele Dreiecke enthält, müssen sich die Glieder der Folgen $(L_k^{(i)})$ von einer Stelle an wiederholen. Die Konstruktion zeigt, daß es Indizes $p^{(i)}$ mit $L_{p^{(i)}+1}^{(i)} = L_1^{(i)}$ geben muß, woraus auch $B_{p^{(i)}+1}^{(i)} = B_1^{(i)}$ folgt.

---

[6]Wie in der Differentialrechnung üblich bezeichnet $^{(i)}$ für $i = 1$ den einzelnen Strich $'$, für $i = 2$ den Doppelstrich $''$.

Die gefundenen Beine $B_k^{(i)}$ haben jeweils eine innnere Ecke $y^{(i)}{}_k$ und eine Außenecke $x^{(i)}{}_k$ als Randpunkte. Die Folgen $(x^{(i)}{}_1, \ldots, x^{(i)}{}_{p^{(i)}})$ sind – bis auf Wiederholungen – (einfach) geschlossene Ketten aus den Außenecken von $C^{(i)}$. Bei den Dreiecken $L^{(i)}$ haben wir zwei Typen A und B zu unterscheiden. Wir ordnen ein solches Dreieck dem Typ A zu, wenn es eine innere Kante als Seite besitzt, sonst dem Typ B; die Dreiecke vom Typ B haben dann eine Außenkante als Seite. Nun überlegen wir, daß für festes k die beiden Dreiecke L_k' und L_k'' immer den gleichen Typ haben, also in den Folgen $(L^{(i)})$ der Typenwechsel immer an den gleichen Stellen k_j, $j \in \{1, \ldots, n\}$, $k_1 \leq \ldots \leq k_n$ auftritt, wobei sich $p' = p''$ mit ergibt. Nach Konstruktion haben die Dreiecke L_1' und L_1'' eine Außenkante als Seite, sind also vom Typ B. Das gleiche gilt für die Dreiecke $L_k^{(i)}$ mit $k \leq k_1 = s - 1$. Wir bemerken dabei, daß für die auftretenden inneren Ecken gilt

$$y^{(i)}{}_1 = \ldots = y^{(i)}{}_s = y_1,$$

während die zugehörigen Außenecken gleichlange Ketten $(x^{(i)}{}_1, \ldots, x^{(i)}{}_s)$ bilden. Die beiden folgenden Dreiecke $L_s^{(i)}$ sind vom Typ A; sie haben neben der inneren Ecke y_1 eine weitere innere Ecke $y_2 = y^{(i)}{}_{s+1}$ gemeinsam. Handelt es sich bei y_2 um eine innere Ecke mit nur einem Bein oder um eine Artikulation, so haben auch die Dreiecke $L_{s+1}^{(i)}$ den Typ A und eine weitere innere Ecke $y_3 = y^{(i)}{}_{s+2}$ gemeinsam. Dies setzt sich in gleicher Weise fort, bis wir bei Dreiecken $L_{k_2}^{(i)}$ ankommen, derart daß die Ecken $y'_{k_2+1} = y''_{k_2+1}$ keine Artikulationen sind, aber $s_2 > 1$ Beine haben; bis dahin gilt

$$x^{(i)}{}_s = x^{(i)}{}_{k_1+1} = \ldots = x^{(i)}{}_{k_2+1}.$$

Die Außenecken der Beine von $y^{(i)}{}_{k_2+1}$ bilden nun gleich lange Ketten

$$\left(x^{(i)}{}_{k_2+1}, \ldots, x^{(i)}{}_{k_2+s_2}\right)$$

und die Dreiecke $L_{k_2+1}^{(i)}, \ldots, L_{k_3}^{(i)}$ mit $k_3 = k_2 + s_2 - 1$ gehören alle zum Typ B, wonach wieder ein Typenwechsel auftritt. Die offensichtliche Fortsetzung dieses Verfahrens liefert das gewünschte Resultat. Wir bemerken noch, daß die letzten Dreiecke $L_{p^{(i)}}^{(i)}$ beide zum Typ A gehören.

Die eben angestellte Untersuchung der Dreiecke $L_k^{(i)}$ zeigt das eigentliche Ziel dieses Beweises: Die Zuordnung $x'_k \mapsto x''_k$ liefert eine wohldefinierte Bijektion der Menge der Außenecken von C' auf die Menge der Außenecken von C''. $\square$

Bemerkung. Der Satz gilt auch unter Abschwächung der Voraussetzung, daß die auftretenden Artikulationen genau zwei Beine haben. Man überlegt dazu, daß die Anzahl der Beine einer Artikulation immer größer–gleich der Anzahl der Komponenten ist, in die das Innere der betrachteten Konfiguration nach Weglassen der Artikulation und der mit ihr inzidierenden Kanten zerfällt. Genau dann, wenn diese beiden Anzahlen für alle Artikulationen einer Konfiguration einander gleich sind, ist die Konfiguration durch ihr Inneres und die Grade der inneren Ecken eindeutig bestimmt. Nur wenn eine Artikulation mehr Beine hat als zugehörige Komponenten, weiß man nicht, wie sich die Beine „zwischen" die Komponenten verteilen. Wir werden später (Seite 219) erläutern, warum Konfigurationen mit Artikulationen, die mehr als zwei Beine haben, für den Beweis des Vierfarbensatzes außer Betracht bleiben können.

Das *geschälte Bild* einer Konfiguration nach Heesch ergibt sich nun dadurch, daß man das Innere der Konfiguration aufzeichnet und die Grade der Ecken durch die Verwendung der folgende Symbole angibt

Grad	5	6	≥ 6	7	≥ 7	8	9
Symbol	$\Leftarrow$	$\Leftarrow$	$\Leftarrow^7$	$\Leftarrow$	$\Leftarrow$	$\Leftarrow$	$\Leftarrow$

Damit haben wir auf Seite 158 das geschälte Bild des Birkhoff-Diamanten. Wir zeigen noch zwei weitere Beispiele, zunächst das geschälte Bild der Konfiguration von Seite 160, deren Inneres aus einer Kante und zwei 5–Ecken besteht:

und dann das geschälte Bild

der Konfiguration

---

[7]6–Ecken erhalten also keine spezielle Markierung.

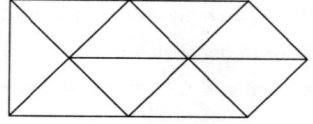

deren Inneres eine Kante, eine 5–Ecke und eine 6–Ecke enthält. Diese bei-den Konfigurationen wurden erstmals von Paul Wernicke studiert [WERNICKE 1904] und haben eine gewisse historische Bedeutung, auf die wir später noch zu sprechen kommen werden (siehe Seite 224).

5.5   Auf zum Beweis!

Um die Bedeutung der Konfigurationen für den Vierfarbensatz ganz deutlich machen zu können, benötigen wir noch einen etwas merkwürdigen Begriff.

Definition 5.5.1 Eine Konfiguration C heißt *reduzibel*, sonst *irreduzibel*, wenn ein normaler Graph, der C als Konfiguration enthält, keine Minimaltri-angulation sein kann.

Merkwürdig sind diese Begriffe deshalb, weil der Vierfarbensatz eigentlich be-sagt, daß jede Konfiguration reduzibel ist. Es handelt sich - um mit Heesch zu sprechen - nicht um eine „objektive", sondern um eine mit dem jeweili-gen Stand des Beweises des Vierfarbensatzes „veränderliche" Eigenschaft ei-ner Konfiguration [HEESCH 1969, Seite 14]. Dieses Problem werden wir im nächsten Kapitel dadurch umgehen, daß wir verschiedene Arten von Reduzibi-lität beschreiben werden, die auch bei Anwendung des Vierfarbensatzes nicht-trivial bleiben. Beim jetzigen Stand der Dinge können wir feststellen, daß der 4-Stern reduzibel ist (Satz 5.4.10). Das höchst bedauerliche ist, daß ein entspre-chendes Argument für normale Graphen, die einen 5-Stern als Konfiguration enthalten, bisher nicht gefunden wurde, das heißt, daß der 5-Stern irreduzibel ist. Hätte man dieses Argument nämlich, so wäre der Vierfarbensatz bewiesen, da jeder normale Graph entweder einen 4-Stern oder einen 5-Stern enthalten muß (Folgerung 4.6.3); schade! Aber diese Situation weist den weiteren Weg zum Beweis des Vierfarbensatzes.

Definition 5.5.2 Eine Menge $\mathcal{U}$ von Konfigurationen heißt *unvermeidbar,* wenn jeder normale Graph ein Element von $\mathcal{U}$ enthält.

Die dieser Definition vorausgehenden Überlegungen besagen, daß eine Menge aus einem 4-Stern und einem 5-Stern unvermeidbar ist. Die im vorigen Abschnitt (Seite 170) genannten Überlegungen von Paul Wernicke besagen, daß die Menge aus dem 4-Stern und den beiden dort in ihren geschälten Bildern dargestellten Konfigurationen ebenfalls unvermeidbar ist; dabei gelingt der Nachweis der Unvermeidbarkeit heute mit den von Heesch entwickelten Methoden sehr viel einfacher (siehe 223) als mit der Argumentation von Wernicke [WERNICKE 1904]. Bedauerlicherweise sind diese beiden Konfigurationen jedoch weit davon entfernt, reduzibel zu sein.

Mit den Begriffen „reduzible Konfiguration" und „unvermeidbare Menge von Konfigurationen" läßt sich ein Weg angeben, auf dem man den Beweis des Vierfarbensatzes suchen kann; dieser Weg ist seit Birkhoffs Arbeit aus dem Jahr 1913 vorgezeichnet: *Man konstruiere eine unvermeidbare Menge reduzibler Konfigurationen!* Das bedeutet, daß jeder normale Graph ein Element dieser Menge als Konfiguration enthält und damit keine Minimaltriangulation sein kann. Wenn es aber keine Minimaltriangulationen gibt, so ist der Vierfarbensatz richtig.

Kapitel 6

Reduzibilität

6.1 Kempe–Ketten–Spiele

Eine wesentliche Methode zur Prüfung gewisser Konfigurationen auf Reduzibilität geht auf Kempe zurück und wird deshalb als *Kempe–Ketten–Spiel* bezeichnet. Wir wollen sie in diesem Abschnitt an einigen Beispielen erläutern. Dazu benötigen wir einige Vorbereitungen.

Definition 6.1.1 Ein *gefärbter Graph* ist ein Paar (G, χ), bestehend aus einem (ebenen) Graphen G und einer zulässigen 4-Eckenfärbung χ von G.

Ist ein gefärbter Graph (G, χ) gegeben, so bezeichnen wir für jedes Paar b, g von Farben ($b, g \in \{1, 2, 3, 4\}$, $b \neq g$) mit G_{bg} den Untergraphen von G, der von allen mit b und g gefärbten Ecken aufgespannt wird.

Definition 6.1.2 Es sei (G, χ) ein gefärbter Graph.

a) Eine *Kempe–Kette* ist eine Kette, deren Ecken mit nur zwei Farben gefärbt sind. Speziell sprechen wir von einer (b, g)*–Kette,* wenn eine Kempe–Kette vorliegt, deren Ecken (abwechselnd) mit den Farben b und $g \in \{1, 2, 3, 4\}$ gefärbt sind.

b) Ein *Kempe–Netz* ist eine Komponente eines Untergraphen der Form G_{bg}. Speziell sprechen wir von einem (b, g)*–Netz,* wenn ein Kempe–Netz vorliegt, dessen Ecken mit den Farben b und $g \in \{1, 2, 3, 4\}$ gefärbt sind.

Je zwei Ecken eines Kempe–Netzes lassen sich durch eine Kempe–Kette verbinden. Kempe–Netze lassen sich mit Hilfe von Kempe–Ketten charakterisieren.

Lemma 6.1.3 *Ist* (G, χ) *ein gefärbter Graph, so ist der Teilgraph* $C = (E_C, \mathcal{L}_C)$ *von* G *genau dann ein Kempe–Netz, wenn gilt:*

1. *Die Ecken von* C *sind insgesamt nur mit zwei Farben gefärbt.*

2. *Je zwei Ecken von* C *können durch eine Kempe–Kette verbunden werden, deren Ecken sämtlich zu* C *gehören.*

3. *Bezüglich der Eigenschaften 1. und 2. ist* E_C *maximal.*

4. *C wird von* E_C *aufgespannt.* □

Nun können wir die Züge in einem Kempe–Ketten–Spiel beschreiben.

Definition 6.1.4 Es sei (G, χ) ein gefärbter Graph. Die Färbung $\tilde{\chi}$ von $G = (E, \mathcal{L})$ entsteht aus χ durch *Kempe–Austausch,* wenn in einem Kempe–Netz die Farben vertauscht werden, das heißt, wenn ein (b, g)-Netz $C = (E_C, \mathcal{L}_C)$ existiert, derart daß gilt

$$
\tilde{\chi}(z) = \begin{cases} g, & \text{falls } z \in E_c \text{ und } \chi(z) = b, \\ b, & \text{falls } z \in E_c \text{ und } \chi(z) = g, \\ \chi(z), & \text{falls } z \in E \setminus E_c. \end{cases}
$$

Offensichtlich ist eine 4-Eckenfärbung, die durch Kempe–Austausch aus einer zulässigen Färbung entsteht, selbst wieder zulässig. Die grundlegende Bedeutung des Kempe–Austausches beruht auf folgendem, sehr technisch klingendem Sachverhalt.

Lemma 6.1.5 *Es sei* $K = (x_1, \ldots, x_r)$ *mit* $r \geq 4$ *eine geschlossene Kette in einem gefärbten Graphen* (G, χ), *deren zugehörige geschlossene Jordankurve* $J(K)$ *ein Gebiet von* G *berandet. Ferner sei angenommen, daß die Ecken* x_1 *und* x_j *mit* $2 < j < r$ *dem gleichen* $(1, 2)$-Netz *angehören. Dann gehören zwei Ecken* x_k *und* x_l *mit* $1 < k < j$ *und* $j < l \leq r$, *die die Farben 3 und 4 tragen, sicherlich nicht dem gleichen* $(3, 4)$-Netz *an.*

Damit kann man in der beschriebenen Situation die Farbe von x_k durch einen Kempe–Austausch von 3 nach 4 (oder umgekehrt) ändern, ohne x_l umfärben zu müssen.

Beweis. Es bezeichne L das von $J(K)$ berandete Gebiet; wir nehmen ohne wesentliche Einschränkung $L = I(K)$ an. Nach dem Satz von Schoenflies können wir weiter annehmen, daß $J(K)$ der Einheitskreis ist und daß die Punkte $\boldsymbol{x}_1$, $\boldsymbol{x}_k$, $\boldsymbol{x}_j$ und $\boldsymbol{x}_l$ Ecken eines dem Einheitskreis einbeschriebenen Quadrates Q sind; dabei fassen wir Q auch als geschlossene Jordankurve auf.

Die Voraussetzung liefert eine $(1,2)$-Kette K' von $\boldsymbol{x}_1$ nach $\boldsymbol{x}_j$, derart daß der zugehörige Jordanbogen $B(K')$ bis auf seine Endpunkte ganz im Außengebiet $A(Q)$ liegt. Wir ergänzen $B(K')$ durch die passende Diagonale von Q zu einer geschlossenen Jordankurve G'. Da ein Teilbogen von G' in $I(Q)$ und der komplementäre Teilbogen in $A(Q)$ liegt (jeweils bis auf die Endpunkte), liegt eine der Ecken $\boldsymbol{x}_k$, $\boldsymbol{x}_l$ in $I(G')$ und die andere in $A(G')$ (Folgerung 2.2.10). Wir betrachten nun eine Kette K'' von $\boldsymbol{x}_k$ nach $\boldsymbol{x}_l$. Der zugehörige Jordanbogen $B(K'')$ muß G' treffen und liegt bis auf seine Endpunkte ganz in $A(Q)$; also muß er den Jordanbogen $B(K')$ treffen. Die Jordanbögen $B(K')$ und $B(K'')$ sind Vereinigungen von Kanten von $\boldsymbol{G}$; wenn ihr Durchschnitt nicht leer ist, besteht er aus isolierten Ecken und ganzen Kanten von $\boldsymbol{G}$ (einschließlich der Randecken). Damit haben die Ketten K' und K'' mindestens eine Ecke gemeinsam. Also enthält K'' eine mit 1 oder 2 gefärbte Ecke, das heißt, K'' ist keine $(3,4)$-Kette. Da dies für jede Kette von $\boldsymbol{x}_k$ nach $\boldsymbol{x}_l$ gilt, können die Ecken $\boldsymbol{x}_k$ und $\boldsymbol{x}_l$ nicht in dem gleichen $(3,4)$-Netz liegen. $\square$

Bemerkung. Man kann fragen, wozu war im vorstehenden Beweis die Einführung des Quadrates Q notwendig? Hätte man stattdessen nicht direkt mit der geschlossenen Jordankurve $J(K)$ arbeiten können? Das hätte nicht funktioniert, weil die Kette K' eine innere Ecke enthalten könnte, die auch Ecke der geschlossenen Kette K ist; damit wären die Voraussetzungen für die Anwendung der Folgerung 2.2.10 entfallen.

Als erste Anwendung zeigen wir noch einmal, daß der 4-Stern reduzibel ist (vergleiche Satz 5.4.10).

Lemma 6.1.6 *In einer Minimaltriangulation gibt es keine 4–Ecke.*

Beweis. Es sei $\boldsymbol{y}$ eine 4–Ecke einer Minimaltriangulation $\boldsymbol{G}$; wir bezeichnen mit $\boldsymbol{x}_1, \dots \boldsymbol{x}_4$ die Nachbarn von $\boldsymbol{y}$ in einer zyklischen Reihenfolge. Der Graph $\boldsymbol{G}'$ entstehe aus $\boldsymbol{G}$ durch Weglassen der Ecke $\boldsymbol{y}$ und der mit $\boldsymbol{y}$ inzidenten

Kanten. Da G als Minimaltriangulation vorausgesetzt ist, gibt es zu G' eine zulässige 4-Eckenfärbung. Wir wählen eine solche - sie sei mit χ' bezeichnet - und bilden den gefärbten Graphen (G', χ'). Sind für die Färbung der in G' enthaltenen Nachbarn von y nur drei Farben verbraucht, so haben wir eine vierte Farbe für x frei und können χ' unmittelbar zu einer zulässigen 4-Eckenfärbung von G erweitern.

Sind die Nachbarn von y paarweise verschieden gefärbt, so können wir durch eine Permutation der Farben erreichen, daß

$$\chi'(x_i) = i$$

für alle $i \in \{1, 2, 3, 4\}$ gilt. Jetzt beginnt das eigentliche Kempe-Ketten-Spiel.

1. Zug: Gehören x_1 und x_3 zu verschiedenen $(1,3)$-Netzen, so führen wir den Kempe-Austausch in dem $(1,3)$-Netz durch, dem x_1 angehört. Danach hat x_1 die Farbe 3, das heißt, die neue Färbung von G' verbraucht für die Nachbarn von y nur die drei Farben 2, 3 und 4. Wir können sie auf ganz G erweitern und das Spiel ist beendet. Andernfalls kommt es zum

2. Zug: Die Ecken x_1 und x_3 gehören zum gleichen $(1,3)$-Netz. Dann gehören aber die Ecken x_2 und x_4 zu verschiedenen $(2,4)$-Netzen (Lemma 6.1.5). Durch einen Kempe-Austausch erhalten wir nun eine Färbung χ'' mit

$$\chi''(x_2) = \chi''(x_4) = 4 \,,$$

bei der für die Nachbarn von x nur die drei Farben 1, 3 und 4 verbraucht sind. Diese können wir auf ganz G erweitern und das Spiel ist endgültig beendet. $\square$

In gleicher Weise versuchte Kempe auch die Unmöglichkeit eines 5-Sternes in einer Minimaltriangulation nachzuweisen. Kempes Argumentation und der darin enthaltene Trugschluß sind so typisch für den späteren Beweis des Vierfarbensatzes, daß wir beides hier vorführen wollen.

Behauptung. *In einer Minimaltriangulation gibt es keine 5-Ecke.*

Beweisversuch. Es sei y 5-Ecke einer Minimaltriangulation G; wir bezeichnen mit $x_1, \cdots x_5$ die Nachbarn von y in zyklischer Reihenfolge. Der Graph G' entstehe aus G durch Weglassen der Ecke y und der mit y inzidenten Kanten. Da G als Minimaltriangulation vorausgesetzt ist, gibt es zu G' eine zulässige 4-Eckenfärbung. Wir wählen eine solche - sie sei mit χ' bezeichnet - und bilden den gefärbten Graphen (G', χ'). Wir können uns auf die Untersuchung des Falles beschränken, bei der für die Färbung der Nachbarn von x alle vier Farben verbraucht sind. Durch Umnumerieren und Permutation können wir die folgende Farbverteilung erreichen:

$$\chi'(x_i) = \begin{cases} i, & i \in \{1,2,3,4\}, \\ 2, & i = 5. \end{cases}$$

Nun beginnt wieder das Kempe-Ketten-Spiel.

1. Zug: Wenn x_1 und x_3 in verschiedenen $(1,3)$-Netzen liegen, färben mit Hilfe eines Kempe-Austausches so um, daß x_1 die Farbe 3 erhält und die Farbe 1 für x frei ist.

2. Zug: Wenn x_1 und x_4 in verschiedenen $(1,4)$-Netzen liegen, färben mit Hilfe eines Kempe-Austausches so um, daß x_1 die Farbe 4 erhält und die Farbe 1 für x frei ist.

3. Zug: Es gibt eine $(1,3)$-Kette K_3 von x_1 nach x_3 und $(1,4)$-Kette K_4 von x_1 nach x_4. Dann gibt es weder eine $(2,4)$-Kette von x_2 nach x_4 noch eine $(2,3)$-Kette von x_5 nach x_3. Wir können so umfärben, daß x_2 die Farbe 4 und x_5 die Farbe 3 erhält. Jetzt ist die Farbe 2 für x frei und die Behauptung ist bewiesen.

Wo steckt der Fehler? Es brauchte über 10 Jahre, bis er von Heawood gefunden wurde. Das Geheimnis steckt im 3. Zug. Da werden zwei Umfärbungen gleichzeitig vorgenommen. Sie müssen aber nacheinander erfolgen. Und dabei kann es passieren, daß die Durchführung der ersten Umfärbung die Voraussetzungen für die zweite zerstört. Das ist sicher nicht der Fall, wenn das $(1,3)$-Netz, das x_1 enthält, und das $(1,4)$-Netz, das x_1 enthält, außer x_1 keine Ecke gemeinsam haben. Aber ansonsten kann bei gleichzeitigem Umfärben eine nicht zulässige Färbung entstehen. Eine mögliche Situation zeigt die folgende Figur, bei der wir die Ecken gleich mit den durch χ' gegebenen Farben versehen haben. (Um die Figur nicht zu groß zu machen, aber trotzdem die Linien möglichst weit auseinanderzuziehen, haben wir nicht nur Strecken, sondern auch Kurven gezeichnet; der Leser überlege sich eine Transformation in einen Streckengraphen.)

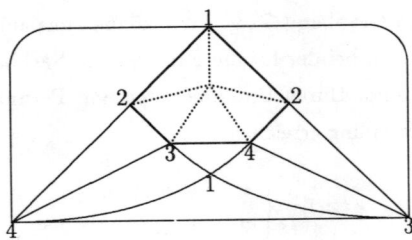

Eine zum dargestellten Graphen duale Landkarte findet sich auf dem Titelblatt der Ausgabe der Zeitschrift *The Mathematical Intelligencer* mit der schon genannten (Seite 40) Arbeit von Appel und Haken [APPEL und HAKEN 1986]. Dieses Gegenbeispiel ist wesentlich einfacher als das ursprünglich von Heawood angegebene [HEAWOOD 1890]; den zu Heawoods Karte dualen Graphen hat Saaty gezeichnet [SAATY 1972, Seite 9].

Birkhoff hat mit Hilfe von Kempe-Ketten-Spielen gezeigt, daß alle Konfigurationen der Ringgröße 4 und die Konfigurationen der Ringgröße 5 mit mehr als einer inneren Ecke reduzibel sind. Wir wollen das hier nicht ausführen und verweisen interessierte Leser auf die Originalarbeit [BIRKHOFF 1913] und das Buch von Aigner [1984, Sätze 9.1 und 9.2]. Als unmittelbare Folgerung halten wir fest:

Satz 6.1.7 *In einer Minimaltriangulation gibt es weder*

1. *einen Ring der Größe 4 noch*

2. *einen Ring der Größe 5, dessen Innengebiet mehr als eine Ecke von G enthält.*

Eine weitere Folgerung, die Birkhoff aus diesen Ergebnissen zog, ist leicht zu begründen. Sie erweitert die Aussage, daß die Nachbarn einer Ecke einen Ring bilden (Satz 5.4.2). Auch die „zweite Nachbarschaft" einer Ecke ist ein Ring:

Folgerung 6.1.8 *Es sei y Ecke einer Minimaltriangulation G und R sei die Menge aller Ecken von G, die von y und seinen Nachbarecken verschieden, aber zu einer Nachbarecke von y benachbart sind. Dann ist R ein Ring mit mindestens $d_G(y)$ Ecken.*

Beweis. Wir setzen zur Abkürzung $d = d_G(\boldsymbol{y})$ und bezeichnen die Nachbarn von $\boldsymbol{y}$ so durch $\boldsymbol{x}_j$, $j \in \{1, \ldots, d\}$, daß $(\boldsymbol{x}_1, \ldots, \boldsymbol{x}_d)$ eine (einfach) geschlossene Kette ist; ohne wesentliche Einschränkung nehmen wir dabei an, daß $\boldsymbol{y}$ eine innere Ecke von $\boldsymbol{G}$ ist (siehe Seite 154). Wir bezeichnen mit $B_1, \ldots, B_d$ die Glieder dieser Kette, und zwar so, daß gilt

$$B_j = \begin{cases} [\boldsymbol{x}_d \quad , \boldsymbol{x}_1], & \text{falls } j = 1 \text{ und} \\ [\boldsymbol{x}_{j-1}, \boldsymbol{x}_j], & \text{sonst.} \end{cases}$$

Jede Ecke $\boldsymbol{x}_j$ hat einen Grad größer–gleich 5 und ist damit Endecke von mindestens zwei Kanten, deren andere Enden zu R gehören. Wir bezeichnen diese Kanten durch B_{jk_j}, $k_j \in \{1, \ldots, e_j\}$ mit $e_j = d_G(\boldsymbol{x}_j) - 3$ und zwar so, daß für $j \in \{1, \ldots, d-1\}$ die Kanten B_j, B_{j1}, $\ldots$, B_{je_j}, B_{j+1} und für $j = d$ die Kanten B_d, B_{d1}, $\ldots$, B_{de_d}, B_1 in der Umgebung von $\boldsymbol{x}_j$ zyklisch aufeinander folgen. Nun beachten wir, daß G die Ebene in Dreiecke zerlegt. Das liefert einmal, daß die zu R gehörigen Endecken der beiden Kanten B_{je_j} und $B_{j+1\,1}$ für $j \in \{1, \ldots, d-1\}$, sowie die Endecken der Kanten B_{de_d} und B_{11} zusammenfallen, und zum zweiten, daß die Endecken der beiden Kanten B_{jk} und B_{jk+1}, $j \in \{1, \ldots, d\}$, $k \in \{1, \ldots, e_j - 1\}$, zueinander benachbart sind. Wir bezeichnen für $j \in \{1, \ldots, d\}$ und $k \in \{1, \ldots, e_j - 1\}$ mit $\boldsymbol{z}_{jk}$ die zu R gehörige Endecke von B_{jk} und haben damit alle zu R gehörigen Ecken erfaßt. Daraus folgt, daß die Ecke $\boldsymbol{z}_{11}$ dann auch Endecke von B_{de_d} sowie für $j \in \{2, \ldots, d\}$ die Ecke $\boldsymbol{z}_{j1}$ auch Endecke von $B_{j-1e_{j-1}}$ ist, und daß in der Folge

$$S = (\boldsymbol{z}_{11}, \ldots, \boldsymbol{z}_{1\,e_1-1}, \boldsymbol{z}_{21}, \ldots, \boldsymbol{z}_{d\,e_d-1})$$

je zwei aufeinanderfolgende Ecken, sowie die erste und die letzte Ecke benachbart sind. Wir überlegen zunächst, daß die Folge S genau aus den Elementen der Menge R besteht. Nach Konstruktion von S treten die Elemente von R sicher alle in der Folge S auf; für die Umkehrung ist nachzuweisen, daß kein Element von S zu $\boldsymbol{y}$ benachbart ist, das heißt, daß

$$\boldsymbol{z}_{j_1 k} \neq \boldsymbol{x}_{j_2}$$

für alle möglichen Indextripel (j_1, j_2, k) gilt. Für $j_1 = j_2$ ergibt sich das wiederum unmittelbar aus der Konstruktion. Gäbe es Indextripel (j_1, j_2, k) mit

$j_1 \neq j_2$ und

$$z_{j_1 k} = \boldsymbol{x}_{j_2} \,,$$

so wären $\boldsymbol{x}_{j_1}$ und $\boldsymbol{x}_{j_2}$ benachbart; da die Ecken $\boldsymbol{x}_j$ einen Ring bilden, müßte die Kante $B_{j_1 k}$ mit einer der Kanten B_j zusammenfallen, was nach Konstruktion nicht sein kann. Daraus folgt insbesondere, daß die Ecken z_{jk} alle im Außengebiet der von den Kanten B_j gebildeten geschlossenen Jordankurve liegen – wir hatten ja zu Beginn angenommen, daß $\boldsymbol{y}$ eine innere Ecke von $\boldsymbol{G}$ ist.

Damit die Folge S eine geschlossene Kette ist, muß nachgewiesen werden, daß die Elemente dieser Folge paarweise verschieden sind. Das ist sicherlich richtig für zwei Ecken $z_{j_1 k_1}$, $z_{j_2 k_2}$ mit $j_1 = j_2$, $k_1 \neq k_2$. Wir nehmen nun

$$z_{j_1 k_1} = z_{j_2 k_2}$$

mit $j_1 \neq j_2$ an. Es sind zwei Fälle zu unterscheiden:

1. Die Ecken $\boldsymbol{x}_{j_1}$ und $\boldsymbol{x}_{j_2}$ sind benachbart; dabei können wir ohne wesentliche Einschränkung $j_2 = j_1 + 1$ annehmen. Dann ist $\{\boldsymbol{x}_1, \boldsymbol{x}_2, z_{j_1 k_1} = z_{j_2 k_2}\}$ ein Ring der Ringgröße 3. Da ein normaler Graph vorliegt, ist das Dreieck $\{B_{j_2}, B_{j_2 k_2}, B_{j_1 k_2}\}$ Rand eines Gebietes. Da die Kante B_{j_2} zum Rand dieses Gebietes gehört, folgt $k_2 = 1$ und $k_1 = e_{j_1}$; eine Ecke z_{jk} mit $j = j_1$ und $k = e_{j_1}$ gibt es aber nicht.

2. Die Ecken $\boldsymbol{x}_{j_1}$ und $\boldsymbol{x}_{j_2}$ sind nicht benachbart; dabei können wir ohne wesentliche Einschränkung $j_1 = 1$ und $2 < j_2 < d$ annehmen. Dann ist $\{\boldsymbol{y}, \boldsymbol{x}_1, z_{1 k_1}, \boldsymbol{x}_{j_2}\}$ ein Ring der Größe 4, was in einer Minimaltriangulation unmöglich ist (Satz 6.1.7.1).

Also ist S wirklich eine geschlossene Kette und für die Anzahl der Elemente gilt wegen $e_j \geq 2$:

$$\sum_{j=1}^{d} (e_j - 1) \geq d \,.$$

Es bleibt die Einfachheit der Kette S nachzuweisen. Da die Ecken z_{jk} für festes j zum Ring der Nachbarn von $\boldsymbol{x}_j$ gehören, bleibt nur zu zeigen, daß zwei Ecken $z_{j_1 k_1}$ und $z_{j_2 k_2}$ für $j_1 < j_2$ und

- im Falle $j_2 = j_1 + 1$: $k_1 \neq e_{j_1} - 1$ oder $k_2 \neq 1$

- im Falle $j_1 = 1$, $j_2 = d$: $k_1 \neq 1$ oder $k_2 \neq e_d - 1$

nicht benachbart sind. Nehmen wir, daß zwei solche Ecken benachbarte gegeben sind. Es sind wieder die eben schon unterschiedenen Fälle zu betrachten.

1. $j_2 = j_1 + 1$: Da die Elemente der Folge S paarweise verschieden sind, ist $(x_{j_1}, z_{j_1 k_1}, z_{j_2 k_2}, x_{j_2})$ ein Ring der Größe 4; ein solcher existiert aber in einer Minimaltriangulation nicht (Satz 6.1.7.1).

2. $j_1 = 1$ und $2 < j_2 < d$: Nun ist $(y, x_{j_1}, z_{j_1 k_1}, z_{j_2 k_2}, x_{j_2})$ eine einfach geschlossene Kette aus fünf Ecken; damit haben wir eine Konfiguration der Ringgröße 5 mit mindestens zwei inneren Ecken, nämlich entweder x_2 und z_{21} oder x_d und z_{d1}. Das ist wiederum nicht möglich (Satz 6.1.7.2). □

Wir wollen hier noch ein besonders schönes Resultat von Birkhoff darstellen, insbesondere weil es eine weitere Ausgestaltung des Kempe–Ketten–Spieles aufzeigt. Die Zugmöglichkeiten werden um Kontraktionen erweitert (Definition 5.2.8).

Satz 6.1.9 *Eine Minimaltriangulation enthält keinen Birkhoff–Diamanten.*

Beweis. Es sei G eine Minimaltriangulation; wir nehmen die Existenz eines Birkhoff–Diamanten an und verwenden die Bezeichnungen folgender Figur

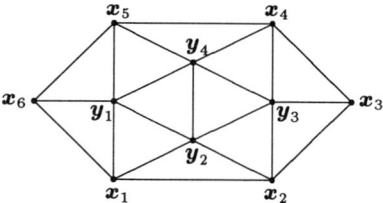

Der Graph G' entstehe aus G durch Wegnahme der inneren Ecken des Birkhoff–Diamanten und der mit ihnen inzidenten Kanten. Dabei ergibt sich ein Gebiet, das von einem Sechseck berandet wird. Der erste Zug im nun beginnenden Kempe–Ketten–Spiel beinhaltet noch keinen Kempe–Austausch, sondern eine Kontraktion.

1. Zug: Wir bilden aus G' einen Graphen G'' in folgenden Schritten:

i) Wir erweitern um eine Kante, und zwar um die Diagonale, die die Ecken x_2 und x_4 verbindet:

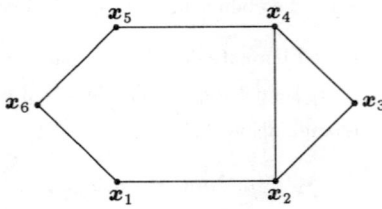

Damit diese Erweiterung möglich ist, müssen wir überlegen, daß die Ecken x_2 und x_4 in G' nicht schon durch eine Kante verbunden sind. Das kann aber nicht sein, weil andernfalls die Ecken x_2, x_4 und y_3 ein Dreieck in G bilden würden, das kein Gebiet berandet – im Widerspruch zur Definition der Minimaltriangulation.

ii) Dann kontrahieren wir die neue Kante $[x_2, x_4]$ zu dem in ihr liegenden Punkt y_3 (siehe Seite 151).

iii) Schließlich nehmen wir die Verbindungsstrecke von x_6 und y_3 als Kante hinzu, sofern diese Ecken nicht schon durch eine Kante in G' verbunden sind. Letzteres ist allerdings auf Grund der Nichtexistenz von Ringen der Größe 4 in Minimaltriangulationen (Satz 6.1.7.1) überhaupt unmöglich, denn andernfalls müßten entweder die Ecken x_2 und x_6 oder die Ecken x_4 und x_6 in G benachbart sein und dann gäbe es einen Ring der Größe 4.

Dadurch entsteht die folgende Figur:

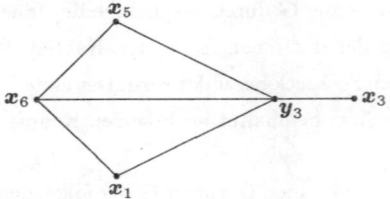

Im Rahmen einer allgemeineren Theorie werden wir später diese Figur als einen *Reduzenten* für den Birkhoff–Diamanten bezeichnen (siehe Seite 208); es handelt sich – wie man sieht – um keine Konfiguration.

Der Graph G'' hat fünf Ecken weniger als G, besitzt also eine zulässige 4-Eckenfärbung χ''. Wir verwenden nun die Zahlen 0, 1, 2, 3 als Farben. Die Ecken des Dreiecks $[x_1 y_3 x_6]$ müssen drei verschiedene Farben haben; da wir χ'' nötigenfalls durch Permutation abändern können, dürfen wir $\chi''(x_1) = 0$, $\chi''(y_3) = 1$ und $\chi''(x_6) = 2$ annehmen. Wir setzen nun für die Ecken z von G'

$$\chi'(z) = \begin{cases} 1, & z \in \{x_2, x_4\}, \\ \chi''(z), & \text{sonst} \end{cases}$$

und erhalten eine zulässige 4-Eckenfärbung von G'. Dabei erhalten die Ecken x_2 und x_4 die gleiche Farbe; das ist erlaubt, da – wie schon bemerkt – die Ecken x_2 und x_4 in G' nicht benachbart sind.

Für die Außenecken des Birkhoff–Diamanten ergeben sich dabei folgende sechs Möglichkeiten:

	x_1	x_2	x_3	x_4	x_5	x_6
1.	0	1	0	1	3	2
2.	0	1	2	1	3	2
3.	0	1	3	1	3	2
4.	0	1	2	1	0	2
5.	0	1	3	1	0	2
6.	0	1	0	1	0	2

2. Zug: In den ersten fünf Fällen können wir χ' direkt zu einer zulässigen 4-Eckenfärbung von G fortsetzen, wie die folgende Tabelle zeigt (auch noch ohne Kempe–Austausch):

	y_1	y_2	y_3	y_4
1.	1	3	2	0
2.	1	2	3	0
3.	1	3	2	0
4.	1	2	0	3
5.	1	2	0	3

3. Zug: Der Rand des Birkhoff–Diamanten ist durch χ' gemäß Fall 6. gefärbt.

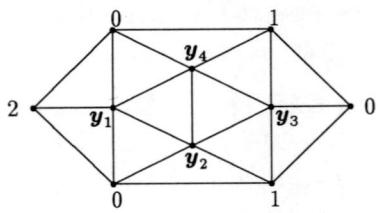

Eine direkte Fortsetzung auf G ist nun nicht möglich: Die Ecken y_2 und y_4 müßten die Farben 2 und 3 erhalten; damit stünde für y_3 keine Farbe mehr zur Verfügung. Wir betrachten nun die verschiedenen Möglichkeiten für das $(0,3)$–Netz C, dem die Ecke x_5 angehört.

1. Gehört die Ecke x_3 auch zu C, so erhalten wir durch Kempe-Austausch eine Färbung $\tilde{\chi}'$ mit

$$\tilde{\chi}'(x_4) = 2$$

(Lemma 6.1.5), die sich in genau einer Weise auf ganz G fortsetzen läßt, nämlich durch die Zuordnungen

$$y_j \mapsto \begin{cases} 3, & \text{für } j = 3, \\ 2, & \text{für } j = 2, \\ 1, & \text{für } j = 4, \\ 3, & \text{für } j = 1. \end{cases}$$

2. Die Ecke x_3 gehört nicht zu C, aber die Ecke x_1 liegt in C. Dann liegen x_1 und x_3 in verschiedenen $(0,3)$-Netzen und wir erhalten durch Kempe–Austausch eine Färbung $\tilde{\chi}'$ mit

$$\tilde{\chi}'(x_3) = 3\,,$$

das heißt, den Fall 5 des 2. Zuges.

3. Die Ecken x_1 und x_3 gehören beide nicht zu C. Dann erhalten wir durch Kempe–Austausch eine Färbung $\tilde{\chi}'$ mit

$$\tilde{\chi}'(x_5) = 3\,,$$

das heißt, den Fall 1 des 2. Zuges, und das Spiel ist beendet. $\square$

Beim Birkhoff–Diamanten handelt es sich um eine Konfiguration der Ringgrös-
se 6. Die Reduzibilität solcher Konfigurationen hat Arthur Bernhart ausführlich untersucht [BERNHART 1947]. Seine Ergebnisse bilden zusammen mit denen von Birkhoff die Grundlage der Arbeit von Appel und Haken [APPEL und
HAKEN 1989, Seite 171]. Birkhoff selbst hat noch bemerkt, daß eine Konfiguration der Ringröße 6, die mindestens vier innere Ecken hat und deren innere
Ecken alle den Grad 5 haben, den Birkhoff–Diamanten enthält und damit in
einer Minimaltriangulation nicht auftreten kann.

6.2   Die Birkhoff–Zahl und andere Reduzibi-litätsergebnisse in historischer Abfolge

In Würdigung der Verdienste Birkhoffs um das Vierfarbenproblem hat Saaty
den Begriff „Birkhoff–Zahl" eingeführt [SAATY 1972, Seite 26]. Saatys Definition ist jedoch durch die inzwischen erfolgte Lösung des Vierfarbenproblems
überholt[1]. Deswegen wird dieser Begriff heute abweichend von der Original-
definition erklärt. Man versteht darunter eine vom Kalenderdatum abhängige
Größe. Sie ist für jedes Datum zwischen 1852 und 1976 ein Maß für den jeweiligen Stand des Vierfarbenproblems. Die Birkhoff–Zahl am Tag t ist b, wenn
am Tag t bewiesen war, daß eine Landkarte, die sich nicht mit vier Farben
zulässig färben läßt, mindestens b Länder enthalten muß. Der Satz von Weiske
(Satz 4.5.1) liefert für die Birkhoff–Zahl den Wert 6 für die Jahre 1852 bis 1879
(Folgerung 4.5.2). Durch Kempes Überlegungen wird sie 1879 auf 13 angeho-
ben. Dieser Wert wurde durch Birkhoff selbst nicht verbessert; Entstehung und
Benennung des mathematischen Sachverhalts haben hier – wofür es auch viele
andere Beispiele gibt – nicht viel miteinander zu tun.

1922 gelang es Philip Franklin den Wert der Birkhoff–Zahl zu verdoppeln, das
heißt, auf 26 anzuheben. Der Darstellung des historischen Verlaufes vorgreifend
zeigen wir die weitere Entwicklung der Birkhoff–Zahl

---

[1]Saaty hatte definiert: Die *Birkhoff–Zahl* ist die Zahl der Länder, die eine Landkarte
mindestens haben muß, wenn sie nicht mit vier Farben zulässig gefärbt werden kann. Im
Sinne dieser Definition müßte man jetzt entweder feststellen, daß es die Birkhoff–Zahl gar
nicht gibt, oder man müßte ihr in Übereinstimmung mit den üblichen Konventionen den
Wert ∞ (unendlich) zuweisen.

	t	b
B. G. Weiske	vor 1852	6
A. B. Kempe	1879	13
P. Franklin	1922	26
C. N. Reynolds	1926	28
P. Franklin	1938	32
C. E. Winn	1940	36
O. Ore und J. G. Stemple	1968	41
W. R. Stromquist	2. Juli 1973	45
J. Mayer	September 1973	48
W. R. Stromquist	Frühjahr 1974	52
J. Mayer	1975	96

Wie wir schon früher bemerkt haben (siehe Abschnitt 5.5), kommt es für den schließlichen Beweis des Vierfarbensatzes jedoch nicht so sehr auf die Birkhoff–Zahl an – von 96 bis ∞ ist es ja noch sehr weit – sondern auf die Weiterentwicklung der von Birkhoff begonnenen Reduzibilitätstheorie, die Verfeinerung der in Kapitel 7 zu behandelnden Entladungsprozeduren, die zur Herstellung unvermeidbarer Mengen von Konfigurationen dienen, und vor allem auch auf eine geeignete Visualisierung. All das sind Bereiche, an deren Entwicklung Heesch entscheidenden Anteil hat. Wir nennen hier noch – ohne Beweis – die wesentlichen in der Folge erzielten Reduzibilitätsergebnisse.

In einer Minimaltriangulation gibt es nicht:

Birkhoff 1913 eine Ecke, deren Nachbarn alle den Grad 5 haben,

Birkhoff 1913 eine Ecke mit geradem Grad, deren Nachbarn alle den Grad 6 haben,

Franklin 1922 eine 5–5–5–Kette, deren Ecken zu ein- und derselben 6–Ecke benachbart sind,

Franklin 1922 eine 5–Ecke, deren Nachbarn zu einer 5–5–6–6–6–Kette angeordnet werden können,

Errera 1925 nur Ecken mit den Graden 5 und 6,

Winn 1937 eine 5–Ecke, deren Nachbarn alle den Grad 6 haben,

Chojnacki–Hanani 1942 nur Ecken mit Graden ungleich 6, 7,

Heesch 1958 nur Ecken mit den Graden 5 und 7 ohne ein 7–7–7–Dreieck,

Stanik 1973 nur Ecken mit Graden ungleich 6 ohne ein 5–5–5–Dreieck,

Osgood 1974 nur Ecken mit Graden 5, 6 und 8,

Allaire 1976 nur Ecken mit Graden ungleich 6.

6.3 Arten der Reduzibilität – Allgemeines

Wir kommen nun zu den Präzisierungen des Reduzibilitätsbegriffes, die nicht mehr vom jeweiligen Stand des Vierfarbensatzes abhängen. Heesch unterscheidet zunächst zwischen A-, B-, C- und D-Reduzibilität [HEESCH 1969]. Später entwickelt er noch weitere Reduktionsstrukturen, die aber in den Beweis des Vierfarbensatzes von Appel, Haken und Koch nicht mehr einfließen; sie könnten vielleicht einen alternativen Beweis ermöglichen [BIGALKE 1988, Seiten 229, 239, 255f., 311f.], [HEESCH 1974]. Dabei sind die Bezeichnungen allerdings nicht so willkürlich, wie es durch die alphabetische Reihenfolge den Anschein hat: A ehrt A. Errera , B Birkhoff und C C. E. Winn. Diesmal kommt Birkhoffs Name zurecht ins Spiel; seine Behandlung des auch nach ihm benannten Diamanten ist ein Prototyp der B–Reduktion.

Die D-Reduzibilität wurde von Heesch selbst entdeckt und in Fortsetzung der alphabetischen Ordnung so benannt; sie beruht allein auf Kempe–Ketten–Spielen, kommt also ohne Kontraktionen aus, wie sie etwa beim Nachweis der Reduzibilität des Birkhoff–Diamanten benutzt werden (siehe Seite 181). Heesch hat auch bemerkt, daß sich die D–Reduzibilität im Prinzip durch endlich viele, auch von einem Computer ausführbare Rechnungen feststellen läßt. Karl Dürre hat einen diesbezüglichen Test erstmalig auf einem Computer implementiert (siehe Seite 32). Wir stellen den Dürre–Heesch–Algorithmus im nächsten Abschnitt vor und verwenden ihn zur präzisen Definition der D–Reduzibilität. In Umkehr der historischen Entwicklung behandeln wir A–, B– und C–Reduzibilität erst im Anschluß daran, im übernächsten Abschnitt.

6.4   Der Dürre–Heesch–Algorithmus

Gegeben sei eine Konfiguration $C = (E_C, \mathcal{L}_C)$; es bezeichne r die Ringgröße
und R den Ring der Außenecken von C. Wir überlegen zunächst, wie die
Außenecken gefärbt werden können. Als Farben verwenden wir von nun an
nur noch – wie beim Nachweis der Reduzibilität des Birkhoff–Diamanten (Seite
183) – die Zahlen 0, 1, 2, 3.

Randfärbungen

Die Ecken von R werden in einer zyklischen Reihenfolge mit $x_1, \ldots, x_r$ bezeichnet. Eine Färbung der Ecken x_j läßt sich als r-Tupel von Farben, also
als Element von $\{0, 1, 2, 3\}^r$, auffassen. Natürlich liefern nicht alle r-Tupel zulässige Färbungen; um eine Übersicht zu gewinnen, können wir ganz abstrakt
vorgehen. Zur Abstraktion gehört auch die Verwendung von Addition und Subtraktion *modulo r*, das heißt, wir addieren und subtrahieren wie üblich bis auf
$r + 1 = 1$ und $1 - 1 = r$.

Definition 6.4.1   a) Es sei r eine natürliche Zahl größer–gleich 3. Ein r–
Tupel $a = (a_1, \ldots, a_r) \in \{0, 1, 2, 3\}^r$ heißt *Randfärbung (der Größe r),*
wenn $a_j \neq a_{j+1}$ für alle $j \in \{1, \ldots, r\}$ $a_r \neq a_1$ gilt.

b) Zwei Randfärbungen a und a' heißen *äquivalent,* wenn sie gleiche Größe
r haben und sich nur um eine Permutation der Farben unterscheiden,
das heißt, wenn es eine Bijektion $\pi : \{0, 1, 2, 3\} \to \{0, 1, 2, 3\}$ gibt, derart
daß $a'_j = \pi(a_j)$ für alle $j \in \{1, \ldots, r\}$ gilt (vergleiche die Äquivalenz–
Definition auf Seite 88).

Die Menge aller Randfärbungen der Größe r bezeichnen wir mit $\Phi(r)$. Die Äquivalenz von Randfärbungen ist offensichtlich eine Äquivalenzrelation. Häufig
genügt es, in jeder Äquivalenzklasse einen ausgezeichneten Repräsentanten zu
betrachten. Um einen solchen zu bekommen, werden die Randfärbungen gleicher Größe „lexikographisch" angeordnet. Darunter wird die lineare Ordnung
verstanden, die gegeben ist durch: $a < a'$, wenn ein Index j_o existiert, derart
daß $a_j = a'_j$ für $j < j_o$ und $a_{j_o} < a'_{j_o}$ gilt. Die Auszeichnung einer Randfärbung
in einer Äquivalenzklasse ist nun leicht möglich.

Definition 6.4.2 Eine Randfärbung heißt *wesentlich,* wenn sie in ihrer Äquivalenzklasse die kleinste ist.

Für eine wesentliche Randfärbung a muß gelten: $a_1 = 0$, $a_2 = 1$, $a_3 \in \{0, 2\}$. Unter den Randfärbungen gerader Größe r gibt es (genau) eine wesentliche Randfärbung mit nur zwei Farben, nämlich $(0, 1, 0, 1, \ldots, 0, 1)$; bei ungeradem r werden immer wenigstens drei Farben benötigt. Von den bei der Diskussion des Birkhoff–Diamanten auf Seite 183 auftretenden Randfärbungen sind die zweite, vierte und sechste wesentlich, die erste ist äquivalent zu der wesentlichen Randfärbung $(0, 1, 0, 1, 2, 3)$, die dritte zu $(0, 1, 2, 1, 2, 3)$ und die fünfte zu $(0, 1, 2, 1, 0, 3)$. Die Gesamtzahl $f(r)$ der wesentlichen Randfärbungen der Größe r läßt sich leicht angeben. Es gilt:

Lemma 6.4.3

$$f(r) = \begin{cases} \dfrac{3^{r-1} - 1}{8}, & r \text{ ungerade,} \\[2mm] \dfrac{3^{r-1} + 5}{8}, & r \text{ gerade.} \end{cases}$$

Beweis. Im Fall $r = 3$ haben wir haben wir nur eine wesentliche Randfärbung, nämlich $(0, 1, 2)$, bei $r = 4$ finden wir die vier wesentlichen Randfärbungen

$$(0, 1, 0, 1) \quad (0, 1, 0, 2) \quad (0, 1, 2, 1) \quad (0, 1, 2, 3).$$

Damit hat die Funktion f an den Stellen 3 und 4 die angegebenen Werte. Wir schließen weiter durch Induktion und betrachten ein $r > 4$ unter der Annahme, daß $f(r')$ für alle $r' < r$ die behauptete Form hat. Wir betrachten zu einer wesentlichen Randfärbung $a = (a_1, \ldots, a_{r-1}, a_r)$ das $(r-1)$-Tupel $a^b = (a_1, \ldots, a_{r-1})$ und das $(r-2)$-Tupel $a^{bb} = (a_1, \ldots, a_{r-2})$ und bezeichnen a als Randfärbung *erster Art,* wenn a^b eine Randfärbung der Größe $r - 1$ ist; das ist genau dann der Fall, wenn $a_{r-1} \neq 0$ ist, und dann ist auch a^b wesentlich. Ist $a_{r-1} = 0$, so haben wir eine Randfärbung *zweiter Art;* dann ist a^{bb} eine wesentliche Randfärbung der Größe $r - 2$. Offensichtlich ist jede Randfärbung der Größe r entweder von erster oder (ausschließend) von zweiter Art. Nun sind zwei Fälle zu unterscheiden.

r ungerade: Da r ungerade ist, ist $r - 1$ gerade, also kommt der Fall $a^b = (0, 1, 0, 1, \ldots, 0, 1)$ vor, der sich nur auf eine Weise zu einer wesentlichen Randfärbung der Größe r, nämlich nur zu $a = (0, 1, 0, 1, \ldots, 0, 1, 2)$ ergänzen läßt.

9*

Die Ergänzung um $a_r = 0$ oder 1 würde keine Randfärbung liefern, mit $a_r = 3$ erhielte man eine Randfärbung, die nicht wesentlich ist. Alle anderen Randfärbungen der Größe $r - 1$ lassen sich jedoch auf genau zwei Weisen, $a_r \neq 0, a_{r-1}$ zu einer Randfärbung der Größe r ergänzen. Auf diese Weise sind alle Randfärbungen erster Art erfaßt, mit Hilfe der Induktionsannahme ergibt sich ihre Anzahl zu

$$2 \cdot \frac{3^{r-2} + 5}{8} - 1 = \frac{2 \cdot 3^{r-2} + 2}{8}.$$

Die Randfärbungen a zweiter Art können aus den Randfärbungen a^{bb} der Größe $r - 2$ durch Ergänzung um $a_{r-1} = 0$ und $a_r \in \{1, 2, 3\}$ zurückgewonnen werden. Da $r - 2$ wieder ungerade ist, treten in jedem a^{bb} bereits die Farben 0, 1, 2 auf; also bestehen für b_r wirklich immer die drei Möglichkeiten. Damit ergibt sich die Anzahl der Randfärbungen zweiter Art mit Hilfe der Induktionsannahme zu

$$3 \cdot \frac{3^{r-3} - 1}{8} = \frac{3^{r-2} - 3}{8}.$$

Addition führt nun auf den gewünschten Wert

$$f(r) = \frac{3^{r-1} - 1}{8}.$$

r *gerade*: Jetzt ist $r - 1$ ungerade, jede Randfärbung der Größe $r - 1$ enthält mindestens die drei Farben 0, 1, 2 und läßt sich auf genau zwei Weisen zu einer Randfärbung der Größe r ergänzen; damit ergibt sich die Anzahl der Randfärbungen erster Art zu

$$2 \cdot \frac{3^{r-2} - 1}{8} = \frac{2 \cdot 3^{r-2} - 2}{8}.$$

Zur Bestimmung der Randfärbungen zweiter Art ist zu beachten, daß sich die Randfärbung $(0, 1, 0, 1, \ldots, 0, 1)$ der Größe $r - 2$ nur auf zwei Weisen zu einer wesentlichen Randfärbung zweiter Art ergänzen läßt, nämlich nur zu $(0, 1, 0, 1, \ldots, 0, 1, 0, 1)$ und zu $(0, 1, 0, 1, \ldots, 0, 1, 0, 2)$, während es für alle anderen Randfärbungen der Größe $r - 2$ drei Erweiterungsmöglichkeiten gibt. Mit Hilfe der Induktionsannahme ergibt sich die Anzahl der Randfärbungen zweiter Art zu

$$3 \cdot \frac{3^{r-3} + 5}{8} - 1 = \frac{3^{r-2} + 7}{8},$$

woraus wir auch in diesem Fall den gewünschte Wert

$$f(r) = \frac{3^{r-1} + 5}{8}$$

berechnen. □

Hauptsächlich um Speicherplatz zu sparen, hat Dürre bei seinem ersten Programm jeder Randfärbung eine einzige natürliche Zahl zugeordnet, indem er die Glieder des Tupels als gewisse Stellen einer 4-adischen Zahl auffaßte; die *Dürre-Zahl* F einer Randfärbung a ist definiert als

$$F = \sum_{j=1}^{r} a_j 4^{r+1-j}.$$

Viel wesentlicher als die Dürre-Zahl waren allerdings später von Dürre entwickelte Algorithmen zur Bestimmung der Ordungszahl einer Randfärbung aus der lexikographischen Ordnung und umgekehrt. Dies ermöglichte, erheblich Speicherplatz zu sparen und war der Durchbruch zu größeren Figuren. Offensichtlich ist eine Randfärbung vorgegebener Größe durch ihre Dürre-Zahl eindeutig bestimmt. Damit könnte man die Randfärbungen auch nach der Größe ihrer Dürre-Zahl ordnen; aber das liefert nichts Neues, es ergibt sich wieder die lexikographische Ordnung.

In leichter Abwandlung der Terminologie sprechen wir von einer *Randfärbung der Konfiguration C*, wenn eine 4-Eckenfärbung des Randkreises von C vorliegt. Nach Festlegung einer Numerierung der Außenecken von C in zyklischer Anordnung können wir die Randfärbungen von C mit den (abstrakten) Randfärbungen identifizieren, deren Größe mit der Ringgröße von C übereinstimmt. Dabei fassen wir eine Komponente einer Randfärbung als Farbe der Ecke mit gleicher Nummer auf.

Im Falle des Birkhoff-Diamanten haben wir die Ringgröße 6 und damit 31 wesentliche Randfärbungen (siehe Tabelle 6.4) zu betrachten.

Tabelle 6.1: Wesentliche Randfärbungen der Größe 6^2

lfd. Nr.	Randfärbung	Dürre–Zahl	lfd. Nr.	Randfärbung	Dürre–Zahl
1	(0,1,0,1,0,1)	1092	2	(0,1,0,1,0,2)	1096
3	(0,1,0,1,2,1)	1124	4	(0,1,0,1,2,3)	1132
5	(0,1,0,2,0,1)	1156	6	(0,1,0,2,0,2)	1160
7	(0,1,0,2,0,3)	1164	8	(0,1,0,2,1,2)	1176
9	(0,1,0,2,1,3)	1180	10	(0,1,0,2,3,1)	1204
11	(0,1,0,2,3,2)	1208	12	(0,1,2,0,1,2)	1560
13	(0,1,2,0,1,3)	1564	14	(0,1,2,0,2,1)	1572
15	(0,1,2,0,2,3)	1580	16	(0,1,2,0,3,1)	1588
17	(0,1,2,0,3,2)	1592	18	(0,1,2,1,0,1)	1604
19	(0,1,2,1,0,2)	1608	20	(0,1,2,1,0,3)	1612
21	(0,1,2,1,2,1)	1636	22	(0,1,2,1,2,3)	1644
23	(0,1,2,1,3,1)	1652	24	(0,1,2,1,3,2)	1656
25	(0,1,2,3,0,1)	1732	26	(0,1,2,3,0,2)	1736
27	(0,1,2,3,0,3)	1740	28	(0,1,2,3,1,2)	1752
29	(0,1,2,3,1,3)	1756	30	(0,1,2,3,2,1)	1764
31	(0,1,2,3,2,3)	1772			

Durchfärbbarkeit

Der erste Schritt im Test auf D-Reduzibilität besteht darin, die wesentlichen Randfärbungen der Konfiguration auf „Durchfärbbarkeit" zu untersuchen, das heißt, festzustellen, welche wesentlichen Randfärbungen sich ohne Abänderung auf die ganze Konfiguration in zulässiger Weise fortsetzen lassen. Dürre nennt diese Randfärbungen *direkt durchfärbbar,* Appel und Haken bezeichnen sie als *von Anfang an gut.* Es ist zu beachten, daß die Menge $\Phi(r)$ aller Randfärbungen der Größe r nur von der Ringgröße r der betrachteten Konfiguration C abhängt, während die Menge der von Anfang an guten Randfärbungen, die wir mit $\Phi_0(C)$ bezeichnen, durch die ganze Struktur von C bestimmt ist. Klar ist, daß jede zu einer von Anfang an guten Randfärbung äquivalente Randfärbung wieder von Anfang an gut ist, das heißt, daß die Menge Φ_0 (C) *abgeschlossen* bezüglich Äquivalenz ist.

Für die praktische Ausführung der gestellten Aufgabe muß man dem Rechner zunächst die gesamte Konfiguration mitteilen, was in der folgenden Form ge-

---

[2]Die Tabelle wurde mit Hilfe eines Programms von Dürre erstellt, das eine Randfärbung aus ihrer laufenden Nummer (=lexikographischen Ordnungszahl) erzeugt.

schieht. Es seien w innere Ecken vorhanden, mit $\boldsymbol{y}_1, \ldots, \boldsymbol{y}_w$ bezeichnet. Für die maschinelle Verarbeitung werden alle Ecken durchnumeriert, das heißt, es wird gesetzt:

$$z_j = \begin{cases} \boldsymbol{x}_j & \text{für } 1 \leq j \leq r \text{ und} \\ \boldsymbol{y}_{j-r} & \text{für } r < j \leq r + w \end{cases}.$$

Arithmetisch ist die Konfiguration dann durch die Zahlen β_{jk} für $1 \leq j < k \leq r + w$ vollständig beschrieben, die gegeben sind durch

$$\beta_{jk} = \begin{cases} 1, & \text{falls } z_j \text{ und } z_k \text{ in } C \text{ durch eine Kante verbunden sind und} \\ 0, & \text{sonst.} \end{cases}$$

Speziell ergibt sich für die Indizes, deren zugehörige Ecken dem Ring R angehören:

$$\begin{aligned} \beta_{j\,j+1} &= 1 \quad \text{für } 1 \leq j < r\,, \\ \beta_{jk} &\doteq 0 \quad \text{für } 1 \leq j < k \leq r \text{ und} \\ \beta_{1r} &= 1\,. \end{aligned}$$

Durch Eingabe der Zahlen β_{jk} – sie bilden die *Verbindungsmatrix* – wird die Konfiguration dem Computer mitgeteilt. Im Falle des Birkhoff–Diamanten sieht diese Matrix folgendermaßen aus.

VERBINDUNGSMATRIX

	1	2	3	4	5	6	7	8	9	10
1	0	1	0	0	0	1	1	1	0	0
2	1	0	1	0	0	0	0	1	1	0
3	0	1	0	1	0	0	0	0	1	0
4	0	0	1	0	1	0	0	0	1	1
5	0	0	0	1	0	1	1	0	0	1
6	1	0	0	0	1	0	1	0	0	0
7	1	0	0	0	1	1	0	1	0	1
8	1	1	0	0	0	0	1	0	1	1
9	0	1	1	1	0	0	0	1	0	1
10	0	0	0	1	1	0	1	1	1	0

Zur Prüfung der direkten Durchfärbkeit baut Dürre *Färbungsmatrizen* auf; dabei handelt es sich um $4 \times (r+w)$-Matrizen (v_{ij}) mit $v_{ij} \in \{0, 1\}$, derart daß in jeder Spalte genau eine 1 steht und für alle $i \in \{0,1,2,3\}$, j, $k \in \{1,\ldots,r+w\}$ gilt:

$$v_{ij} = v_{ik} = 1 \Longrightarrow \beta_{jk} = 0.$$

Die vier Zeilen einer solchen Matrix entsprechen den vier Farben und werden deshalb mit 0, 1, 2, 3 indiziert, die Spalten werden den Ecken der Konfiguration zugeordnet. Eine Ecke j erhält die Farbe i, wenn $a_{ij} = 1$ ist. Die letztgenannte Bedingung an die Färbungsmatrix besagt dann, daß Ecken mit gleicher Farbe nicht benachbart sind, die Färbung also zulässig ist. Eine Randfärbung legt die Einträge in den ersten r Spalten der Färbungsmatrix fest und direkte Durchfärbbarkeit ist gegeben, wenn sich daraus eine vollständige Färbungsmatrix aufbauen läßt.

Beim Birkhoff–Diamanten erweisen sich die 16 Randfärbungen mit den Nummern 3, 4, 5, 6, 8, 11, 14, 19, 20, 21, 22, 24, 25, 26, 27 und 30 als direkt durchfärbbar. Für die Randfärbung Nummer 24 (= 2. Färbung der Außenecken auf Seite 183) haben wir beispielshalber die Färbungsmatrix

$$\begin{pmatrix} 1 & 0 & 0 & 0 & 0 & 0 & 0 & 0 & 0 & 1 \\ 0 & 1 & 0 & 1 & 0 & 0 & 1 & 0 & 0 & 0 \\ 0 & 0 & 1 & 0 & 0 & 1 & 0 & 1 & 0 & 0 \\ 0 & 0 & 0 & 0 & 1 & 0 & 0 & 0 & 1 & 0 \end{pmatrix}$$

Außerdem traten bei der früheren Behandlung des Birkhoff–Diamanten die von Anfang an guten Randfärbungen 4, 19, 20 und 22 auf.

Chromodendren

Bevor wir in der Beschreibung des Dürre–Heesch–Algorithmus fortfahren können, benötigen wir noch etwas Theorie.

Die Konfiguration C sei in die Minimaltriangulation G eingebettet; im Zusammenhang mit der D-Reduzibilität kommt es dabei nicht auf *richtige* Einbettung (Definition 5.4.9) an. Entfernen wir aus G die inneren Ecken von C und die mit ihnen inzidierenden Kanten, so erhalten wir einen Graphen G', den wir nach Voraussetzung mit vier Farben färben können. Jede Färbung von G' induziert eine Randfärbung von C.

Auf das Innere von C kommt es in diesem Unterabschnitt nicht mehr an. Deshalb betrachten wir hier gefärbte zusammenhängende Graphen G' ohne Brücken und Endkanten, deren Gebiete alle bis auf genau eine Ausnahme von Dreiecken begrenzt werden. Die Ecken und Kanten des *Ausnahmegebietes* bilden den *Randkreis* von G'. Sind $x_1, \ldots, x_r$ die Ecken des Randkreises in einer zyklischen Reihenfolge, so können wir auch hier die Randfärbungen der Größe r mit den 4-Eckenfärbungen des Randkreises identifizieren (siehe Seite 191). Jede Kante gehört zum Rand von genau zwei Gebieten (Satz 2.6.8), insbesondere gehört jede Kante, die nicht zum Randkreis gehört, zum Rand von genau zwei Dreiecken.

Unter einer *Farbpaarwahl* verstehen wir die Wahl einer Farbe $w \in \{1, 2, 3\}$, die zu einer Zerlegung der Farbenmenge in die beiden Farbpaare $\{0, w\}$ und $\{1, 2, 3\} \setminus \{w\}$ und damit zu Kempe–Netzen in G' und im Randkreis von G' führt. Die Kempe–Netze im Randkreis nennen wir in Anlehnung an [DÜRRE und MIEHE 1979] *Kempe–Sektoren;* Sie haben eine ganz einfache Struktur. Die Eckenmenge eines Kempe–Sektors läßt sich immer zu einer Kette anordnen. Die Anzahl der Kempe–Sektoren ist entweder 1 oder gerade. Wir haben zwei Arten von Sektoren: *w–Sektoren,* deren Ecken mit 0 oder w gefärbt sind, und $\overline{w}$*–Sektoren* mit Ecken in den beiden übrigen Farben. Verschiedene Kempe–Sektoren gleichen Typs können zum gleichen Kempe–Netz von G' gehören. Eine Menge von Ecken des Randkreises nennen wir *Block,* wenn sie zum gleichen Kempe–Netz von G' gehören und die übrigen Ecken dieses Kempe–Netzes nicht im Randkreis liegen. Damit haben wir eine Zerlegung der Menge der Ecken des Randkreises in Blöcke. Jeder Block ist Vereingung von Eckenmengen einiger Kempe–Sektoren gleichen Typs. Demnach haben wir zwei Typen von Blöcken: w–Blöcke und $\overline{w}$–Blöcke.

Für das Kempe–Ketten–Spiel wichtig sind die entsprechenden Aufteilungen der (abstrakten) Randfärbungen in Blöcke. Man braucht eine Übersicht über alle möglichen Blockzerlegungen einer Randfärbung. Jede Blockzerlegung bietet die Möglichkeit für einen oder mehrere Kempe–Austausche, und bei der Betrachtung einer Randfärbung einer Konfiguration kann man dann hoffen, durch einen solchen Kempe–Austausch eine „bessere" Randfärbung zu erhalten. Interessant und wichtig dabei ist, daß die möglichen Blockzerlegungen allein durch die Randfärbung und die Farbpaarwahl bestimmt sind, unabhängig von Konfigurationen und Graphen, in die die Konfigurationen eingebettet sind. Um dies zu erklären, müssen wir explizit Blockzerlegungen abstrakter Randfärbungen beschreiben. Dazu verwenden wir folgende Terminologie: Es sei r eine natürliche Zahl. Eine *Zerlegung* der Menge $M = \{1, \ldots, r\}$ ist eine Familie B_1, $\ldots$, B_s von nichtleeren, paarweise disjunkten Teilmengen von M, die ganz M *überdecken,* das heißt, deren Vereinigung gleich M ist; die einzelnen Elemente einer solchen Familie bezeichnen wir wieder als Blöcke. Wir sagen, daß zwei verschiedene Blöcke B_k und B_l an der Stelle t *aneinander stoßen,* wenn eine der Zahlen t, $t + 1$ zu B_k und die andere zu B_l gehört. Schließlich übertragen wir noch den Begriff des Kempe–Sektors auf abstrakte Randfärbungen. Ein *Kempe–Sektor* einer Randfärbung $a = (a_1, \ldots, a_r)$ bezüglich der Farbpaarwahl w ist eine Folge $(t_1, \ldots, t_p)$ von Indizes, derart daß gilt[3]:

1. $t_{i+1} = t_i + 1$ für alle $i \in \{1, \ldots, p-1\}$,

2. alle a_{t_i} sind Elemente des gleichen Farbpaares,

3. a_{t_1-1} und a_{t_p+1} sind Elemente des zum vorigen komplementären Farbpaares.

Ist das unter 2. vorkommende Farbpaar das Paar $\{0, w\}$, so sprechen wir speziell von einem w–Sektor, andernfalls haben wir ein $\overline{w}$–Sektor. Die maximalen Elemente der einzelnen Kempe–Sektoren bezeichnen wir als *Stoßstellen.* An diesen Stellen *stoßen* Kempe–Sektoren verschiedenen Typs aneinander; ist t eine Stoßstelle, so gehören t und $t + 1$ zu verschiedenen Kempe–Sektoren. Die Anzahl der Kempe–Sektoren bei fester Randfärbung und Farbpaarwahl ist entweder 1 oder gerade; die Anzahl der Stoßstellen ist immer gerade. Damit können wir die folgende Klärung der Situation formulieren und beweisen.

Satz 6.4.4 *Gegeben seien eine Randfärbung $a = (a_1, \ldots, a_r)$ der Größe r und eine Farbpaarwahl $w \in \{1, 2, 3\}$. Eine Zerlegung der Indexmenge $\{1, \ldots, n\}$ in*

---

[3]Hierbei verwenden wir wieder Addition und Subtraktion modulo r, siehe Seite 188.

Blöcke B_1, ..., B_s ist genau dann eine Blockzerlegung (bezüglich a und w), wenn gilt:

1. *Jeder Block ist Vereinigung von Kempe–Sektoren gleichen Typs.*
   Bezeichnungen: *w–Block beziehungsweise $\overline{w}$–Block.*

2. *Blöcke trennen sich nicht gegenseitig, das heißt, für k_1, $k_2 \in B_k$, l_1, $l_2 \in B_l$, $k \neq l$, ist die Anordnung*

$$k_1 < l_1 < k_2 < l_2$$

   unmöglich.

3. *Stoßen zwei Blöcke an einer Stelle zusammen, so auch noch an genau einer zweiten.*

Beweis. Wir zeigen zunächst die Notwendigkeit der angegebenen Bedingungen. Die erste folgt unmittelbar aus der Definition, die zweite haben wir schon früher bewiesen (Lemma 6.1.5).

Zum Nachweis der dritten Bedingung bemerken wir zunächst, daß wegen 2. zwei Blöcke höchstens an zwei Stellen zusammenstoßen können. Nun sei angenommen, daß die Kempe–Netze G_1 und G_2 in einem (wie früher beschrieben entstandenem) gefärbten Graphen G' auf dem Randkreis die an der Ecke x_1 zusammenstoßenden Blöcke B_1 und B_2 induzieren. Wir können dabei weiter annehmen, daß B_1 ein w–Block ist, der x_1 als Ecke Ecke enthält. Damit ist x_1 auch Ecke von G_1; B_2 ist ein $\overline{w}$–Block, der ebenso wie G_2 die Ecke x_2 enthält. Die Ecken x_1 und x_2 sind in G' benachbart, also durch eine Kante K_2 verbunden. Da jede Kante in G' zum Rand eines Dreiecks gehört, finden wir eine Ecke z_3, die das Paar (x_1, x_2) zu einem Dreieck ergänzt. Nach der Definition der Kempe–Netze muß die Ecke z_3 entweder zu G_1 oder zu G_2 gehören, je nachdem, ob sie mit 0 oder w, oder aber mit einer der beiden anderen Farben gefärbt ist. Wir bezeichnen i_3 den Index, für den $z_3 \in G_{i_3}$ gilt, und bemerken, daß sich der andere mögliche Index in der Form $3 - i_3$ darstellen läßt. Gehört die Kante K_3, die z_3 mit x_{3-i_3} verbindet, zum zugehörigen Randkreis, so ist z_3 entweder gleich x_3 oder gleich x_r und damit stoßen die beiden Blöcke auch noch entweder an der Stelle 2 oder an der Stelle r zusammen (dies kann allerdings nur bei nicht richtiger Einbettung auftreten). Andernfalls gehört K_3 noch zum Rand eines zweiten Dreiecks, dessen dritte Ecke wir mit z_4 bezeichnen. Diese Ecke z_4 gehört wiederum zu einem G_{i_4} mit $i_4 \in \{1,2\}$ und wir haben eine Kante K_4, die z_4 mit der zu G_{3-i_4} gehörigen Ecke von K_3 verbindet. Gehört K_4 zum Randkreis, so sind wir fertig; andernfalls finden wir eine Ecke z_5 und eine Kante K_5 mit entsprechenden Eigenschaften. Das Verfahren können wir fortsetzen, bis wir eine Kante K_n erhalten, die zum Randkreis gehört. Da G' endlich ist, muß dieser Fall irgendwann einmal eintreten und die so erhaltene Kante K_n ist sicherlich verschieden von K_2. Sind x_t und x_{t+1} die Randpunkte von K_n (Addition modulo r), so stoßen die Blöcke B_1 und B_2 nun auch noch an der Stelle $t \neq 1$ aneinander.

Nun ist umgekehrt zu einer gegebenen Zerlegung der Indexmenge $\{1, ..., r\}$ mit den Eigenschaften 1. bis 3. ein gefärbter Graph G' mit den zu Beginn des Abschnitts genannten Eigenschaften zu konstruieren, auf dessen Randkreis sich die gewünschte Blockzerlegung ergibt. Wir bemerken, daß vom ursprünglichen Ansatz her das Ausnahmegebiet solcher Graphen ein beschränktes Gebiet ist, das Innengebiet einer Konfiguration, aber daß dieses durch zweifache stereographische Projektion auch in das unbeschränkte Gebiet überführt werden kann, ohne daß die wesentlichen Eigenschaften verloren gehen. Deswegen genügt es, G' so zu konstruieren, daß das Ausnahmegebiet unbeschränkt ist.

Dazu starten wir mit einem regulären r–Eck mit den Ecken $x_1, \ldots, x_r$ in zyklischer Reihenfolge. Diese Ecken und die Seiten des r–Ecks als Kanten bilden den Randkreis des gesuchten Graphen G'. Die Ecken werden entsprechend der vorgegebenen Randfärbung a gefärbt.

Es kann der Fall eintreten, daß nur ein Block existiert. Dann treten nur zwei Farben auf, das heißt, die Ecken x_j sind abwechselnd mit zwei Farben gefärbt; insbesondere folgt, daß r gerade ist. Wir nehmen den Mittelpunkt des regulären r–Ecks, mit einer dritten Farbe belegt, als Ecke hinzu und als Kanten die Strecken, die diesen Punkt mit den Ecken x_j verbinden. Damit ist der gesuchte Graph G' hergestellt.

Nun können wir annehmen, daß wir mehrerer Blöcke haben; dann gibt es Stellen, an denen Blöcke aneinanderstoßen. Die Anzahl der Stoßstellen ist aufgrund von 3. gerade; sie sei $2m$. Die Stoßstellen seien so mit $t_1, \ldots t_m, u_1, \ldots, u_m$ bezeichnet, daß gilt

1. $1 \le t_1 < t_2 < \ldots < t_m \le r$,

2. $t_i < u_i$ für alle $i \in \{1, \ldots, m\}$,

3. $\boldsymbol{x}_{t_i}$ und $\boldsymbol{x}_{u_i+1}$ gehören zum gleichen Block, für alle $i \in \{1, \ldots, m\}$.

Dann gehören auch die Ecken $\boldsymbol{x}_{t_i+1}$ und $\boldsymbol{x}_{u_i}$ jeweils zum gleichen Block. Es ist dabei durchaus $u_i = t_i + 1$ möglich; das ist genau dann der Fall, wenn u_i für sich allein einen Block bildet.

Nun nehmen wir für alle $i \in \{1, \ldots, m\}$ die Verbindungsstrecken von $\boldsymbol{x}_{t_i}$ und $\boldsymbol{x}_{u_i+1}$, sowie für die i mit $u_i > t_i+1$ die Verbindungsstrecken von $\boldsymbol{x}_{t_i+1}$ und $\boldsymbol{x}_{u_i}$, als Kanten hinzu. Es folgt aus 2., daß sich diese neuen Kanten nicht schneiden, sondern höchstens an Endpunkten zusammenstoßen können. Allerdings braucht jetzt die Eckenfärbung nicht mehr zulässig zu sein. Die beiden Enden einer der hinzugekommen Kanten können gleich gefärbt sein. Dem ist aber leicht abzuhelfen: Eine solche Kante unterteilen wir durch ihren Mittelpunkt; es entstehen zwei Kanten und eine zusätzliche Ecke. Diese erhält die zweite Farbe des Farbpaares, zu dem die Farbe der Ecken der unterteilten Kante gehört. Das reguläre r–Eck ist nunmehr in konvexe Polygone zerlegt. Davon gibt es zwei Sorten: Polygone, deren Ecken abwechselnd mit den beiden Farben desselben Farbpaares belegt sind, und Polygone mit höchstens 6 Ecken, derart daß die induzierte Randfärbung in genau zwei Kempe–Sektoren zerfällt, von denen jeder höchstens drei Elemente enthält. Zu jedem Polygon der ersten Sorte wählen wir einen inneren Punkt als neue Ecke, färben ihn mit einer Farbe des komplementären Farbpaares und nehmen die Verbindungsstrecken mit den Ecken als Kanten hinzu; damit haben wir diese Polygone in Dreiecke zerlegt. Bei der zweiten Sorte haben wir nur dann etwas zu tun, wenn ein Polygon mit mindestens vier Ecken vorliegt. Dann finden wir eine Ecke, deren Farbe bei diesem Polygon nicht noch einmal vorkommt. Die von dieser Ecke ausgehenden Diagonalen nehmen wir als weitere Kanten hinzu. Dabei bleibt die Färbung

zulässig und das ganze reguläre r–Eck ist wie gewünscht in Dreiecke zerlegt.
□

Nun nähern wir uns dem Titelhelden dieses Abschnitts. Gegeben seien eine
Randfärbung a, eine Farbpaarwahl w und eine zugehörige Blockzerlegung. Das
zugehörige *Chromodendron* ist der kombinatorische Graph, dessen Ecken die
Blöcke und dessen Kanten die Paare aneinanderstoßender Blöcke sind. Die wohl
auf [TUTTE und WHITNEY 1972] zurückgehende Begriffswahl mit griechischer
Etymologie erklärt sich aus dem folgenden Sachverhalt:

Satz 6.4.5 *Ein Chromodendron ist ein Baum.*

Beweis. Da ein Kreis zusammenhängend ist, kann man von jedem Block zu
jedem anderen über eine Folge aneinanderstoßender Blöcke gelangen. Damit
ist ein Chromodendron zusammenhängend.
Es bleibt zu zeigen, daß ein Chromodendron kreislos ist. Das begründen
wir geometrisch. Wir betrachten die gegebene Randfärbung der Größe r als
Färbung eines Kreises mit r Ecken. Dann haben wir eine Einteilung dieses
Kreises in Kempe–Sektoren und eine Blockzerlegung der Eckenmenge. Entfernen wir aus dem Kreis die Ecken eines Blockes, der an mindestens zwei andere
Blöcke anstößt, und die mit ihnen inzidierenden Kanten, so bleiben verschiedene Komponenten übrig. Die Ecken jedes weiteren Blockes müssen nach Bedingung 2 des vorigen Satzes ganz in einer Komponente liegen. Also können zwei
Blöcke in verschiedenen Komponenten nicht durch eine Folge aneinderstoßen-
der Blöcke verbunden werden. Das bedeutet, daß das Chromodendron nach
Herausnahme dieses Blockes zerfällt. Damit können in dem Chromodendron
keine Kreise existieren. □

Wir notieren noch eine einfache Konsequenz aus den vorangehenden Überlegungen.

Folgerung 6.4.6 *Bei fester Randfärbung und Farbpaarwahl ist die Anzahl der
Blöcke einer Blockzerlegung entweder 1 oder 1 plus die Hälfte der Anzahl der
Kempe–Sektoren.*

Beweis. Wir können voraussetzen, daß mehr als ein Kempe–Sektor existiert;
damit ist die Anzahl q der Kempe–Sektoren gerade. Genau dann, wenn zwei

Kempe-Sektoren aneinander stoßen, stoßen auch zwei Blöcke aneinander. Zu jedem Paar aneinanderstoßender Blöcke gehören genau zwei Stoßstellen. Also hat das zugehörige Chromodendron $\frac{q}{2}$ Kanten. Da es sich bei einem Baum um einen zusammenhängenden Graphen mit nur einem Gebiet handelt, folgt aus der Eulerschen Polyederformel (Satz 4.3), daß die Anzahl der Ecken eines Baumes gerade um 1 größer ist als die Anzahl seiner Kanten. □

Kempe–Ketten–Spiel

Nun kehren wir zur Darstellung des Dürre–Heesch–Algorithmus zurück. Eine Konfiguration C ist sicher dann reduzibel, wenn jede Randfärbung von Anfang gut ist, das heißt, wenn gilt:

$$\Phi_0(C) = \Phi(r).$$

Das ist leider nur selten der Fall. D–Reduzibilität liegt – grob gesprochen – dann vor, wenn man jede Randfärbung durch mehrfachen Kempe–Austausch in eine von Anfang an gute Färbung überführen kann. Das prüfen die folgenden Teile des Dürre–Heesch–Algorithmus.

Wir erläutern die nächsten Schritte am Beispiel des Birkhoff–Diamanten. Die bisherige Rechnung hat gezeigt, daß die Randfärbung Nummer 1, nämlich $(0, 1, 0, 1, 0, 1)$, nicht direkt durchfärbbar ist. Wir untersuchen nun, welche Kempe–Austausche möglich sind.

Die Farbpaarwahl $w = 1$ bringt nichts. Wir erhalten nur einen Kempe–Sektor, der einzig mögliche Kempe–Austausch liefert die nicht wesentliche Randfärbung $(1, 0, 1, 0, 1, 0)$, die zugehörige wesentliche Randfärbung ist die Randfärbung, von der wir ausgegegangen sind.

Von der Struktur der Randfärbung 1 ist klar, daß die Farbpaarwahlen 2 und 3 äquivalent sein müssen. Der Computer nimmt die nächste Möglichkeit, das heißt, $w = 2$. Jetzt enthalten die Kempe–Sektoren jeweils nur einen Index, wir haben sechs Kempe–Sektoren, also Blockzerlegungen aus jeweils vier Blöcken[4].

---

[4]An dieser Stelle muß bemerkt werden, daß Heesch in der maschinellen Erzeugung der Blockzerlegungen die größten Schwierigkeiten vermutete [BIGALKE 1988, Seite 175], während die Erzeugung und Codierung der Randfärbungen die echten Schwierigkeiten bereiteten, deren wichtige Lösung die Grundlage für Dürres Promotion bildete, siehe auch Fußnote 2.

Wir finden fünf mögliche Blockzerlegungen:

Tabelle 6.2: Blockzerlegungen der Randfärbung Nummer 1 der Größe 6 für die Farbpaarwahl $w = 2$

lfd.Nr.	B_1	B_2	B_3	B_4
1.	$\{1\}$	$\{3\}$	$\{5\}$	$\{2,4,6\}$
2.	$\{2\}$	$\{4\}$	$\{6\}$	$\{1,3,5\}$
3.	$\{1\}$	$\{4\}$	$\{2,6\}$	$\{3,5\}$
4.	$\{2\}$	$\{5\}$	$\{1,3\}$	$\{4,6\}$
5.	$\{3\}$	$\{6\}$	$\{1,5\}$	$\{2,4\}$

Jede dieser Blockzerlegungen kann von außen aufgezwungen sein. Es geht also nun um die Prüfung, ob in jedem Fall ein Kempe–Austausch möglich ist, der zu einer von Anfang an guten Randfärbung führt. Wir spielen dies der Reihe nach durch.

1. Die erste Möglichkeit für einen Kempe-Austausch besteht darin, in B_1 die Farbe 0 durch die Farbe 2 zu ersetzen. Das ergibt die Randfärbung $(2,1,0,1,0,1)$. Die zugehörige wesentliche Randfärbung ist $(0,1,2,1,2,1)$, also die von Anfang an gute Randfärbung Nummer 21. Das ist schön, diese Blockzerlegung brauchen wir nicht weiter zu untersuchen.

2. Analog zum Vorgehen unter 1. ersetzen wir in B_1 die Farbe 1 durch die Farbe 3 und erhalten $(0,3,0,1,0,1)$, das heißt, $(0,1,0,2,0,2)$, die von Anfang an gute Randfärbung Nummer 6.

3. Wir können wie unter 1. vorgehen und erhalten das gleiche schöne Ergebnis.

4. Wir können wie unter 2. vorgehen und erhalten das gleiche schöne Ergebnis.

5. Ersetzen wir in B_1 die Farbe 0 durch 2, so erhalten wir zwar gleich eine wesentliche Randfärbung, nämlich $(0, 1, 2, 1, 0, 1)$, aber dabei handelt es sich um die nicht direkt durchfärbbare Randfärbung Nummer 18. Das ist schlecht, aber wir brauchen noch nicht aufzugeben. Als nächster Schritt bietet sich an, in B_2 die Farbe 1 durch die Farbe 3 zu zu ersetzen, was auf $(0, 1, 0, 1, 0, 3)$ führt. Die zugehörige wesentliche Randfärbung ist $(0, 1, 0, 1, 0, 2)$, sie hat die Nummer 2 und ist auch nicht direkt durchfärbbar. Was nun? Wir färben B_1 und B_2 gleichzeitig um! Das liefert gleich die wesentliche Randfärbung $(0, 1, 2, 1, 0, 3)$, sie hat die Nummer 20 und ist von Anfang an gut.

Damit sind wir in allen fünf Fällen zu dem erwünschten Ziel gekommen. Wir sagen, daß die Randfärbung Nummer 1 des Birkhoff–Diamanten gut von der Stufe 1 ist. Allgemein:

Definition 6.4.7 Eine Randfärbung der Konfiguration C ist *gut von der Stufe* 1, oder *von der Güteklasse* 1, wenn sie nicht von Anfang an gut ist, aber nach einer Farbpaarwahl jede Blockzerlegung einen Kempe–Austausch erlaubt, der sie in eine von Anfang gute Randfärbung, das heißt, in ein Element von $\Phi_0(C)$, überführt[5].

Beim Birkhoff–Diamanten erweisen sich noch die Randfärbungen Nummer 2, 10, 18 und 31 als gut von der Stufe 1.

Mit $\Phi_1(C)$ bezeichnen wir die Menge der Randfärbungen, die aus $\Phi_0(C)$ durch Hinzunahme der Randfärbungen entsteht, die gut von der Stufe 1 sind. Was wir eben im Beispiel vorgeführt haben zeigt, daß der Dürre–Heesch–Algorithmus ein maschinelles Verfahren zur Feststellung der Güte von der Stufe 1 enthält.

Für die Fortsetzung des Dürre–Heesch–Algorithmus empfiehlt es sich, die Definition der Güte einer Randfärbung noch etwas zu verallgemeinern. Dazu müssen wir zunächst die Züge im Kempe–Ketten–Spiel präzisieren.

---

[5]Eine schreckliche Definition mit drei Quantoren: ∃ Farbpaarwahl ∀ Blockzerlegungen ∃ Kempeaustausch . . . , aber lokale Stetigkeit einer reellen Funktion braucht sie auch und globale Stetigkeit hat sogar vier!

Definition 6.4.8 Es seien a eine Randfärbung der Größe r, w eine Farbpaarwahl und $B_1, \ldots, B_s$ eine zugehörige Blockzerlegung. Die Randfärbung a wird durch *Kempe–Austausch* oder *Umfärbung* in die Randfärbung b *transformiert*, wenn b aus a dadurch entsteht, daß in gewissen w–Blöcken die Farben 0 und w und/oder in gewissen $\overline{w}$–Blöcken die beiden anderen Farben miteinander vertauscht werden.

Ein Kempe–Austausch, also ein Zug im Kempe–Ketten–Spiel, ist bei gegebener Randfärbung, Farbpaarwahl und Blockzerlegung durch die Angabe der Blöcke, in denen ausgetauscht werden soll, festgelegt. Damit ist die Anzahl der möglichen Züge endlich, nämlich gleich der Anzahl der der möglichen *Blockauswahl*en. Es können aber durchaus verschiedene Auswahlen zu äquivalenten Ergebnissen führen. Tauscht man zum Beispiel in allen w–Blöcken aus, so erhält man eine zur Ausgangsfärbung äquivalente Färbung, und das gleiche passiert, wenn man in allen $\overline{w}$–Blöcken austauscht, oder wenn man überhaupt in allen Blöcken austauscht.

Definition 6.4.9 Es sei Φ eine Menge von Randfärbungen der Größe r. Eine Randfärbung $a \in \Phi(r)$ heißt Φ–*gut*, wenn sie nicht zu Φ gehört, es aber eine Farbpaarwahl gibt, derart daß zu jeder zugehörigen Blockzerlegung ein Kempe–Austausch existiert, der a in ein Element von Φ transformiert.

Da ein Kempe–Austausch die Eigenschaft einer Randfärbung, wesentlich zu sein, im allgemeinen nicht erhält, ist es für praktische Zwecke sinnvoll anzunehmen, daß die in dieser Definition auftretende Menge Φ von Randfärbungen abgeschlossen bezüglich Äquivalenz ist. Dann ist jedoch auch die Φ–Güte abgeschlossen bezüglich Äquivalenz:

Lemma 6.4.10 *Es sei Φ eine bezüglich Äquivalenz abgeschlossene Menge von Randfärbungen fester Größe. Jede zu einer Φ–guten Randfärbung äquivalente Randfärbung ist Φ–gut.*

Beweis. Es seien $a = (a_1, \ldots, a_r)$ eine Φ–gute Randfärbung und φ eine Permutation der Farben. Es ist zu zeigen, daß $a' = (a'_1, \ldots, a'_r)$ mit $a'_j = \varphi(a_j)$ für alle

$j \in \{1, \ldots, r\}$ ebenfalls Φ–gut ist. Da Φ nach Voraussetzung bezüglich Äquivalenz abgeschlossen ist, ist jedenfalls $a' \notin \Phi$.

Weiter sei w eine Farbpaarwahl, derart daß zu jeder zugehörigen Blockzerlegung ein Kempe–Austausch existiert, der a in ein Element von Φ transformiert. Die Farbpaarwahl w' sei durch die Bedingung bestimmt, daß das Paar $\{\varphi(0), \varphi(w)\}$ ein zugehöriges Farbpaar ist. Nun sei $B'_1, \ldots, B'_s$ eine Blockzerlegung bezüglich a' und w'. Dann ist $B_1, \ldots, B_s$ mit $B_k = \varphi^{-1}(B'_k)$ für alle $k \in \{1, \ldots, s\}$ eine zu w gehörige Blockzerlegung bezüglich a und w. Ist nun $\{B_{k_1}, \ldots, B_{k_t}\}$ eine Blockauswahl, derart daß der zugehörige Kempe–Austausch a in eine Randfärbung $b \in \Phi$ transformiert, so führt der zu der Blockauswahl $\{B'_{k_1}, \ldots, B'_{k_t}\}$ gehörige Kempe–Austausch a' in eine zu b vermöge φ äquivalente Randfärbung über, die wegen der Abgeschlossenheit von Φ bezüglich Äquivalenz auch zu Φ gehört. $\square$

Eine Konsequenz dieser Tatsache ist, daß der bisher entwickelte Teil des Dürre–Heesch–Algorithmus bei explizit gegebener, bezüglich Äquivalenz abgeschlossener Menge Φ von Randfärbungen fester Größe ein Verfahren zur Feststellung der Φ–Güte liefert.

Ist eine Konfiguration C mit der Ringgröße r gegeben, so ist die Menge $\Phi_0(C)$ der von Anfang an guten Randfärbungen bestimmt. Die früher definierten Randfärbungen der Güteklasse 1 von C stimmen genau mit den $\Phi_0(C)$–guten Randfärbungen überein. Der Rest des Dürre–Heesch–Algorithmus besteht in einer wiederholten Φ–Güte–Bestimmung. Dadurch erhalten wir höhere Güteklassen, die induktiv sind.

Definition 6.4.11 Es sei C eine Konfiguration und für eine natürliche Zahl n sei die Menge $\Phi_n(C)$ von Randfärbungen der Güteklassen kleiner-gleich n bereits bestimmt. Eine Randfärbung heißt *gut von der Stufe* $n + 1$, wenn sie $\Phi_n(C)$–gut ist.

Bei gegebener Konfiguration C der Ringgröße r ergibt sich so eine aufsteigende Kette von Randfärbungsmengen $\Phi_n(C)$. Da die Menge $\Phi(r)$ endlich ist, muß diese Kette irgendwann einmal stationär werden, das heißt, es muß einen Index n_0 geben, derart daß keine Randfärbungen von der Güteklasse $n_0 + 1$ existieren. Da es auf den genauen Wert von n_0 nicht ankommt, schreiben wir

– wie schon Heesch – $\overline{\Phi}(C)$ statt $\Phi_{n_0}(C)$. Es sind zwei Fälle möglich, die wir in der folgenden, schon lange erwarteten Definition erfassen.

Definition 6.4.12   1. $\overline{\Phi}(C) = \Phi(r)$, das heißt, jede Randfärbung ist gut von irgendeiner Stufe, die Konfiguration C ist reduzibel, genauer: D-reduzibel.

2. Φ_{n_0} ist eine echte Teilmenge von $\Phi(r)$ und damit ist die Konfiguration C D-irreduzibel.

Beim Birkhoff–Diamanten ergibt sich $\overline{\Phi} = \Phi_5 = \Phi(r)$:

Stufe	Randfärbungsnummern
2	7, 23
3	9, 15, 16, 29
4	13, 24, 28
5	17

Als historisches Detail zeigen wir den wesentlichen Teil der Umfärbungsprozedur aus Dürres erstem Programm, das am 23. 11. 1965 lief.

```
≠PROCEDURE≠ UMFARB(N,U,B,KOMPL,KET,DB,DFB).,
≠COMMENT≠ UMFAERBUNG.,
≠INTEGER≠ N,U.,    ≠INTEGER≠≠ARRAY≠ B,KOMPL, KET,DB,DFB.,
≠BEGIN≠
 ≠INTEGER≠ I,J,K,ANZ,D.,≠INTEGER≠≠ARRAY≠ NORM(/1.,2/).,
 ANZ.=(U+1)*2.,
 ≠FOR≠ I.=1 ≠STEP≠ 1 ≠UNTIL≠ U ≠DO≠
 ≠BEGIN≠
 ≠IF≠ DFB(/I/) ≠EQUAL≠ 0 ≠THEN≠ ≠GO TO≠ AUSI.,
 K.=DB(/DFB(/I/),1/).,
  M11..
 ≠IF≠ K ≠EQUAL≠ 1 ≠THEN≠
 ≠BEGIN≠
 ≠IF≠ KET(/ANZ+1/) ≠NOT EQUAL≠ 0 ≠THEN≠ K.=ANZ+1.,
 ≠END≠.,
  M2.,
 ≠FOR≠ J.=KET(/K-1/)+1 ≠STEP≠ 1 ≠UNTIL≠ KET(/K/) ≠DO≠
    B(/J/).=KOMPL(/B(/J/)/).,
 ≠IF≠ K ≠EQUAL≠ ANZ+1 ≠THEN≠ ≠BEGIN≠ K.=1.,≠GO TO≠ M2., ≠END≠.,
 ≠IF≠ DB(/DFB(/I/),2/) ≠NOT EQUAL≠ 0 ≠THEN≠
 ≠BEGIN≠
 ≠IF≠ K ≠NOT EQUAL≠ DB(/DFB(/I/),2/) ≠THEN≠
 ≠BEGIN≠
 K.=DB(/DFB(/I/),2/).,≠GO TO≠ M1.,
 ≠END≠.,
```

```
≠END≠.,
≠END≠.,
AUSI.,
≠COMMENT≠ NORMIERUNG DER NEUEN FAERBUNG.,
⋮
≠END≠ UMFARB.,
```

Die auftretenden Variablen haben folgende Bedeutung:

N : Größe der Randfärbung (*Zahl*)
B : Randfärbung (*Vektor*)
ANZ : Anzahl der Stoßstellen von Kempe–Sektoren (*gerade Zahl*)
KOMPL : Farbentausch (*Quadrupel* $(w, ?, ?, ?)$)
KET : Liste der Stoßstellen (ANZ+2–*Tupel*)
U : $ANZ/2 - 1$
DB : Blockzerlegung (U×2–*Matrix*)
DFB : Liste der Blöcke, in den die Farben ausgetauscht werden (U–*Tupel*)
NORM : *wird für den nicht mehr dargestellten Übergang zur zugehörigen wesentlichen Randfärbung benötigt.*

Das ANZ+2–Tupel KET ist für eine Randfärbung der Größe N explizit definiert durch

$$KET(/0/) \quad = 0$$
$$KET(/K/) \quad = \text{Kte Stoßstelle, für } K \in \{1, \dots, ANZ\},$$
$$KET(/ANZ+1/) = \begin{cases} 0, & \text{falls N Stoßstelle,} \\ N, & \text{sonst.} \end{cases}$$

Die Bedeutung der Zahl U liegt darin, daß eine Blockzerlegung zwar U+2 Blöcke enthält, aber bereits durch U Blöcke festgelegt ist, und daß für die infrage kommenden Kempe–Austausche nur Blockauswahlen zu höchstens U Blöcken heranzuziehen sind. Zur Beschreibung der Matrizen DB und der Tupel DFB brauchen wir noch eine *Anordnung* oder *Numerierung* der Blöcke. Dazu gehen wir von einer wesentlichen Randfärbung a und einer Farbpaarwahl w aus und numerieren erst die Kempe–Sektoren in der Reihenfolge ihrer kleinsten Elemente mit 1 bis q. Dabei erhalten die w–Sektoren ungerade, die $\overline{w}$–Sektoren gerade Nummern. Ein Block B ist durch die Nummern der Kempe–Sektoren, deren Vereinigung er ist, festgelegt; wir bezeichnen mit $|B|$ deren Anzahl und mit min B den Sektor unter ihnen mit der kleinsten Nummer. Sind B' und B'' Blöcke einer Blockzerlegung, so setzen wir $B' < B''$, wenn eine der beiden folgenden Bedingungen erfüllt ist:

1. $|B'| < |B''|$,

2. $|B'| = |B''|$ und min $B' < $ min B''.

Damit ist auf der Menge der Blöcke einer Blockzerlegung eine lineare Anordnung festgelegt; die Blöcke werden gemäß dieser Anordnung, mit der Nummer 1 beginnend, numeriert. Beispiele enthält die Tabelle 6.4 auf Seite 202. Diese Numerierung weicht zwar von der ursprünglich von Dürre angegebenen etwas ab, erfüllt aber den Zweck, den gezeigten Programmausschnitt verständlich zu machen.

Um die Größe der Matrizen DB zu erklären, genügt es zu bemerken, daß bei Randfärbungen der Größe 6 Blockzerlegungen durch U Blöcke aus je höchstens zwei Kempe–Sektoren festgelegt sind. So geben die Zeilen einer Matrix DB die ersten U Blöcke einer Blockzerlegung an. In einer Zeile steht an der ersten Stelle die Nummer eines zu dem Block gehörenden Kempe–Sektors, an der zweiten Stelle die Nummer des zweiten zu dem Block gehörenden Kempe–Sektors oder 0 (falls der Block nur einen Kempe–Sektor enthält).

Schließlich bleibt noch das Tupel DFB zu erläutern. Es enthält die Nummern der Blöcke, die zum Kempe–Austausch herangezogen werden und wird durch Nullen auf die Länge U aufgefüllt.

6.5 A-, B- und C-Reduzibilität

Die nachgeordnete Behandlung dieser Reduzibilitätsbegriffe rechtfertigt sich daraus, daß noch ein besonderer Begriff benötigt wird, der sich nicht in eine kurze Definition fassen läßt. Als einführendes Beispiel kann die Behandlung des Birkhoff–Diamanten im Abschnitt 6.1 dienen, bei der wir den Begriff „Reduzent" bereits erwähnt haben (siehe Seite 183). Wir definieren allgemein:

Definition 6.5.1 Es sei C eine Konfiguration mit den Außenecken $x_1, \ldots,$ x_r in zyklischer Anordnung. Ein Paar (S, σ), bestehend aus einem Graphen S und einer surjektiven Abbildung σ von der Menge der Außenecken von C auf die Menge der Außenecken von S ist ein *Reduzent* für C, wenn S weniger Ecken hat als C und folgendes gilt:

1. σ erhält die Nachbarschaftsrelation, das heißt, für alle $j \in \{1, \ldots, r\}$ sind $\sigma(x_j)$ und $\sigma(x_{j+1})$ benachbart, insbesondere verschieden (Addition modulo r),

2. Urbilder verschiedener Außenecken von S bezüglich σ trennen sich nicht gegenseitig, das heißt, für $j_1, j_2, k_1, k_2 \in \{1, \ldots, r\}$ mit

$$\sigma(x_{j_1}) = \sigma(x_{j_2}) \neq \sigma(x_{k_1}) = \sigma(x_{k_2})$$

   ist die Anordnung

$$j_1 < k_1 < j_2 < k_2$$

   unmöglich.

Wir bemerken, daß ein Graph S, der Bestandteil eines Reduzenten ist, zwar Brücken und Endkanten enthalten kann, aber auf jeden Fall zusammenhängend ist.

Wozu ist ein Reduzent gut? Wir betrachten eine Minimaltriangulation G, die eine Konfiguration C enthält, zu der ein Reduzent (S, σ) gegeben ist. Dann konstruieren wir einen Graphen G_σ, der weniger Ecken als G hat, in folgender Weise. Zunächst entfernen wir – wie bei der Diskussion der Chromodendren – aus G die inneren Ecken von C und die mit ihnen inzidierenden Kanten und erhalten einen Graphen G'. Dieser neue Graph hat ein Ausnahmegebiet, wobei es sich um ein beschränktes Gebiet L handelt, das von einem r–Eck begrenzt wird. Nach dem Satz von Schoenflies (Satz 2.2.7) können wir annehmen, das L von einem regulären r–Eck begrenzt wird. Im nächsten Schritt verbinden wir je zwei Ecken, die unter σ gleich abgebildet werden, durch Diagonalen. Da sich die Urbilder einzelner Ecken bezüglich σ nicht trennen, schneiden sich je zwei dieser Diagonalen nicht, sondern stoßen allenfalls an einem gemeinsamen Endpunkt zusammen. Damit können wir diese Diagonalen als Kanten zu unserem Graphen hinzunehmen. Allerdings kann es dabei passieren, daß Mehrfachkanten auftreten. Das ist genau dann der Fall, wenn zwei Außenecken von C, die unter σ das gleiche Bild haben, durch eine Kante in G' verbunden sind; dies kann keine Außenkante von C sein. Um diesen Effekt generell auszuschließen, haben wir den Begriff der „richtigen" Einbettung eingeführt (Definition 5.4.9). Wir sagen nun, daß C σ–*richtig* in G eingebettet ist, wenn zwei Außenecken von C, die von σ gleich abgebildet werden, in G nicht benachbart sind. Diese Eigenschaft setzen wir jetzt voraus und bezeichnen den durch Hinzunahme der genannten Diagonalen entstandenen Graphen mit G''. Die neuen Kanten lassen wir jedoch gleich wieder verschwinden, in dem wir jede von ihnen zu einem ihrer Punkte kontrahieren (siehe Seite 151); mit G''' sei der resultierende Graph bezeichnet. Der nun deformierte Rand des Ausnahmegebietes von G' wird homöomorph auf den Rand des unbeschränkten Gebietes des Graphen S abgebildet und die Umkehrabbildung läßt sich so zu einer Einbettung von ganz S in die Ebene fortsetzen, daß gilt:

1. die Bilder der inneren Ecken von S liegen in Gebieten von G''',

2. sind die Bilder der Endpunkte einer Kante B von S in G''' durch eine Kante B' verbunden, so wird B auf B' abgebildet.

3. die Bilder der übrigen Kanten von S liegen – möglicherweise mit Ausnahme eines oder beider Endpunkte – ganz in Gebieten von G'''.

Diese Bedingungen garantieren, daß wir die Bilder der Ecken und Kanten von S, soweit sie nicht sowieso schon zu G'''' gehören, zu G'''' hinzunehmen können, ohne die Grapheneigenschaften zu stören. Wir erhalten einen Graphen G_σ, in den S eingebettet ist, und zwar so, daß er die Konfiguration C in der ursprünglichen Minimaltriangulation G ersetzt. Die Abbildung σ setzen wir zu einer Abbildung σ' von der Eckenmenge von G' in die Eckenmenge von G_σ fort, bei der jede Ecke von G', die nicht Außenecke von C ist, auf die entsprechende Ecke in G_σ abgebildet wird. Auf Grund der Definition des Reduzenten hat der Graph G_σ weniger Ecken als G, besitzt also eine zulässige 4-Eckenfärbung χ. Die Zusammensetzung $\chi \circ \sigma'$ ist dann eine zulässige 4-Eckenfärbung von G' und die Reduzibilität von C wäre jedenfalls gewährleistet, wenn C in einer Minimaltriangulation nur richtig eingebettet auftreten könnte und sich jede so entstandene 4-Eckenfärbung auf die inneren Ecken von C fortsetzen ließe. Mit dieser Überlegung sind wir schon ganz nahe an der A–Reduzibilität. Da es bei der Frage nach der genannten Fortsetzbarkeit nur auf die Färbung der Außenecken von C ankommt, genügt es, die Zusammensetzungen $\chi \circ \sigma$ zu betrachten, die durch die Werte von χ auf den Außenecken von S bestimmt sind. Die Färbung der Außenecken von S kann aber nicht willkürlich gewählt werden, sie muß zulässig sein und sich gegebenenfalls auf innere Ecken fortsetzen lassen. Damit werden wir zu der Menge $\Psi(S)$ der zulässigen 4-Eckenfärbungen von S geführt. Wir nennen eine Randfärbung von C σ–verträglich, wenn sie – als Abbildung aufgefaßt – von der Form $\chi \circ \sigma$ mit $\chi \in \Psi(S)$ ist. Die Menge der σ–verträglichen Randfärbungen von C bezeichnen wir mit $\Phi(r, \sigma)$. Im allgemeinen ist $\Phi(r, \sigma)$ eine echte Teilmenge von $\Phi(r)$; in unserem Beispiel eines Reduzenten für den Birkhoff–Diamanten sind nur 6 von den insgesamt 31 Randfärbungen der Größe 6 σ–verträglich (siehe Seite 183).

Definition 6.5.2 Eine Konfiguration C heißt *A–reduzibel*, wenn sie einen Reduzententen (S, σ) besitzt, der folgende Bedingungen erfüllt:

1. C kann in eine Minimaltriangulation nur σ–richtig eingebettet werden und

2. jede σ-verträgliche Randfärbung ist direkt durchfärbbar, das heißt, es gilt:

$$\Phi(r,\sigma) \subset \Phi_0(C).$$

Das einfachste Beispiel für die A-Reduktion bildet die graphentheoretische Übersetzung unseres ersten Beweises für die Reduzibilität des 4-Sterns (Satz 4.5.4). Auch die meisten der früher genannten Ergebnisse von Birkhoff lassen sich mit Hilfe der A-Reduktion erzielen; allerdings ist kein Reduzent bekannt, durch den der Birkhoff-Diamant A-reduzibel wird. Wir geben noch eine Klasse von Beispielen an, die von Franklin gefunden wurde [FRANKLIN 1922].

Satz 6.5.3 *Eine Konfiguration, deren Inneres aus einer n-Ecke und $n-1$ zu ihr benachbarten 5-Ecken besteht, ist A-reduzibel.*

Beweis. Es sei C eine Konfiguration mit den angegebenen Eigenschaften. Wir bezeichnen mit y_0 die innere Ecke vom Grad n, sie hat ein Bein, dessen anderes Ende x_0 heiße. Die übrigen Nachbarn von y_0 seien – in zyklischer Reihenfolge – $y_1, \ldots, y_{n-1}$, so daß y_1 und y_{n-1} auch zu x_0 benachbart sind; Dabei handelt es sich um lauter 5-Ecken. Die weiteren Außenecken werden so mit $x_1, \ldots,$ bezeichnet, daß gilt: x_1 ist zu x_0 und y_1 benachbart, für $j \in \{2,\ldots,n-1\}$ ist x_j zu y_{j-1} und y_j benachbart und als letztes ergibt sich eine zu y_{n-1} und x_0 benachbarte Ecke x_n. Damit hat C die Ringgröße $n+1$, und, da in einer Minimaltriangulation auch die zweiten Nachbarschaften einen Ring bilden (Folgerung 6.1.8), ist $(x_0,\ldots,x_n)$ immer eine einfach geschlossene Kette, das heißt, C tritt in einer Minimaltriangulation nur richtig eingebettet auf.

Nun ist eine Fallunterscheidung nötig. Zunächst sei n gerade. Einen Reduzenten (S,σ) erhalten wir, in dem wir C durch Kontraktion der inneren Ecken und der Außenecken mit ungeradem Index zu einer Ecke z deformieren. Da die Ecken z, x_0 und x_n in S ein Dreieck bilden, müssen sie bei jeder zulässigen 4-Eckenfärbung von S verschieden gefärbt sein; wir können annehmen, daß sie der Reihe nach die Farben 0, 1, 2 tragen. Damit ergibt sich für die σ-verträglichen Randfärbungen von C folgende Struktur:

Ecke	x_0	x_1	x_2	...	x_{2k-1}	x_{2k}	...	x_{n-1}	x_n
Farbe	1	0	f_2	...	0	f_{2k}	...	0	2

mit $f_{2k} \in \{1,2,3\}$ für alle $k \in \{1, \ldots, \frac{n}{2} - 1\}$. Jede solche Färbung läßt sich auf die inneren Ecken von C fortsetzen:

- y_0 erhält die Farbe 0.

- y_{n-1} hat die Nachbarn x_0, y_0, y_{n-2}, x_{n-1} und x_n. Dafür sind die Farben 0, 1, 2 bereits verbraucht, also bleibt für y_{n-1} nur noch die Farbe 3 übrig.

- Ist $f_{2k} \neq 1$ für alle relevanten k, so erhalten die übrigen inneren Ecken mit geradem Index die Farbe 1, und die Ecken y_{2k-1} erhalten die Farben 2 oder 3, je nachdem, ob $f_{2k} = 3$ oder 2 ist.

- Andernfalls gibt es einen kleinsten Index k_0 mit $f_{2k_0} = 1$.

- Nun erhalten für $k \in \{1, \ldots, k_0 - 1\}$ die Ecken y_{2k} die Farbe 1, und die Ecken y_{2k-1} die Farben 2 oder 3, je nachdem ob $f_{2k} = 3$ oder 2 ist. Dieser Schritt entfällt bei $k_0 = 1$.

- Dann färben wir der Reihe nach die y_{n-2}, y_{n-3}, y_{2k_0}. Jedes solche y_j hat die Nachbarn y_0, y_{j+1}, x_{j+1}, x_j und y_{j-1}. Wenn y_j an die Reihe kommt, sind vier Nachbarn bereits gefärbt; da aber entweder j oder $j+1$ ungerade ist, haben jedenfalls zwei dieser Nachbarn die gleiche Farbe 0. Also sind für die Nachbarn höchstens 3 Farben verbraucht, eine Farbe ist frei und damit wird y_j gefärbt.

- Es bleibt die Ecke y_{2k_0-1} zu färben, deren Nachbarn alle schon gefärbt sind, und zwar zwei davon mit der Farbe 0, nämlich y_0 und x_{2k_0-1}, und zwei mit der Farbe 1, nämlich y_{2k_0-2} und x_{2k_0}. Der fünfte Nachbar trägt eine dritte Farbe und es ist genau eine Farbe frei, mit der y_{2k_0-1} gefärbt wird.

Bei ungeradem n erhalten wir einen geeigneten Reduzenten (S, σ) aus C durch folgende Kontraktionen:

- die Ecken x_0, y_1 und x_2 werden zu einer Ecke z_1 zusammengezogen;

- die Außenecken mit ungeradem Index > 1 und die übrigen inneren Ecken werden zu einer Ecke z_0 zusammengezogen.

Es genügt, zulässige 4-Eckenfärbungen von S zu betrachten, bei denen z_0 mit 0, x_1 mit 0 oder 1 und z_1 mit 2 gefärbt ist. Jetzt ergibt sich für die Färbung der Außenecken von C folgende Struktur

Ecke	x_0	x_1	x_2	x_3	x_4	...	x_{2k-1}	x_{2k}	...	x_{n-1}	x_n
Farbe	2	0,1	2	0	f_4	...	0	f_{2k}	...	f_{n-1}	0

mit $f_{2k} \in \{1, 2, 3\}$ für alle $k \in \{2, \ldots, \frac{n-1}{2}\}$. Auch diese Färbung läßt sich auf die inneren Ecken von C fortsetzen; die Konstruktion verläuft ähnlich wie im ersten Fall:

- Wir färben zunächst wieder y_0 mit 0, dann aber noch y_1 mit 3 und y_2 mit 1.

- Ist $f_{2k} \neq 1$ für alle relevanten k, so erhalten die übrigen inneren Ecken mit geradem Index auch die Farbe 1, und die Ecken y_{2k-1} erhalten die Farben 2 oder 3, je nachdem, ob $f_{2k} = 3$ oder 2 ist[6].

- Andernfalls gibt es einen kleinsten Index k_0 mit $f_{2k_0} = 1$.

- Nun erhalten für $k \in \{2, \ldots, k_0 - 1\}$ die Ecken y_{2k} die Farbe 1, und die Ecken y_{2k-1} die Farben 2 oder 3, je nachdem ob $f_{2k} = 3$ oder 2 ist. Dieser Schritt entfällt bei $k_0 = 2$.

- Dann färben wir der Reihe nach die y_{n-1}, y_{n-2}, y_{2k_0}. Jedes solche y_j hat die Nachbarn y_0, y_{j+1} (x_0 im Fall $j = n - 1$), x_{j+1}, x_j und y_{j-1}. Wenn y_j an die Reihe kommt, sind vier Nachbarn bereits gefärbt; da aber entweder j oder $j + 1$ ungerade ist, haben jedenfalls zwei dieser Nachbarn die gleiche Farbe 0. Also sind für die Nachbarn höchstens 3 Farben verbraucht, eine Farbe ist frei und damit wird y_j gefärbt.

---

[6]Wir überlassen es dem Leser, dieses und die folgenden Beweisstücke durch eine Zurückführung auf den ersten Fall zu ersetzen.

- Es bleibt die Ecke y_{2k_0-1} zu färben, deren Nachbarn alle schon gefärbt sind, und zwar zwei davon mit der Farbe 0, nämlich y_0 und x_{2k_0-1}, und zwei mit der Farbe 1, nämlich y_{2k_0-2} und x_{2k_0}. Der fünfte Nachbar trägt eine dritte Farbe und es ist genau eine Farbe frei, mit der y_{2k_0-1} gefärbt wird. $\square$

Soviel zur A-Reduktion. Die Beschreibung von B- und C-Reduktion ist nun sehr leicht.

Definition 6.5.4 Es seien C eine Konfiguration und (S, σ) ein Reduzent für C, derart daß C in eine Minimaltriangulation nur σ-richtig eingebettet werden kann. Die Konfiguration C ist

- B-reduzibel, wenn jede σ-verträgliche Randfärbung entweder von Anfang an gut oder gut von der Stufe 1 ist, das heißt, wenn gilt:

$$\Phi(r, \sigma) \subset \Phi_1(C),$$

- C-reduzibel, wenn jede σ-verträgliche Randfärbung gut von irgendeiner Stufe ist, das heißt, wenn gilt:

$$\Phi(r, \sigma) \subset \overline{\Phi}(C).$$

Ein Beispiel für die B-Reduktion bildet der Birkhoff-Diamant. Wir haben schon bemerkt (Seite 210), daß der von Birkhoff (und uns) benutzte Reduzent auf sechs σ-verträgliche Randfärbungen führt. Dabei sind die ersten 5 (in der Reihenfolge der Tabelle auf Seite 183) von Anfang an gut und die letzte ist gut von der Stufe 1.

Als Beispiel für die C-Reduktion nennen wir eine erstmals von Chojnacki-Hanani untersuchte Konfiguration [CHOJNACKI 1942].

Satz 6.5.5 *Die Konfiguration C, deren Inneres aus einer 8-Ecke und fünf aufeinanderfolgenden ihrer Nachbarn mit dem Grad 5 besteht, ist C-reduzibel.*

Beweisskizze. Wir haben eine innere 8–Ecke y_0 und eine Kette $(y_1, \ldots, y_5)$, bestehend aus Nachbarn von y_0 mit dem Grad 5, die ebenfalls innere Ecken sind. Die Ecke y_0 hat drei Beine; deren zweite Ecken seien so mit x_0, x_1 und x_2 bezeichnet, daß x_2 zu y_1 und x_0 zu y_5 benachbart ist. Es gibt noch sechs weitere Außenecken, die wir so mit $x_3, \ldots, x_8$ bezeichnen, daß das 9-Tupel $(x_0, \ldots, x_8)$ eine geschlossene Kette ist. Wie bei den eben diskutierten, von Franklin untersuchten Konfigurationen spielt sich nach der Einbettung in eine Minimaltriangulation alles in der zweiten Nachbarschaft einer Ecke ab und deshalb tritt auch diese Konfiguration C immer nur richtig eingebettet auf (Folgerung 6.1.8).

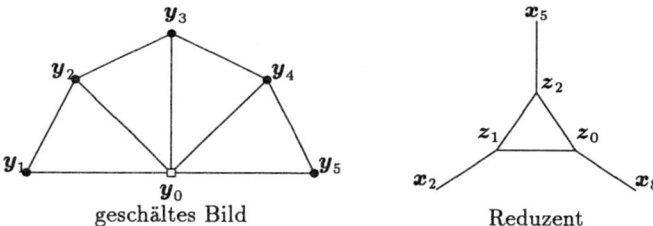

geschältes Bild · Reduzent

Chojnacki–Hanani erhält einen Reduzenten (S, σ) für C durch folgende Kontraktionen:

- die Ecken x_0, y_5, y_4 und x_7 werden zu einem Punkt z_0 zusammengezogen,

- die Ecken x_1, y_0, y_1 und x_3 werden zu einer Ecke z_1 zusammengezogen und

- die Ecken x_4, y_2, y_3 und x_6 werden zu einer Ecke z_2 zusammengezogen.

Da die Ecken z_0, z_1 und z_2 in S ein Dreieck bilden, müssen sie bei jeder zulässigen 4-Eckenfärbung von S verschieden gefärbt sein; wir können annehmen, daß sie der Reihe nach die Farben 0, 1, 2 tragen. Damit ergibt sich für die σ–verträglichen Randfärbungen von C folgende Struktur:

Ecke	x_0	x_1	x_2	x_3	x_4	x_5	x_6	x_7	x_8
Farbe	0	1	f_2	1	2	f_5	2	0	f_8

mit $f_2 \in \{0,2,3\}$, $f_5 \in \{0,1,3\}$, $f_8 \in \{1,2,3\}$. Wir erhalten 27 σ-verträgliche Randfärbungen, von denen sich 18 als direkt durchfärbbar erweisen und die übrigen gut von einer höheren Stufe sind. $\square$

Bemerkung. Später wurde festgestellt, daß die eben behandelte Konfiguration sogar D-reduzibel ist [APPEL, HAKEN und KOCH 1977, Figur 7–1]. $\square$

Wie hängen nun die geschilderten Reduktionsbegriffe zusammen? Offensichtlich ist die A-Reduktion eine Spezialisierung der B-Reduktion und die B-Reduktion eine Spezialisierung der C-Reduktion. Aber auch die D-Reduktion läßt sich als Spezialisierung der C-Reduktion auffassen: Ist eine Konfiguration C gegeben, so wähle man als Graphen S den Randkreis von C und als Abbildung σ die identische Abbildung. Da dieses σ keine Außenecken von C identifiziert, tritt C in einer Minimaltriangulation immer σ-richtig eingebettet auf und es ergibt sich

$$\Phi(r,\sigma) = \Phi(r).$$

Damit ist der Begriff der C-Reduktion der umfassendste Reduktionsbegriff.

Zu jeder Konfiguration C der Ringgröße r gibt es nur endlich viele Reduzenten (S,σ). Da die Eckenzahl eines Reduzenten durch die Eckenzahl der Konfiguration beschränkt ist und es zu einer festen Eckenzahl nur endlich viele Graphen gibt, gibt es nur endlich viele Möglichkeiten für die Graphen S; sind aber C und S festgelegt, so gibt es auch nur endlich viele Möglichkeiten für die Abbildungen σ. Das bedeutet, daß sich die Gesamtheit der Mengen $\Phi(r,\sigma)$ algorithmisch erfassen läßt. Diese Teile von A-, B- und C-Reduzibilität sind also prinzipiell mit dem Computer nachprüfbar. Was bleibt, ist das Problem der σ-richtigen Einbettung, und es ist nur natürlich, daß diesem Problem ein wichtiger Teil des Originalbeweises gewidmet ist [APPEL, HAKEN und KOCH 1977, Abschnitt 3].

Zum Abschluß noch einige Bemerkungen zu inneren Ecken in Reduzenten, das heißt genauer, in Graphen S, die als Bestandteile von Reduzenten vorkommen. In seinem Buch [HEESCH 1969] schreibt Heesch, daß „praktisch" nur

Reduzenten ohne innere Ecken auftreten. Jedoch beweist Koch in seiner Dissertation [KOCH 1976] für eine C–reduzible Konfiguration der Ringgröße 10 und drei C–reduzible Konfigurationen der Ringgröße 11, daß zur Reduktion Reduzenten mit inneren Ecken benötigt werden. Diese Konfigurationen treten beim Beweis der Vierfarbensatzes tatsächlich auf; in der Numerierung von [APPEL, HAKEN und KOCH 1977] handelt es sich um Figuren 3-10, 3-28 (Seite 507), 7-27 (Seite 511) und 17-9 (Seite 521). In dem 1989 veröffentlichten Anhang zu [APPEL, HAKEN und KOCH 1977] ist auch noch für die Figur 16-14 mit der Ringgröße 12 ein von Allaire entdeckter Reduzent mit drei inneren Ecken angegeben [APPEL und HAKEN 1989, Seite 483], jedoch ohne Hinweis darauf, ob es anders nicht geht. Appel, Haken und Koch bemerken dazu daß die C–Reduzibilität der Figur 16-14 eine wichtige Vereinfachung ihrer Liste unvermeidbarer Konfigurationen zur Folge hat.

Wir zeigen hier die C–reduzible Konfiguration 3-28 mit der Ringgröße 10 zusammen mit einem uns von Koch mitgeteilten Reduzenten, der zwei innere Ecken aufweist.

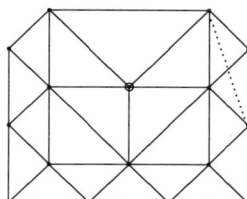 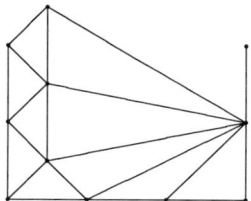

Die punktierte Strecke im ungeschälten Bild der Konfiguration 3-28 (links)
wird bei der Konstruktion des Reduzenten (rechts) zu einer Ecke
zusammengezogen.

Ein Reduzent für diese Konfiguration wurde auch von Allaire und Swart angegeben [ALLAIRE und SWART 1978]. Er entsteht aus der ursprünglichen Konfiguration durch Entfernen der in unserem Bild durch einen zusätzlichen Kreis markierten Ecke und der mit ihr inzidierenden Kanten, weist also fünf innere Ecken auf.

Kapitel 7

Auf der Suche nach unvermeidbaren Mengen

7.1 Hindernisse und Faustregel

Für die Suche nach unvermeidbaren Mengen von reduziblen Konfigurationen hat Heesch einige Erfahrungstatsachen zusammengestellt, die Hinweise geben, welchen Konfigurationen man möglichst ausweichen sollte. Zunächst handelt es sich dabei um drei „Hindernisse"[1]; eine Konfiguration, deren innere Ecken sämtlich mindestens den Grad 5 aufweisen, hat bisher allen Reduzibilitätsversuchen getrotzt, wenn eine der folgenden Strukturen darin „wesentlich" auftritt:

1. eine innere Ecke mit mehr als drei Beinen,

2. eine Artikulation mit mehr als zwei Beinen. Das erklärt die frühere Feststellung (Seite 169), daß Konfigurationen mit Artikulationen, die mehr als zwei Beine haben, außer Betracht bleiben können.

3. ein *hängendes 5–Paar,* das heißt, zwei benachbarte innere 5–Ecken, die noch genau zu einer weiteren inneren Ecke benachbart sind, und zwar zu derselben; die zu einem hängenden 5–Paar gehörenden Ecken haben jeweils genau drei Beine.

---

[1] Wir verwenden hier Anführungszeichen statt Kursivdruck, um anzudeuten, daß es mehr um „physikalische" Erfahrung, als um präzise mathematische Definitionen und Sätze geht.

Ein Hindernis tritt in einer Konfiguration „wesentlich" auf, wenn sie nicht aus einer reduziblen Konfiguration durch Erweiterung um dieses und eventuell weitere Hindernisse gewonnen werden kann. Das führt auf den folgenden einfachen Reduzibilitätstest: Es sei eine Konfiguration C ohne innere Ecken mit einem Grad kleiner 5 vorgelegt; man gehe, solange möglich, zu anderen Konfigurationen über, indem man das geschälte Bild folgendermaßen abändert.

1. Man lasse alle Ecken mit mehr als drei Beinen und die mit ihnen inzidierenden Kanten weg.

2. Man lasse alle Artikulationen mit drei Beinen und die mit ihnen inzidierenden Kanten weg.

3. Man lasse alle hängenden 5–Paare und die mit mindestens einer Ecke eines solchen Paares inzidierenden Kanten weg.

Bei jedem Schritt erhält man entweder den „leeren" Graphen, das heißt, den einzigen Graphen, dessen Ecken– und Kantenmenge beide die leere Menge sind, oder geschälte Bilder einer oder mehrerer Konfigurationen. Das Wort „mehrerer" wird hierbei doppeldeutig gebraucht. Einerseits zerfällt das gerade betrachtete geschälte Bild bei Weglassen einer Artikulation in mehrere Komponenten, andererseits ist im Falle einer Artikulation mit mehr als zwei Beinen die Konfiguration durch ihr geschältes Bild nicht eindeutig bestimmt (siehe Bemerkung auf Seite 169). Das Verfahren bricht nach endlich vielen Schritten ab und liefert folgendes Ergebnis: Erhält man am Ende den leeren Graphen oder geschälte Bilder einer oder mehrerer Konfigurationen, die alle als irreduzibel bekannt sind, so ist die Ausgangskonfiguration C mit hoher Wahrscheinlichkeit irreduzibel; bis heute ist jedenfalls kein Gegenbeispiel gefunden worden[2]. Landet man dagegen bei geschälten Bildern von Konfigurationen, von denen für wenigstens eine die Reduzibilität nachgewiesen wurde, so ist über Reduzibilität oder Irreduzibiltät von C keine Aussage möglich.

Es ist nützlich, sich diesen Sachverhalt an einigen Beispielen klarzumachen; die einfachsten sind die folgenden:

---

[2]Der 4–Stern kann nach unseren Voraussetzungen nicht auftreten; das wäre eine reduzible Konfiguration mit einem Hindernis, nämlich einer inneren Ecke mit vier Beinen.

1. Das Innere des Birkhoff–Diamanten (siehe Seite 158) enthält zwei Ecken mit zwei Beinen und zwei Ecken mit drei Beinen. Bei letzteren handelt es sich weder um Artikulationen, noch sind sie benachbart. Es treten also gar keine Hindernisse auf; der Test hört dort auf, wo er anfängt, bei einer reduziblen Konfiguration.

2. Alle inneren Ecken der beiden Wernicke–Konfigurationen (siehe Seite 170) haben mindestens vier Beine; in beiden Fällen endet der Test nach dem ersten Schritt beim leeren Graphen und macht die Irreduzibilität höchstwahrscheinlich.

3. Die A–reduziblen Franklin–Konfigurationen mit n inneren Ecken (Satz 6.5.3) enthalten auch weder Artikulationen noch hängende 5–Paare; es gibt eine innere Ecke mit einem Bein und zwei mit drei Beinen, alle anderen inneren Ecken haben zwei Beine.

4. Die C–, sogar D–reduzible Chojnacki–Konfiguration (Satz 6.5.5) enthält auch weder Artikulationen noch hängende 5–Paare; drei innere Ecken haben zwei Beine und die drei anderen haben drei Beine.

Heesch hat seine Hindernistheorie, die auf Irreduzibilät schließen läßt, durch eine Faustregel ergänzt, nach der man mit hoher Wahrscheinlichkeit auf die Reduzibilität einer Konfiguration schließen kann:

Eine Konfiguration der Ringgröße n mit m inneren Ecken, aber ohne Hindernisse, ist mit großer Wahrscheinlichkeit reduzibel, wenn gilt

$$m > \frac{3n}{2} - 6. \tag{7.1}$$

Das ist „über den Daumen gepeilt" („rule of thumb" im Englischen); eine ausführliche Rechtfertigung dafür findet sich in Aigners Buch [AIGNER 1984]. Wir nennen nur einige Beispiele:

1. Beim 4–Stern haben wir $m = 1$, $n = 4$ und damit $\frac{3n}{2} - 6 = 0 < m$.

2. Beim k–Stern, $k \geq 5$ ergibt sich $m = 1$, $n = k$ und damit $\frac{3n}{2} - 6 \geq \frac{3}{2} > m$.

3. Für den Birkhoff–Diamanten gilt $m = 4$ und $n = 6$, also $\dfrac{3n}{2} - 6 = 3 < m$.

Ein Hindernis anderer Art stellt die Ringgröße dar. Hierbei geht es nicht um die Reduzibilität einer Konfiguration an sich, sondern um die Verifikation oder Falsifikation der C-Reduzibilität in „erträglich" vielen Schritten, das heißt, im Rahmen der zur Verfügung stehenden Rechenzeiten und des vorhandenen Speicherplatzes. Man kann überlegen, daß die Erhöhung der Ringgröße um 1 sowohl die Rechenzeit als auch den Bedarf an Speicherplatz etwa vervierfacht. Das ist erschreckend, wenn man bedenkt, daß Dürres Programm für eine spezielle Konfiguration der Ringgröße 14 nicht weniger als 26 Stunden brauchte. Allerdings handelte es sich dabei um eine besonders widerborstige Konfiguration. Appel und Haken gehen von einer durchschnittlichen Rechenzeit von 25 Minuten für eine Konfiguration der Ringgröße 14 aus [APPEL und HAKEN 1989, Seite 8]; aber auch dieser Wert liefert bei der Hochrechnung auf Ringgröße 18 einen Zeitbedarf von rund 100 Stunden. Damit ist man gehalten, unvermeidbare Mengen von Konfigurationen mit beschränkter Ringgröße zu suchen.

Andererseits erhöht eine Zunahme der Ringgröße auch die Wahrscheinlichkeit der Reduzibilität. Das kann man aus der Heeschschen Faustregel ableiten. Nimmt man zu einer Konfiguration der Ringgröße n mit m inneren Ecken die nächste „Nachbarschaft" hinzu, das heißt, geht man zu einer Konfiguration über, deren Inneres gerade die gegebene Konfiguration ist, so kann man grob abschätzen, daß die Ringgröße linear, die Zahl der inneren Ecken aber quadratisch wächst[3]. Damit nähert man sich der Bedingung (7.1) der Heeschschen Faustregel durch solche Erweiterungen immer mehr.

Zwischen diesen beiden Rahmenbedingungen, Rechenzeit und Speicherplatz einerseits und Heeschscher Faustregel andererseits, muß man also optimieren. Erste Versuche von Appel und Haken ließen eine Beschränkung auf 2000 Konfigurationen mit einer Ringgröße kleiner–gleich 16 möglich erscheinen. Tatsächlich enthält ihre unvermeidbare Menge aus 1834 reduziblen Konfigurationen nur Elemente mit einer Ringgröße kleiner–gleich 14, nämlich

---

[3]Der Kreisumfang $2r\pi$ hängt *linear* vom Radius r ab, das heißt, in der Umfangsformel tritt r in der ersten Potenz auf, die Kreisfläche $r^2\pi$ aber quadratisch.

Ringgröße	≤ 8	9	10	11	12	13	14	≤ 14
Anzahl	7	8	35	89	334	701	660	1834

7.2 Entladungsprozeduren

Für die weitere Suche nach geeigneten unvermeidbaren Mengen von Konfigurationen erfand Heesch eine geschickte Technik [HEESCH 1969], die Haken als „Entladungsprozedur" bezeichnet [HAKEN 1973]. Hakens suggestivere Terminologie, die sich durchgesetzt hat, lehnt an den physikalischen Vorgang der Entladung von positiv geladenen Teilchen (Kationen) an. Heesch sah eine gedankliche Verbindung zur positiven totalen Krümmung der Kugel und nannte die bei diesem Prozeß auftretenden Größen „Krümmungen"; Haken nannte sie dann „Ladung". Mayer hatte unabhängig von Heesch, aber etwas später, ähnliche Ideen entwickelt; er wählte für Entladung den Begriff „compensation" [MAYER 1975].

Die Entladungsprozeduren bestehen aus einer trickreichen Auswertung der Ungleichung (4.12), die man in den noch zu betrachtenden Fällen, das sind normale Graphen ohne Ecken mit einem Grad kleiner als 5, in folgender Gleichungsform schreiben kann:

$$v_5 - v_7 - 2v_8 - \ldots - (s-6)v_s = 12 \,, \qquad (7.2)$$

wobei s das Maximum der vorkommenden Grade von Ecken bezeichnet. Zu Beginn wird jeder Ecke die Ladung $60 \cdot (6 - \text{Grad der Ecke})$ zugeordnet; den Faktor 60 hat Heesch gewählt, um Brüche möglichst zu vermeiden. Aus (7.2) folgt, daß die Gesamtladung des Systems $+720$ beträgt, wobei jedoch nur die 5–Ecken positiv geladen sind. Im Rahmen einer „Entladungsprozedur" werden nun Ladungen verschoben, und zwar so, daß die 5–Ecken positive Ladung abgeben, „entladen" werden. Dabei wird aber die Gesamtladung nicht verändert; also müssen auch nach der Entladung positiv geladene Ecken vorhanden sein, woraus man auf die Existenz „unvermeidbarer" Konfigurationen schließen kann.

Wir weisen noch einmal ausdrücklich darauf hin, daß wir uns in diesem Kapitel auf das Studium von normalen Graphen ohne Ecken mit einem Grad kleiner als 5 beschränken. Das bedeutet, daß wir bei der Angabe von unvermeidbaren Mengen auf die Auflistung des 3-Sterns und des 4-Sterns verzichten. Es hat sich der folgende Sprachgebrauch eingebürgert: Ecken vom Grad 5 oder 6, also solche mit nicht–negativer Ladung, werden als *kleine* Ecken bezeichnet, Ecken mit einem Grad größer 6 heißen *große* Ecken.

Das wohl einfachste Beispiel einer Entladungsprozedur bestätigt das Ergebnis von Wernicke, daß der 4-Stern, die 5–5–Kette und die 5–6–Kette eine unvermeidbare Menge bilden (siehe Seite 170). Jede 5–Ecke gibt an jede benachbarte große Ecke die Ladungsmenge 12 ab. Dann kann man folgendes erschließen: 5–Ecken mit nur großen Ecken als Nachbarn haben keine Ladung mehr. Ecken mit einem Grad $d \geq 8$ haben höchstens die Ladung $12 \cdot d$ aufgenommen; aus ihrer Anfangsladung $60 \cdot (6 - d)$ errechnet man, daß die Endladung kleiner–gleich

$$60(6 - d) + 12d = 360 - 48d \leq 360 - 384 = -24 \,,$$

also negativ, ist. Da die Gesamtladung aber positiv ist, muß es deshalb entweder mindestens eine 7–Ecke geben, die positiv aufgeladen wurde, oder eine 5–Ecke, die nicht vollständig entladen wurde. Im zweiten Fall hat man entweder zwei benachbarte 5-Ecken oder eine zu einer 5-Ecke benachbarte 6-Ecke. Der erste Fall kann nur eintreten, wenn eine 7-Ecke mindestens 6 benachbarte 5-Ecken hat; dann sind aber unter diesen auch mindestens 2 benachbart.

Dieses Beispiel für eine Entladungsprozedur ist leider nicht sehr hilfreich; die erhaltenen Konfigurationen trotzen Reduktionsversuchen, weil sie Hindernisse enthalten (siehe Seite 221). Wir wollen hier noch ein interessanteres, von Haken angegebenes Beispiel darstellen, mit dem er das von Chojnacki–Hanani erzielte, von uns schon zitierte Ergebnis (siehe Seite 187), verifiziert.

Satz 7.2.1 *Der 6–Stern, der 7–Stern, der Birkhoff–Diamant, die Chojnacki– Konfiguration* (Satz 6.5.5) *und die Franklin–Konfigurationen mit 9, 10, 11 inneren Ecken* (Satz 6.5.3) *bilden zusammen eine unvermeidbare Menge.*

Beweis. Es wird gezeigt, daß bei einer Minimaltriangulation, die keine der im Satz genannten Triangulationen enthält, eine vollständige Entladung möglich wäre, das heißt, eine Entladung, nach deren Ausführung keine Ecke mehr positive Ladung aufweist. Das steht im Widerspruch dazu, daß die positive Gesamtladung im Verlauf der Entladungsprozedur erhalten bleibt.

Es sei G eine solche Minimaltriangulation. Große Ecken können Nachbarn mit dem Grad 5 haben; diese teilen wir in zwei Typen ein:

- die Nachbarecke x der großen Ecke y ist ein 5–*Nachbar erster Art,* wenn x eine 5–Ecke ist und im Ring der Nachbarn von y genau eine zu x benachbarte 5–Ecke auftritt,

- die Nachbarecke x der großen Ecke y ist ein 5–*Nachbar vom Typ 2,* wenn x eine 5–Ecke, aber nicht von erster Art ist; das bedeutet, daß die Zahl der im Ring der Nachbarn von y vorkommenden Nachbarn von x mit dem Grad 5 entweder 0 oder 2 beträgt.

Wir bezeichnen mit E_5 die Menge der 5–Ecken und mit E_g die Menge der großen Ecken von G. Dann definieren wir drei Hilfsfunktionen $p_1 : E_g \to \mathbb{N}_0$, $p_2 : E_g \to \mathbb{N}_0$ und $w : E_5 \times E_g \to \mathbb{N}_0$ durch die Festsetzungen: für alle großen Ecken y ist

- $p_1 = p_1(y)$ die Anzahl der 5–Nachbarn erster Art von y,

- $p_2 = p_2(y)$ die Anzahl der 5–Nachbarn zweiter Art von y;

für alle 5–Ecken x und alle großen Ecken y ist

$$w = w(x, y) = \begin{cases} 60, & \text{falls } x \text{ 5–Nachbar erster Art von } y, \\ 120, & \text{falls } x \text{ 5–Nachbar zweiter Art von } y, \\ 0, & \text{sonst.} \end{cases}$$

Die Ladungsverschiebungen erfolgen hier im Gegensatz zum vorigen Beispiel von den großen Ecken zu den 5–Ecken, das heißt, es werden negative Ladungen transportiert: Jede 5–Ecke x erhält von jeder großen Ecke y mit dem Grad d die negative Ladung

$$l = l(x, y) = w \cdot \frac{6 - d}{p_1 + 2p_2},$$

wobei wir die rechte Seite als 0 interpretieren, wenn y überhaupt keine 5–Nachbarn hat. Wir erhalten die folgenden Endladungen.

- bei 5–Ecken x: $q(x) = 60 + \sum l(x, y)$, wobei die Summation über alle großen Ecken y läuft,

- bei d–Ecken y, $d \geq 8$: $q(y) = 60(6-d) - \sum l(x, y)$, wobei die Summation über alle 5–Ecken x läuft.

Dabei ergibt sich die Schranke $d \geq 8$ aus der Voraussetzung der Nichtexistenz von 6– und 7–Ecken. Die Endladung großer Ecken y mit dem Grad d läßt sich sofort explizit angeben:

$$q(y) = \begin{cases} 60 \cdot (6-d), & \text{falls } y \text{ keine 5–Nachbarn besitzt,} \\ 0, & \text{sonst,} \end{cases}$$

also nie positiv.

Es bleibt $q(x) \leq 0$ für alle 5–Ecken x zu zeigen. Zunächst zeigen wir die folgende Abschätzung: Ist x eine zu der großen Ecke y mit dem Grad d benachbarte 5–Ecke, so gilt:

$$|l(x, y)| \geq \frac{w(x, y)}{4}, \tag{7.3}$$

das heißt,

$$4 \cdot (d - 6) \geq p_1 + 2p_2.$$

Dazu haben wir verschiedene Fälle zu unterscheiden.

$d = 8$: Da die Chojnacki–Konfiguration nach Voraussetzung ausgeschlossen ist, haben wir nur folgende Möglichkeiten für p_1 und p_2

p_1	0	2	4
p_2	≤ 4	≤ 3	2

so daß immer $p_1 + 2p_2 \leq 8$ gilt, was zu zeigen ist.

$d = 9, 10, 11$: Da die entsprechenden Franklin–Konfigurationen nach Voraussetzung ausgeschlossen sind, ist auf jeden Fall $p_1 + p_2 \leq d - 2$ und damit auch $p_2 \leq d - 4$. Damit berechnet man

$$p_1 + 2p_2 = (p_1 + p_2) + p_2 \leq 2d - 6 < 4 \cdot (d - 6).$$

$d \geq 12$: Aus $p_1 + p_2 \leq d$ und $2d \geq 24$ folgt

$$p_1 + 2p_2 \leq 2d \leq 4d - 24 = 4 \cdot (d - 6) \, .$$

Nun bemerken wir, daß eine 5–Ecke mindestens zwei große Nachbarn hat, und daß im Falle von genau zwei großen Nachbarn diese nicht untereinander benachbart sein können. Anderfalls wäre nämlich im Widerspruch zur Voraussetzung der Birkhoff–Diamant in G enthalten. Daraus ergeben sich die drei folgenden Möglichkeiten für eine 5-Ecke x.

- x hat genau zwei große Nachbarn. Dann ist x ein 5–Nachbar zweiter Art dieser beiden großen Nachbarn, erhält also von beiden negative Ladungen, die jede mindestens den Betrag 30 haben (setze $w = 120$ in der Ungleichung 7.3). Damit ist die Endladung $q(x) \leq 0$.

- x hat genau drei große Nachbarn. Zu genau einem von ihnen ist x ein 5–Nachbar zweiter Art. Also erhält x aufgrund von Ungleichung 7.3 negative Ladungen einmal vom Betrag mindestens 30 und zweimal vom Betrag mindestens 15 und damit ergibt sich wieder $q(x) \leq 0$.

- Wenn x mindestens vier große Nachbarn hat, erhält sie von jedem aufgrund der Ungleichung 7.3 und $w \geq 60$ negative Ladungen vom Betrag mindestens 15, woraus auch wieder $q(x) \leq 0$ folgt. $\square$

Folgerung 7.2.2 (Satz von Chojnacki–Hanani/Heesch) *Eine Minimaltriangulation enthält mindestens eine 6–Ecke oder eine 7–Ecke.*

Beweis. Alle anderen in der im vorigen Satz angegebenen unvermeidbaren Menge von Konfigurationen sind reduzibel. $\square$

Die Entwicklung leistungsfähiger Entladungsprozeduren bildet den herausragenden eigenständigen Beitrag von Appel und Haken zum Beweis des Vierfarbensatzes (siehe Seite 39). Dabei bemühten sich Appel und Haken zunächst um die Konstruktion unvermeidbarer Mengen von Konfigurationen unter Vermeidung der Heeschschen Hindernisse (siehe Seite 219) und stellten die Frage nach der echten Reduzibilität zurück. Vor Beginn der gemeinsamen Arbeit hatte Haken eine unvermeidbare Menge von 68 Konfigurationen gefunden, bei denen höchstens eine innere Ecke mehr als drei Beine hat. Um eine genauere Abschätzung der Größenordnung möglicher unvermeidbarer Mengen reduzibler Konfigurationen zu gewinnen, suchten Appel und Haken gemeinsam zunächst mit Computerhilfe eine unvermeidbare Menge, bestehend aus Konfigurationen, die sie „geographisch gut" nannten.

Definition 7.2.3 Eine Konfiguration heißt *geographisch gut,* wenn keine Ecke drei Beine besitzt, deren zweite Ecken sich nicht zu einer Kette anordnen lassen.

Nach dieser Definition ist der 4-Stern die einzige geographisch gute Konfiguration, die eine innere Ecke mit vier Beinen enthält. Unter den Konfigurationen, deren innere Ecken alle einen Grad größer–gleich 5 haben, sind genau diejenigen geographisch gut, die die ersten beiden Heeschschen Hindernisse vermeiden (siehe Seite 219). Das genannte Ziel, eine unvermeidbare Menge geographisch guter Konfigurationen, erreichten Appel und Haken 1974 [APPEL und HAKEN 1976].

Es wäre an sich sinnvoll Appels Entladungsalgorithmen genau so ausführlich zu beschreiben wie den Dürre–Heesch–Algorithmus, aber dies haben Appel und Haken selber in so hervorragender Weise an leicht zugänglicher Stelle getan [APPEL und HAKEN 1976, Seiten 289 – 295], daß es hier überflüssig erscheint; einen zweiten Grund für diese Auslassung werden wir gleich noch angeben. Wir beschränken uns auf eine Nennung der verschiedenen in [APPEL und HAKEN 1977] benutzten Entladungsmechanismen, die man in zwei Typen einteilen kann. Bei den schon von Heesch und Mayer benutzten Entladungen „fließen" Ladungen längs Kanten von 5–Ecken zu benachbarten großen Ecken, und zwar

1. bei der *regulären* Entladung oder *R–Entladung* die Ladungsmenge 30,

2. bei der *kleinen* Entladung oder *S–Entladung* eine Ladungsmenge kleiner als 30 und

3. bei der *großen* Entladung oder *L–Entladung* (*L* von *large*) eine Ladungsmenge größer als 30.

Bei ihren Untersuchungen bemerkten Haken und Appel, daß der meiste Ärger durch 6–6–Kanten, das heißt Kanten, die zwei benachbarte 6–Ecken miteinander verbinden, verursacht wurde. Mit diesem Problem wurde Hakens Idee zur *transversalen* Entladung oder T–Entladung fertig, bei der Ladungen von einer 5-Ecke aus quer („transversal") durch mehrere Dreiecke und sie berandende 6–6–Kanten zu einer großen Ecke fließen. Die Idee war gut, jedoch schätzte Appel die für die Umsetzung in ein Computerprogramm notwendige Zeit auf über ein Jahr. Deswegen versuchten beide zusammen erst eine entsprechende Entladungsprozedur per Hand herzustellen. Und sie hatten Erfolg damit. So ist die Entladung als Bestandteil des Beweises des Vierfarbensatzes nicht in gleicher Weise vom Computer abhängig wie die Reduzibilitätsprüfung. Das ist der zweite Grund dafür, daß wir auf die entsprechenden Computerprogramme nicht mit gleicher Ausführlichkeit eingehen.

Zur expliziten Beschreibung einer Entladungsprozedur sind die Situationen mit den jeweils zugehörigen Mechanismen im einzelnen anzugeben. Eine besondere Schwierigkeit bildet dabei das gleichzeitige Auftreten verschiedener Entladungssituationen in der gleichen Konfiguration. Auch darauf gehen wir nun nicht mehr weiter ein. Wer jetzt noch mehr wissen will, der studiere erst [APPEL und HAKEN 1986] und dann [APPEL und HAKEN 1989], das heißt, die korrigierte Version von [APPEL und HAKEN 1977].

LITERATURVERZEICHNIS

Lehrbücher, Monographien und Beiträge zu Sammelbänden sind mit * gekennzeichnet. Die Abkürzungen für Zeitschriften richten sich in erster Linie nach dem „Zen-
tralblatt für Mathematik", bei älteren Zeitschriften nach dem „Jahrbuch über die
Fortschritte der Mathematik" und bei ausländischen Zeitschriften auch nach den
„Mathematical Reviews".
Dieses Verzeichnis ist selbst alphabetisch angeordnet und deshalb im Index nicht
berücksichtigt.

AIGNER, M.
*1984   Graphentheorie – Eine Entwicklung aus dem 4–Farbenproblem,
         Stuttgart: B. G. Teubner

ALLAIRE, F.
*1976   A minimal 5–chromatic planar graph contains a 6–valent vertex,
         S. 61–78 in: Proceedings of the Seventh Southeastern Conference
         on Combinatorics, Graph Theory, and Computing, Lousiana State
         University, Baton Rouge, February 9–12, 1976, Baton Rouge: Lou-
         siana State University

ALLAIRE, F. und SWART, E. R.
1978   A systematic approach to the determination of reducible configu-
         rations in the four–color conjecture, J. Comb. Theory Ser. B **25**,
         339–361

APPEL, K. und HAKEN, W.
1976   The existence of unavoidable sets of geographically good configu-
         rations, Ill. J. Math. **20**, 218–297
1977   Every planar map is four colorable, Part I: Discharging, Ill. J. Math.
         21, 429–490, in [APPEL und HAKEN 1989] enthalten
*1978   The Four–color Problem, S. 153–180 in: Mathematics Today,
         herausgegeben von L. A. STEEN, New York/Heidelberg/Berlin:
         Springer–Verlag
1986   The Four Color proof suffices, Math. Intell. **8**, 10–20
*1989   Every Planar Map is Four Colorable, Providence (Rhode Island):
         AMS

APPEL, K., HAKEN, W. und KOCH, J.
1977   Every planar map is four colorable, Part II: Reducibility, Ill. J. Mat.
         21, 491–567, in [APPEL und HAKEN 1989] enthalten

APPEL, K., HAKEN, W. und MAYER, J.
1979   Triangulation à v_5–séparés dans le problème des quatre couleurs, J.
         Comb. Theory Ser. B **27**, 130–150

BAKER, H. A. und OLIVER, E. G. H.
*1967   Ericas in Southern Africa, Cape Town/Johannesburg: Purnell &
        Sons

BALL, W. W. R.
*1892   Mathematical Recreations and Essays
*1939   von H. S. M. COXETER revidierte 11. Auflage, London/New York:
        Macmillan and Co
 1915   Augustus de Morgan, Math. Gaz. **8**, 43–45

BALTZER, R.
 1885   Eine Erinnerung an Möbius und seinen Freund Weiske, Leipz. Ber.
        37, 1–6

BELLOT, H. H.
*1929   University College London 1826–1926, London: University of Lon-
        don Press

BERGE, C.
*1958   Théorie des graphes et ses applications, Paris: Dunod

BERNHART, A.
 1947   Six rings in minimal five color maps, Am. J. Math. **69**, 391–412
 1948   Another reducible edge configuration, Am. J. Math. **70**, 144–146

BERNHART, F. R.
 1978   Irreducible Configurations and the Four Color Conjecture, Theo-
        ry and Applications of Graphs, Proceedings, Michigan, May 11-
        15, 1976, edited by Y. Alavi and D. R. Lick, New York/Heidel-
        berg/Berlin: Springer–Verlag

BIGALKE, H.–G.
*1988   Heinrich Heesch: Kristallgeometrie, Parkettierungen, Vierfarbenfor-
        schung, Basel/Boston/Berlin: Birkhäuser Verlag

BIGGS, N. L.
 1983   De Morgan on map colouring and the separation axiom, Arch. Hist.
        Exact Sci. **28**, 165–170

BIGGS, N. L., LLOYD, E. K. AND WILSON, R. J.
*1976   Graph Theory 1736 – 1936, Oxford: Clarendon Press

BIRKHOFF, G. D.
 1913   The reducibility of maps, Am. J. Math. **35**, 115–128

BODENDIEK, R.
*1985   Hrsg.: Graphen in Forschung und Unterricht, Festschrift K. Wagner,
        Bad Salzdetfurth: Barbara Franzbecker
*1989   siehe WAGNER und BODENDIEK

BOUCHER, M.
1974   The University of the Cape of Good Hope and the University of South Africa, 1873–1946, in Archives Year Book for South African History, Thirty-Fifth Year – Vol.I, Pretoria: The Government Printer

CAUCHY, A.–L.
1813   Recherches sur les polyèdres
1813   Journal de l'École polytechnique 9, 68–86, – auszugsw. abgedr. in [BIGGS, LLOYD und WILSON 1976]

CAYLEY, A.
1878   Nature 18, 294
1879   On the colouring of maps, Proc. R. Geogr. Soc. 1, 259–261, – abgedr. in [BIGGS, LLOYD und WILSON 1976]
1889   Scientific Worthies XXV. – James Joseph Sylvester, Nature 40, 217–219

CIGLER, J., REICHEL, H.–C.
*1987   Topologie – Eine Grundvorlesung, 2. Auflage, Mannheim/Wien/Zürich: B.I.-Wissenschaftsverlag

COXETER, H. S. M.
*1939   siehe BALL
1957   Map–coloring problems, Scripta Mathematica 23, 11–25
1959   The four–color map problem, 1840–1890, Mathematics Teacher 52, 283–289

DE MORGAN, AUGUSTUS
1852   Brief an W. R. Hamilton vom 23. Oktober, aufbewahrt im Trinity College Dublin als Archivstück Hamilton mss., letter 668, – auszugsw. abgedr. in [MAY 1965] und [BIGGS, LLOYD und WILSON 1976]
1853   Brief an W. Whewell vom 9. Dezember, aufbewahrt im Trinity College Cambridge als Archivstück Whewell Add. mss., a.202^{125}, – auszugsw. abgedr. in [BIGGS 1983]
1854   Brief an R. L. Ellis vom 24. Juni, aufbewahrt im Trinity College Cambridge als Archivstück Whewell Add. mss., c.67^{111}, – auszugsw. abgedr. in [BIGGS 1983]
1860   Anonyme Besprechung des Buches „The Philosophy of Discovery" von W. Whewell, Athenaeum 1694, 501–503

DE MORGAN, SOPHIA ELIZABETH
*1882   Memoir of Augustus de Morgan with selections of his writings, London: Longmans, Green & Co

234

DINGELDEY, F.
*1890   Topologische Studien über die aus ringförmig geschlossenen Bändern durch gewisse Schnitte erzeugbaren Gebilde, Leipzig: B. G. Teubner

DIRAC, G. A.
1963   Percy John Heawood, J. Lond. Math. Soc. **38**, 263–277

DUDENEY, H. E.
*1917   Amusements in Mathematics, Edinburgh: Thomas Nelson & Sons
1958   *2. Auflage,* New York: Dover Publications

DÜRRE, K.
*1969   Untersuchungsn an Mengen von Signierungen (*Diss.*), u. d. T.: Properties of sets of Colorations, Brookhaven: Associated Universities, Inc

DÜRRE, K., MIEHE, F.
*1979   Eine Implementierung des Heesch–Algorithmus zur chromatischen Reduktion, S. in: Graphs, Data Structures, Algorithms, herausgegeben von M. Nagl und H.-J. Schneider, München/Wien: Carl Hanser Verlag

DUFF, J.
1955   Prof. P. J. Heawood O.B.E., Nature175, 368

EISELE, C.
*1976   *Einleitungen zur Gesamtausgabe und den Teilbänden von* [PEIRCE 1976]

ELLIS, R. L.
*1863   The Mathematical and other Writings, herausgegeben von WILLIAM WALTON, mit einer biographischen Skizze von HARVEY GOODWIN, Cambridge: Deighton, Bell and Co., und London: Bell and Daldy

ERRERA, A.
*1921   Du Coloriage de Cartes (*Dissertation*), Brüssel: Falk fils, Van Campenhout, successeur, und Paris: Gauthier–Villars
1925   Une contribution au problème des quatre couleurs, Bull. Soc. Math. Fr. **53**, 42–55
1927   Exposé historique du problème des quatre couleurs, Period. Mat. Serie 4, **7**, 20–41

EUKLID
*1883   Elementa, Buch I–IV *griechisch und lateinisch,* hrsgg. von I. L. Heiberg, Leipzig: Teubner
*1969   Die Elemente, Buch I–XIII, hrsgg. von C. Thaer, Darmstadt: Wissenschaftliche Buchgesellschaft

EULER, L.

1750   *Brief an Christian Goldbach vom 3./14.*[1]*November 1750*, in [JUŠ-KEVIČ und WINTER 1965] – auszugs. abgedr. in [BIGGS, LLOYD und WILSON 1976

1758a   Elementa doctrinae solidorum, Novi commentarii academiae scientiarum Petropolitanae **4** (1752/53), 109–140 – abgedr. in [SPEISER 1953]

1758b   Demonstratio nonnullarum insignium proprietatum quibus solida hedris planis inclusa sunt praedita, Novi commentarii academiae scientiarum Petropolitanae **4** (1752/53), 140–160, – abgedr. in [SPEISER 1953]

FÁRY, I.

1947   On straight line representation of planar graphs, Acta Sc. Math. (Szeged) **11**, 229–233

FEDERICO, P. J.

*1982   DESCARTES on Polyhedra. A Study of the De Solidorum Elementis, New York/Heidelberg/Berlin: Springer–Verlag

FORSYTH A.R.

1895   Obituary notices – Cayley, Proc. R. Soc. Lond. **58**, i–xviii

FRANKLIN, P.

1922   The Four Color Problem (*Ph. D. thesis*), Am. J. Math. **44**, 225–236

1938   Note on the Four Color Problem, J. Math. and Phys. **16**, 172–184

FRITSCH, G. UND R.

1991   Augustus de Morgan (1806 – 1871), Didaktik der Mathematik **19**, 247–251

GELBAUM, B. R. und OLMSTED, J. M. H.

*1964   Counterexamples in Analysis, San Francisco/London/Amsterdam: Holden–Day, Inc

GRAVES, R. P.

*1889   Life of Sir William Rowan Hamilton, Dublin: Hodges, Figgis, & Co.; London: Longmans, Green, & Co

GUTHRIE, FREDERICK

1880   Note on the colouring of maps, Proc. R. Soc. Edinb. **10**, 727–728

HAKEN, W. G. R.

1973   An existence theorem for planar maps, J. Comb. Theory Ser. B **14**, 180–184

---

[1]Höflichkeit des Briefschreibers dem Empfänger gegenüber, das Datum sowohl nach dem gregorianschen, aber auch nach dem mancherorts noch gebräuchlichen julianischen Kalender anzugeben.

236

1976   *siehe* Appel und Haken

Hamilton, Sir W. R.
1857   Account of the icosian calculus, Proc. R. Ir. Soc. **6**, 415–416

Heawood, P. J.
1890   Map–colour theorem, Q. J. Math. Oxf. **24**, 332–338, – auszugsw.
        abgedr. in [Biggs, Lloyd und Wilson 1976]
1897   On the Four–colour Map Theorem, Q. J. Math. Oxf. **29**, 270–285.

Heesch, H.
*1969   Untersuchungen zum Vierfarbenproblem, Mannheim/Wien/Zürich:
        Bibliographisches Institut
1974   *E*–Reduktion, Preprint Nr. 19 des Instituts für Mathematik der
        Technischen Universität Hannover, – abgedr. in [Bodendiek 1985]

Heffter, L.
1891   Über das Problem der Nachbargebiete, Math. Ann. **38**, 477–508, –
        auszugsw. abgedr. in [Biggs, Lloyd und Wilson 1976]

Juškevič, A. P. und Winter, E.
*1965   Leonhard Euler und Christian Goldbach: Briefwechsel 1729–1764,
        Berlin: Akademie–Verlag

Kainen, P. C.
*1977   *siehe* Saaty und Kainen

Kempe, A. B.
1879   *Ankündigung in der Abteilung NOTES*, Nature **20**, 275
1879a   On the geographical problem of the four colors, Am. J. Math. **2**,
        193–200, – auszugsw. abgedr. in [Biggs, Lloyd und Wilson 1976]
1879b   *Hinweis auf die vorstehende Arbeit*, Nation **756**, 440
1879c   How to colour a map with four colours, Nature **21**, 399–400
1879d   *Mitteilung ohne Überschrift*, Proc. Lond. Math. Soc. **10**, 229–231
1890   *Mitteilung ohne Überschrift*, Proc. Lond. Math. Soc. **21**, 456
1891   *Mitteilung in der Sitzung vom 9. April 1891*, Proc. Lond. Math.
        Soc. **22**, 263
1922   *Nachruf auf* Kempe, Proc. R. Soc. Lond. **102**, 375–376

Knopp, K.
*1967   *siehe* Mangoldt und Knopp

Knott, C. G.
*1911   Life and Scientific Work of Peter Guthrie Tait, Cambridge: Univer-
        sity Press

von Koch, H.
1904   Sur une courbe sans tangente, obtenue par une construction géo-
        métrique élémentaire, Ark. Mat. Astr. Fys. **1**, 681–702

KOCH, J.
1976   Computation of Four Color Irreducibility, University of Illinois, Department of Computer Science technical report (UIUCDCS-R-76-802)
1977   siehe APPEL, HAKEN und KOCH

KURATOWSKI, K.
1930   Sur les problèmes des courbes gauches en topologie, Fundam. Math. 15, 271–283

LEBESGUE, H.
1940   Quelques consequences simple de la formule d'Euler, J. Math. Pures Appl. 9, 27–43

LLOYD, E. K.
1976   siehe BIGGS, LLOYD AND WILSON

LONDON MATHEMATICAL SOCIETY
1878   Report of the meeting of June 13, 1878, Nature 18, 294

MACMAHON P.A.
1897   James Joseph Sylvester, Nature 55, 492–494

MADDISON, I.
1897   Note on the history of the map-coloring problem, Bull. Am. Math. Soc. New Ser. 3, 257

MANGOLDT, H. V. und KNOPP, K.
1967   Einführung in die Höhere Mathematik, Leipzig: S.Hirzel Verlag

MAXWELL, J. C.
1864   On reciprocal figures and diagrams of forces, Phil. Mag. IV. Ser. 27, 250–261, – abgedr. in Scientific Papers 1, 514–525
1869   On reciprocal figures, frames and diagrams of forces, Trans. R. Soc. Edinb. 26, 1–40 – abgedruckt in Scientific Papers 2, 161–207

MAY, K. O.
1965   The origin of the Four–color Conjecture, Isis 56, 346–348

MAYER, J.
1969   Le problème des régions voisines sur les surfaces closes orientables, J. Comb. Theory Ser. B 6, 177–195
1975   Inégalités nouvelles dans le problème des quatre couleurs, J. Comb. Theory Ser. B 19, 119–149
1979   siehe APPEL, HAKEN und MAYER
1980a   Une page mathématique de Valéry: le problème du coloriage des cartes, Bull. Études Valéryennes 25, 31–43
1980b   Paul Valéry et le problème des quatres coulers, S. 263–267 in: Regards sur la Théorie des Graphes, Actes du Colloque de Cerisy, 12–18 juin 1980, Presses polytechniques Romandes

238

MENASCO, W. W. und THISTLETHWAITE, M. B.
1991   The Tait flyping conjecture, Bull. Am. Math. Soc. New Ser. **25**, 403–412

MIDONICK, H. O., Herausgeber
*1965   The Treasury of Mathematics, New York: Philosophical Library

MOISE, E. E.
*1977   Geometric Topology in Dimensions 2 and 3, New York/Heidelberg/ Berlin: Springer–Verlag

MORSE, M.
1946   George David Birkhoff and his Mathematical Work, Bull. Am. Math. Soc. **52**, 357–391

NEIDHARDT, W.
1990   Monster–Kurven, Didaktik der Mathematik **18**, 183–209

OLIVER, E. G. H.
*1967   siehe BAKER und OLIVER

OLMSTED, J. M. H.
*1964   siehe GELBAUM und OLMSTED

ORE, O.
*1967   The Four Color Problem, New York: Academic Press

ORE, O. und STEMPLE, J. G.
1970   Numerical calculations on the Four–color Problem, J. Comb. Theory Ser. B **8**, 65–78

OSGOOD, T. W.
*1973   An existence theorem for planar triangulations with vertices of degree five, six and eight, (*Ph. D. Thesis*), University of Illinois

OSGOOD, W. F.
1903   A Jordan curve of positive area, Trans. Am. Math. Soc. **4**, 107–112

PEIRCE, C. S.
1880a   siehe SCIENTIFIC ASSOCIATION AT JOHNS HOPKINS UNIVERSITY
*1976   The New Elements of Mathematics, *unveröffentlichte Manuskripte*, Hrsg. C. EISELE, Den Haag/Paris: Mouton Publishers und Atlantic Highlands (New Jersey): Humanties Press

RATIB, I. und WINN, C. E.
*1936   Généralisation d'une réduction d'Errera dans le Problème des Quatre Couleurs, C. R. Congr. Int. Math. Oslo 1936, 131, Oslo: A.W. Brøggers Boktrykkeri A/S

REYNOLDS jr., C. N.
1926   On the problem of coloring maps in four colors, I., Ann. Math. **28**, 1–15

1927   On the problem of coloring maps in four colors, II., Ann. Math. **28**, 477–492

RINGEL, G.

*1959   Färbungsprobleme auf Flächen und Graphen, Berlin: Deutscher Verlag der Wissenschaften

*1974   Map Color Theorem, Berlin/Heidelberg/New York: Springer–Verlag

RINGEL, G. und YOUNGS, J. W. T.

1968   Solution of the Heawood map–coloring problem, Proc. Natl. Acad. Sci. USA **60**, 438–445

RINOW, W.

*1975   Lehrbuch der Topologie, Berlin: Deutscher Verlag der Wissenschaften

RITCHIE W.

1918   The History of the South African College 1829–1918, vol.1, Capetown: T. Maskew Miller

SAATY, T. L.

1972   Thirteen colorful variations on Guthrie's Four–colour Conjecture, Amer. Math. Monthly **79**, 2–43

SAATY, T. L. und KAINEN, P. C.

*1977   The Four–color Problem: Assaults and Conquest, New York u. a.: McGraw–Hill

SALMON, G.

1883   Science worthies XXII. – Arthur Cayley, Nature **28**, 481–485

SCHMIDT, E.

1923   Über den Jordanschen Kurvensatz, Berl. Ber. 318–329

SCHNEIDER, I.

1991   Die Geschichte von der Begegnung zwischen dem Rechenmeister und dem Philosophen – Besuchte Descartes den Rechenmeister Faulhaber im Winter 1619/20? Kultur und Technik, Z. des Deutschen Museums, Heft 4, 46–53

1993   Johann Faulhaber – Rechenmeister in einer Welt des Umbruchs, Basel – Boston – Berlin: Birkhäuser Verlag

SCIENTIFIC ASSOCIATION AT JOHNS HOPKINS UNIVERSITY

1880   *Bericht* von der Sitzung am 5. November 1879, Johns Hopkins University Circular **1**, 16

1880a   *Bericht* von der Sitzung am 3. Dezember 1879, Johns Hopkins University Circular **1**, 16

240

SPEISER, A. (Herausgeber)
*1953   *Leonhardi Euleri Opera Omnia,* Series prima, *Opera Mathematica,*
         Vol. **XXVI**. Commentationes Geometricae, Zürich

STANIK, R.
*1973   Zur Reduktion von Triangulationen, (*Diss.*), Hannover:

STEMPLE, J.
1970   *siehe* ORE und STEMPLE

STORY, W. E.
1879   Note on the preceding paper [= KEMPE 1879a], Am. J. Math. **2**,
         201–204

STROMQUIST, W. R.
1975a   Some aspects of the Four–color Problem, (*Ph. D. Thesis*), Harvard
         University
1975b   The Four–color Theorem for small maps, J. Comb. Theory Ser. B
         19, 256–268

SWART E. R.
1978   *siehe* ALLAIRE und SWART

TAIT, P. G.
1880   On the colouring of maps, Proc. R. Soc. Edinb. **10**, 501–503
1880   Remarks on the previous Communication, ([GUTHRIE 1880]), Proc.
         R. Soc. Edinb. **10**, 729, – abgedr. in [BIGGS, LLOYD und WILSON
         1976]
1880   Note on a theorem in the geometry of position, Trans. R. Soc.
         Edinb. **29**, 657–660, – abgedr. in *Scientific Papers* **1**, 408–411
1884   On Listing's topology, Phil. Mag. V. Ser. **17**, 30–46, – abgedr. in
         Scientific Papers **2**, 85–98

THISTLETHWAITE, M. B.
1991   *siehe* MENASCO und THISTLETHWAITE

TODHUNTER, J.
*1876   William Whewell. D.D. Master of Trinity College, Cambridge. An
         account of his writings. With selections from his literary and scien-
         tific correspondence, *2 Bände.* London:Macmillan

TOEPELL, M., Herausgeber
*1991a   Mitgliedergesamtverzeichnis der Deutschen Mathematiker-Vereini-
         gung 1890 - 1990, München: Inst. Gesch. Naturw. Univ. München

TUTTE, W. T.
1946   On Hamiltonian circuits, J. Lond. Math. Soc. **21**, 98–101
1948   On the Four Colour Conjecture, Proc. Lond. Math. Soc. **50**, 137–
         149
1972   *siehe* WHITNEY, H.

1974 Map-coloring problems and chromatic polynomials, Am. Scientist **62**, 702–705

*1975 Chromials, S. 361–377 in: Studies in Graph Theory II, edited by D. R. Fulkerson: The Mathematical Association of America

1978 Colouring Problems, The Math. Intell. **1**, 72–75

VEBLEN, O.

1912 An application of modular equations in analysis situs, Ann. Math., Ser. 2 **14**, 86–94

1947 George David Birkhoff (1884–1944), Am. Phil. Soc., Year book 1946, 279–285

WAGNER, K.

1936 Bemerkungen zum Vierfarbenproblem, Jahresber. Dtsch. Math-Ver. **46**, 16–32

*1970 Graphentheorie, Mannheim/Wien/Zürich: Bibliographisches Institut

WAGNER, K. und BODENDIEK, R.

*1989 Graphentheorie I – Anwendungen auf Topologie, Gruppentheorie und Verbandstheorie, Mannheim/Wien/Zürich: B.I. Wissenschaftsverlag

*1990 Graphentheorie II – Weitere Methoden, Masse–Graphen, Planarität und minimale Graphen, Mannheim/Wien/Zürich: B.I. Wissenschaftsverlag

WERNICKE, P.

1904 Über den kartographischen Vierfarbensatz, Math. Ann. **58**, 419

WHEWELL, W.

*1860 On the Philosophy of Discovery, Chapters Historical and Critical; including the completion of the third edition of the philosophy of the inductive sciences, London: John W. Parker and Son, West Strand

WHITNEY, H. und TUTTE, W. T.

1972 Kempe chains and the Four Colour Problem, Util. Math. **2**, 241–281

1975 – abgedr. in *Studies in Graph Theory, Part II*, 378–413, Hrsg. D. R. Fulkerson, Math. Ass. Am. –

WILSON, R. J.

*1976 *siehe* BIGGS, LLOYD AND WILSON

WILSON, J.

1976 New light on the origin of the Four–color Conjecture, Hist. Math. **3**, 329–330

WINN, C. E.

*1936 *siehe* RATIB und WINN

1937   A class of coloration in the Four Color Problem, Am. J. Math. **59**, 515–528

1938   On certain reductions in the Four Color Problem, J. Math. and Phys. **16**, 159–171

1940   On the minimal number of polygons in an irreducible map, Am. J. Math. **62**, 406–416

WINTER, E.

*1965   *siehe* JUŠKEVIČ und WINTER

*1978   Köln: Aulis Verlag Deubner & Co KG

YOUNGS, J. W. T.

1968   *siehe* RINGEL und YOUNGS

NACHSCHLAGEWERKE

Biographisch-Literarisches Handwörterbuch
    zur Geschichte der Exakten Wissenschaften, Bde. 1-7b herausgegeben
    von J.C. POGGENDORF, Leipzig/Berlin: 1863/1990

Bell, E. T., Die großen Mathematiker
    Düsseldorf/Wien: 1967 Econ–Verlag

Chambers's Encyclopædia
    15 Bände. London: 1959/1964

Concise Dictionary of American Biography
    New York: ³1980

The New Century Cyclopedia of Names
    3 Bände. New York: 1954

Dictionary of American Biography
    22 Bände. Oxford: 1928/1958

The Dictionary of National Biography
    63 Bände. London/Oxford: 1885/1990

Dictionary of Scientific Biography
    14 Bände. New York: 1976 (Index 1980)

Dictionary of South African Biography
    5 Bände. Cape Town/Pretoria: 1976/1987

The Encyclopedia Americana
    30 Bände. Danbury (Connecticut): 1986

The New Encyclopædia Britannica Micropædia
   12 Bände. Chicago: [15]1985

Englisches Reallexikon
   2 Bände. Herausgegeben von C. KLÖPPER, Leipzig: 1897

Webster's Ninth New Collegiate Dictionary
   Springfield, MA: 1989

Who Was Who
   London: 1929

Wußing, H. und Arnold, W. Biographien bedeutender Mathematiker
   Berlin: 1975 Volk und Wissen Volkseigener Verlag Köln: 1978 Aulis Verlag Deubner & Co KG

Namen- und Sachregister

Zum Thema Mathematik
im B.I.-Wissenschaftsverlag

Bröcker, Th.
Analysis I
191 Seiten. 1992. Kartoniert.

Analysis II
150 Seiten. 1992. Kartoniert.

Analysis III
218 Seiten. 1992. Kartoniert.
Eine kurze und schwungvoll
gefaßte Einführung in die
Analysis begleitend zur drei-
semestrigen Grundvorlesung.

Ebbinghaus, H.-D./J. Flum/
W. Thomas
**Einführung in die
mathematische Logik**
348 Seiten. 3. Auflage 1992.
Kartoniert.
Systematische Darstellung
der Methoden mathematischer
Beweisführung.

Ischebeck, F.
Einladung zur Zahlentheorie
192 Seiten. 1992. Kartoniert.
Die elementare Zahlentheorie
im Zusammenspiel mit der
elementaren Algebra. Von der
eindeutigen Primfaktoren-
zerlegung über das quadratische
Reziprozitätsgesetz bis zur
Fermatvermutung.

Lorenz, F.
Einführung in die Algebra
Teil I: 348 Seiten.
2. Auflage 1992. Kartoniert.
Teil II: 397 Seiten. 1991.
Kartoniert.
Begleittext zur Vorlesung
und zum Selbststudium mit
zahlreichen Aufgaben.

Lorenz, F.
Lineare Algebra
Band I: 240 Seiten.
3., überarbeitete Auflage 1992.
Kartoniert.
Band II: 208 Seiten.
3., überarbeitete Auflage 1992.
Kartoniert.
Gründliche Einführung für
Studierende der Mathematik,
der Physik und der Informatik,
auch zum Selbststudium.

B·I·

Wissenschaftsverlag
Mannheim · Leipzig · Wien · Zürich

Zum Thema Mathematik
im B.I.-Wissenschaftsverlag

Reimer, M.
Constructive Theory of Multivariate Functions with an Application to Tomography
Das Werk behandelt Fragen der Interpolation und Approximation multivariater Funktionen durch Polynome, v. a. über der Sphäre, der Vollkugel und dem Simplex. 286 Seiten. 1990. Kartoniert.

Rottmann, K.
Mathematische Formelsammlung
Formeln zu Arithmetik, Algebra, Geometrie, Koordinatensystemen, Speziellen Funktionen, Reihen, Differential- und Integralrechnung. 176 Seiten. 4., korrigierte Auflage 1991 (HTB 13).

Scheid, H.
Zahlentheorie
Grundlegende Einführung in die Elementare Zahlentheorie und Teile der Analytischen und der Additiven Zahlentheorie unter Berücksichtigung der Aspekte der praktischen Anwendung.
Prof. Dr. Harald Scheid, Universität Wuppertal.
504 Seiten. 1991. Gebunden.

Scholz, E. (Hrsg.)
Geschichte der Algebra
(Lehrbücher und Monographien zur Didaktik der Mathematik, Band 16)
Gegenstand dieses Bandes ist die Entwicklung algebraischen Denkens von der Antike bis zu den Anfängen moderner struktureller Algebra. 520 Seiten. 1990. Gebunden.

Schröder, E. M.
Vorlesungen über Geometrie
Band 1: Möbiussche, elliptische und hyperbolische Ebenen
178 Seiten. 1991. Kartoniert.
Band 2: Affine und projektive Geometrie
133 Seiten. 1991. Kartoniert.
Band 3: Metrische Geometrie
Eine systematische Einführung in die Geometrie für Studenten mit Kenntnissen in Linearer Algebra. Etwa 180 Seiten. 1992. Kartoniert.

Steeb, W.-H.
Algorithms and Computation with Turbo-Pascal
Darstellung von mathematischen und physikalischen Algorithmen mit zugehörigen Turbo-Pascal-Programmen.
174 Seiten. 1992. Kartoniert.

Wissenschaftsverlag
Mannheim · Leipzig · Wien · Zürich